职业教育·道路运输类专业教材

Gangjin Hunningtu Shigong Jishu

钢筋混凝土施工技术

（第2版）

李彩霞　主编
张　鹏　赵　昕　主审

人民交通出版社股份有限公司
北　京

内 容 提 要

本书为职业教育·道路运输类专业教材。全书结合现行国家标准和行业规范，主要介绍了钢筋混凝土、钢筋混凝土构件构造与图纸识读、模板与支架工程、钢筋工程、混凝土工程、预应力混凝土工程等知识。

本书可作为高等职业院校道路与桥梁工程技术、道路养护与管理、道路工程造价、铁道工程技术、城市轨道交通工程技术等专业教材，也可供公路和铁路相关部门从事施工和管理的工程技术人员使用和参考。

本书配有丰富的视频资源，读者可通过扫封面上的二维码免费在线观看和学习；本教材配课件，教师可通过加入“职教路桥教学研讨群”（QQ:561416324）获取课件。

图书在版编目（CIP）数据

钢筋混凝土施工技术 / 李彩霞主编. —2版. —北京：人民交通出版社股份有限公司，2023.1

ISBN 978-7-114-18256-3

Ⅰ.①钢… Ⅱ.①李… Ⅲ.①钢筋混凝土结构—工程施工—高等职业教育—教材 Ⅳ.①TU755

中国版本图书馆 CIP 数据核字（2022）第 186559 号

职业教育·道路运输类专业教材

书　　名：钢筋混凝土施工技术（第2版）

著 作 者：李彩霞

责任编辑：任雪莲

责任校对：赵媛媛

责任印制：刘高彤

出版发行：人民交通出版社股份有限公司

地　　址：（100011）北京市朝阳区安定门外外馆斜街3号

网　　址：http://www.ccpcl.com.cn

销售电话：（010）59757973

总 经 销：人民交通出版社股份有限公司发行部

经　　销：各地新华书店

印　　刷：北京虎彩文化传播有限公司

开　　本：787×1092　1/16

印　　张：13.75

字　　数：337千

版　　次：2018年1月　第1版
2023年1月　第2版

印　　次：2024年6月　第2版　第2次印刷　总第7次印刷

书　　号：ISBN 978-7-114-18256-3

定　　价：39.00元

第2版前言

FOREWORD

“钢筋混凝土施工技术”是道路与桥梁工程技术等专业学生为将来从事工程设计、施工和管理工作做准备必不可少的课程。本课程主要介绍钢筋工程、混凝土工程，钢筋混凝土结构、预应力混凝土结构等的构造特征以及施工技术等方面的知识，满足道路与桥梁工程技术等专业人才培养目标的需要，以及桥梁工程施工一线对结构原理应用的需要。

第2版教材沿用了第1版教材的编写思路和框架体系，根据《公路桥涵施工技术规范》（JTG/T 3650—2020）、《〈公路桥涵施工技术规范〉实施手册》《公路钢筋混凝土及预应力混凝土桥涵设计规范》（JTG 3362—2018）、《公路桥涵设计通用规范》（JTG D60—2015）等相关规范对相关内容进行了修订。

本教材共分为六个项目，以钢筋混凝土材料组成及构件构造与施工为主线，主要包括：认识钢筋混凝土、钢筋混凝土构件构造与图纸识读、模板与支架工程、钢筋工程、混凝土工程、预应力混凝土工程。本教材内容注重突出职业教育的职业性、通用性、针对性，系统培养学生职业能力、团队合作能力和可持续发展能力。通过六个项目的学习，旨在使学生在学习混凝土及钢筋的原材料选择、试验操作的规范性、施工质量与精度控制等方面树立工程质量意识、安全意识、环保意识及创新意识，从而培养学生严谨的工作作风及精益求精的工匠精神。

本教材编写人员及分工为：项目一、项目二由陕西交通职业技术学院李彩霞编写，项目三、项目四由李彩霞、陕西交通职业技术学院段瑞芳共同编写，项目五、项目六由陕西交通职业技术学院李晶晶编写。全书由李彩霞负责统稿并担任主编，陕西交通职业技术学院张鹏、陕西省交通规划设计研究院有限公司赵昕担任主审。

本教材有配套建设的课程资源，主要包括微课、动画、课件等。同时，本课程在智慧职教MOOC学院建有在线开放课程，为教师线上教学、学生和企业人员灵活学习提供了方便。本教材课程资源由陕西交通职业技术学院段瑞芳负责汇总整理。

本教材在编写过程中参考了大量标准规范、教材和文献，特此向相关作者表示衷心的感谢。由于编者水平有限，书中难免有错误和疏漏之处，恳请读者批评指正。

编　者

2022 年 9 月

本书配套资源说明

序号	资源编号及名称	资 源 类 型	对应教材页码
1	1.1 混凝土原材料分析	视频	2
2	1.2 混凝土强度	视频	4
3	1.3 混凝土变形	视频	6
4	1.4 钢筋种类	视频	11
5	1.5 钢筋性能	视频	14
6	1.6 钢筋与混凝土之间的共同作用	视频	19
7	2.1 板的构造与图纸识读	视频	22
8	2.2 梁的构造与图纸识读	视频	28
9	2.3 柱的构造与图纸识读	视频	35
10	2.4 桩的构造与图纸识读	视频	43
11	3.1 常用模板类型	视频	54
12	3.2 常用模板构造	视频	62
13	3.3 模板的设计制作	视频	64
14	3.4 模板安装工艺	视频	67
15	3.5 支架的类型	视频	73
16	3.6 支架的构造	视频	73
17	3.7 支架的制作及安装	视频	78
18	3.8 支架的拆除	视频	82
19	4.1 钢筋工程图识读	视频	100
20	4.2 钢筋工程图核算	视频	108
21	4.3 钢筋下料长度计算	视频	108
22	4.4 钢筋加工与连接及验收规定	视频	113
23	4.5 钢筋绑扎与安装及验收规定	视频	129
24	5.1 混凝土施工配合比计算和检查	视频	134
25	5.2 混凝土拌制	视频	143
26	5.3 混凝土运输	视频	144

续上表

序号	资源编号及名称	资 源 类 型	对应教材页码
27	5.4 混凝土浇筑	视频	146
28	5.5 混凝土振捣	视频	148
29	5.6 混凝土养护	视频	148
30	5.7 大体积混凝土施工	视频	151
31	5.8 抗冻混凝土施工	视频	152
32	5.9 抗渗混凝土施工	视频	152
33	5.10 高强混凝土施工	视频	153
34	5.11 高性能混凝土施工	视频	155
35	5.12 混凝土施工质量检验	视频	159
36	6.1 预应力混凝土原理	视频	162
37	6.2 预应力混凝土结构特点	视频	163
38	6.3 预应力混凝土结构分类	视频	165
39	6.4 预应力筋的制作	视频	168
40	6.5 预加应力方法及设备	视频	171
41	6.6 先张法预应力原理	视频	182
42	6.7 先张法预应力空心板预制流程 1	视频	183
43	6.8 先张法预应力空心板预制流程 2	视频	183
44	6.9 先张法预应力空心板施工要点	视频	185
45	6.10 后张法原理	视频	188
46	6.11 后张法箱梁预制流程	视频	189
47	6.12 后张法施工质量控制及问题处理	视频	190
48	6.13 无黏结预应力混凝土施工	视频	200
49	6.14 体外预应力施工工艺	视频	202

资源使用说明：

1. 扫描封面上的二维码(注意此码只可激活一次)；
2. 关注“交通教育”微信公众号；
3. 公众号弹出“购买成功”通知，点击“查看详情”，进入后即可查看资源；
4. 也可进入“交通教育”微信公众号，点击下方菜单“用户服务-开始学习”，选择已绑定的教材进行观看和学习。

目录

CONTENTS

认识钢筋混凝土

Renshi Gangjin Hunningtu

模块一 认识混凝土

学习目标		
学习目标	● 知识目标	(1)掌握混凝土的原材料组成与要求; (2)掌握混凝土的强度等级规定及混凝土强度测定方法; (3)理解混凝土的变形特点
	● 能力目标	能借助相关标准规范对混凝土所用原材料进行质量检验;能测定混凝土的立方体抗压强度、轴心抗压强度及轴心抗拉强度;能将混凝土的变形与工程结构中各构件的受力变形结合,理论联系实际

相关知识

水泥混凝土是由胶凝材料将集料胶结成整体的工程复合材料的统称。用水泥作胶凝材料,砂、石作集料,与水(可含外加剂和掺合料)按一定比例配合,经搅拌而成,也称为普通水泥混凝土。[**资源 1.1**]

一、混凝土所用原材料

混凝土工程所用的各种原材料(水泥、粗集料、细集料、拌合水、外加剂、掺合料等)均应符合现行国家标准或行业标准的规定,并应在进场时对其性能和质量进行检验。如果忽视原材料在使用前和使用过程中的检验和复验,将会给结构带来隐患。

1. 水泥

公路桥涵工程采用的水泥应符合现行《通用硅酸盐水泥》(GB 175)的规定,水泥的品种和强度应通过混凝土配合比试验选定,且其特性不应对混凝土的强度、耐久性和工作性能产生不利影响。当混凝土中采用碱活性集料时,宜选用碱含量不大于0.6%的低碱水泥。

混凝土的强度与水胶比、集料的配合比等多种因素有关,而最重要的因素是水泥的强度。选用水泥强度应与需要配制的混凝土的强度相适应,若以低强度的水泥配制高强度的混凝土,则每立方米混凝土所需水泥量会大大增加,这样不仅不经济,而且水泥用量多,水化热大,易产生收缩裂纹,影响混凝土的质量;若以较高强度的水泥配制低强度的混凝土,虽然水泥用量可以减少,但不能少于规范要求的用量,否则,所配制的混凝土的和易性不好,容易离析,浇筑混凝土质量差。

2. 细集料

细集料宜采用级配良好、质地坚硬、颗粒洁净且粒径小于5mm的河砂;当河砂不易采集时,可采用符合规定的其他天然砂或人工砂。天然砂包括河砂、湖砂、山砂、海砂,人工砂包括机制砂和混合砂。细集料不宜采用海砂,不得不采用时,应对海砂进行冲洗处理。砂中不应混有草根、树叶、树枝、塑料、煤块、炉渣等杂物。砂按技术要求分为Ⅰ类、Ⅱ类、Ⅲ类。Ⅰ类宜用于强度等级大于C60的混凝土;Ⅱ类宜用于强度等级为C30~C60且具有抗冻、抗渗或其他要求的混凝土;Ⅲ类宜用于强度等级小于C30的混凝土和砌筑砂浆。

3. 粗集料

粗集料宜采用质地坚硬、洁净、级配合理、粒形良好、吸水率小的碎石或卵石。粗集料宜根据混凝土最大粒径采用连续两级配或连续多级配,不宜采用单粒级配或间断级配配制,必须使用时,应通过试验验证。级配不良和粒径不合理的粗集料,会加大混凝土胶凝材料总量和用水量,进而导致混凝土的收缩增加、混凝土的渗透性加大等。级配良好的粗集料应使混凝土孔隙小、水泥用量少、不易离析且和易性好。

公路桥涵混凝土宜使用非碱活性集料,当条件不具备但必须使用时,其他材料中的碱含量及混凝土中的碱最大总含量应符合现行《公路桥涵施工技术规范》(JTG/T 3650)的相关规定。

碱集料反应(alkali-aggregate reaction,AAR)会对一些地区的桥梁结构物造成严重破坏,混凝土内的碱含量在超过临界值后会发生化学反应,使混凝土结构发生不均匀膨胀、裂缝、抗压强度和弹性模量下降等不良现象,从而危及结构安全,缩短结构物的使用寿命。混凝土的碱集料反应大体有以下几种情况:

(1)碱(钠和钾的氧化物)与硅酸(SiO_2)反应,生成硅酸盐凝胶,吸水膨胀,引起混凝土膨胀、开裂;

(2)碱与硅酸盐集料(如千枚岩、粉砂岩、蛭石)反应,生成的化合物使层状硅酸盐层间距离增大,集料发生膨胀,造成混凝土膨胀、开裂;

(3)碱与碳酸盐反应,这种化学反应及生成的结晶产成压力使混凝土膨胀、产生网状开裂。

4. 拌合水

符合现行国家标准的饮用水可直接作为混凝土的拌制和养护用水;当采用其他水源或对水质有疑问时,应对水质进行检验。混凝土用水尚应符合下列规定:水中不应有明显的漂浮油脂和泡沫,且不应有明显的颜色和异味;严禁将海水用于结构混凝土的拌制和养护。

5. 外加剂

公路桥涵工程所使用的外加剂,与水泥、矿物掺合料之间应具有良好的相容性。不同品种的外加剂有其各自的特性,故应根据工程材料、施工条件等因素,通过试验确定其品种及适宜的掺量。混凝土外加剂按其主要功能分为四类:改善混凝土拌合物流变性能的外加剂,包括各种减水剂、引气剂、泵送剂等;调节混凝土凝结时间、硬化性能的外加剂,包括缓凝剂、早强剂、速凝剂等;改善混凝土耐久性的外加剂,包括引气剂、防水剂、阻锈剂等;改善混凝土其他性能的外加剂,包括加气剂、膨胀剂、着色剂、防冻剂、防水剂、泵送剂等。

6. 掺合料

混凝土中常用的掺合料有粉煤灰、矿粉,此外还有沸石粉、硅灰等。活性掺合料在混凝土中的主要作用有:提高混凝土的密实度,提高其抗冻、抗渗性能;增加混凝土的含灰量,提高其流动性,可以用作泵送混凝土;用于配制高强度、高性能混凝土。

混凝土中掺加粉煤灰的作用主要有:节约水泥和细集料,减少用水量,改善混凝土拌合物的和易性,增强混凝土的可泵性,减少混凝土的徐变,减少混凝土的水化热和热膨胀性,提高混凝土的抗渗能力。

矿粉以等量取代部分水泥的方式掺入混凝土中,可以改善混凝土的工作性、延缓凝结时间、提高强度、增强耐久性。矿粉分为三个级别:S105、S95、S75。矿粉的应用,改变了以往仅以粉煤灰为主要掺合料的局面,可以克服仅掺粉煤灰时取代水泥量有限的弱点,进一步减少水泥用量,不仅可以减少混凝土的水化热、增加混凝土的强度、改善混凝土的耐久性,而且能够降低其生产成本、节约能源、保护环境,实现混凝土技术的可持续发展。

掺合料在运输与储存中应有明显标识,严禁与水泥等其他粉状材料混淆。

国内外大量试验表明:如果混凝土中掺加水泥过多,对混凝土强度的增长作用并不显著,还会使其产生大量的水化热和较大的温度应力,使混凝土产生较大的收缩,导致开裂。配制高强度混凝土的水泥用量要适宜,不能将增加水泥用量作为提高混凝土强度的唯一途径,可以通过掺加外加剂以及粉煤灰、矿粉、硅灰等矿料来实现。

二、混凝土强度[资源1.2]

混凝土强度是混凝土的重要力学性能,是设计钢筋混凝土结构和预应力混凝土结构的重要依据,能直接影响结构的安全性和耐久性。《公路钢筋混凝土及预应力混凝土桥涵设计规范》(JTG 3362—2018)规定,混凝土强度设计参数包括立方体抗压强度标准值、轴心抗压强度标准值、轴心抗拉强度标准值、轴心抗压强度设计值和轴心抗拉强度设计值。

混凝土的强度与水灰比有很大关系,集料的性质、混凝土的级配、混凝土成型方法、硬化时的环境条件、混凝土的龄期等也会不同程度地影响混凝土的强度。试件的大小和形状、试验方法和加载速率也影响混凝土测试时的强度。因此,各国对各种单向受力下的混凝土强度都规定了统一的标准试验方法。

1. 立方体抗压强度标准值

立方体试件的强度比较稳定,所以我国把立方体试件强度值作为混凝土强度的基本指标,并把立方体抗压强度标准值作为评定混凝土强度等级的依据。《混凝土物理力学性能试验方法标准》(GB/T 50081—2019)规定,以边长为150mm的立方体为标准试件,在(20±2)℃的温度和95%以上相对湿度的潮湿空气中养护28d,将按照上述标准试验方法测得的抗压强度作为混凝土的立方体抗压强度,单位为MPa,用符号f_{cu}表示。采用边长为200mm和100mm的立方体时,其强度换算系数可分别取1.05和0.95。

《公路钢筋混凝土及预应力混凝土桥涵设计规范》(JTG 3362—2018)规定,混凝土强度等级应按边长为150mm、立方体抗压强度标准值确定,即将按上述标准试验方法测得的具有95%保证率的立方体抗压强度作为混凝土的强度等级。例如,强度等级C30表示混凝土立方体抗压强度标准值为30MPa。立方体抗压强度标准值用符号$f_{cu,k}$表示。

立方体抗压强度标准值用于确定混凝土强度等级,是评定混凝土制作质量的主要指标,也是判定和计算其他力学性能指标的基础。在进行试配和质量检测时,混凝土的抗压强度应以边长为150mm的立方体标准试件测定,以具有95%保证率的分位值确定。试件应以3个同龄期者为一组,每组试件的抗压强度以3个试件测值的算术平均值(精确至0.1MPa)为测定值。当有1个测值与中间值的差值超过中间值的15%时,取中间值为测定值;当有2个测值与中间值的差值均超过中间值的15%时,该组试件无效。

公路桥涵受力构件的混凝土强度等级可采用C25~C80,区间以5MPa递进。钢筋混凝土构件强度等级不低于C25,当采用HRB400、HRB500、HRBF400、RRB400级钢筋时,混凝土强度等级不低于C30;预应力混凝土构件强度等级不低于C40。

2. 轴心抗压强度标准值

由于混凝土立方体构件强度明显受到承压面摩擦力的影响,且实际工程中的受压构件截面尺寸通常比构件长度小很多,其混凝土的受力情况和立方体试件的受力情况并不完全相同,因而采用棱柱体试件比立方体试件更能反映实际工程中的混凝土抗压能力。用棱柱体试件测得的抗压强度称为棱柱体抗压强度或轴心抗压强度,用符号f_c表示。《混凝土物理力学性能试验方法标准》(GB/T 50081—2019)规定,以150mm×150mm×300mm的棱柱体作为混凝土轴心抗压强度试验的标准试件。用上述棱柱体试件测得的具有95%保证率的抗压强度为混凝土轴心抗压强度标准值,单位为MPa,用符号f_{ck}表示。轴心抗压强度标准值能直接反映混凝土结构的抗压能力。混凝土轴心抗压强度标准值f_{ck}按表1-1采用。

混凝土轴心抗压强度标准值f_{ck}(MPa)　　表1-1

混凝土强度等级	C25	C30	C35	C40	C45	C50	C55	C60	C65	C70	C75	C80
f_{ck}	16.7	20.1	23.4	26.8	29.6	32.4	35.5	38.5	41.5	44.5	47.4	50.2

3. 轴心抗拉强度标准值

取边长为100mm×100mm×500mm的棱柱体作为标准试件,用标准方法制作、养护至28d龄期,通过预埋在试件轴线两端的钢筋,对试件施加拉力,试件破坏时的截面平均应力即为轴心抗拉强度标准值,单位为MPa,用f_{tk}表示。轴心抗拉强度标准值能直接反映混凝土结构的抗裂性能,间接衡量混凝土结构的冲切强度及其他力学性能。混凝土轴心抗拉强度标准值f_{tk}按表1-2采用。

混凝土轴心抗拉强度标准值f_{tk}(MPa)　　表1-2

混凝土强度等级	C25	C30	C35	C40	C45	C50	C55	C60	C65	C70	C75	C80
f_{tk}	1.78	2.01	2.20	2.40	2.51	2.65	2.74	2.85	2.93	3.00	3.05	3.10

4. 轴心抗压强度设计值、轴心抗拉强度设计值

轴心抗压强度设计值f_{cd}、轴心抗拉强度设计值f_{td}，单位为MPa，用对应的轴心抗压强度标准值、轴心抗拉强度标准值除以混凝土材料分项系数求得，用来计算混凝土结构的承载力。混凝土轴心抗压强度设计值f_{cd}按表1-3采用，轴心抗拉强度设计值f_{td}按表1-4采用。

混凝土轴心抗压强度设计值f_{cd}(MPa)　　表1-3

混凝土强度等级	C25	C30	C35	C40	C45	C50	C55	C60	C65	C70	C75	C80
f_{cd}	11.5	13.8	16.1	18.4	20.5	22.4	24.4	26.5	28.5	30.5	32.4	34.6

混凝土轴心抗拉强度设计值f_{td}(MPa)　　表1-4

混凝土强度等级	C25	C30	C35	C40	C45	C50	C55	C60	C65	C70	C75	C80
f_{td}	1.23	1.39	1.52	1.65	1.74	1.83	1.89	1.96	2.02	2.07	2.10	2.14

三、混凝土的变形[资源1.3]

变形也是混凝土的一项重要力学性能。混凝土的变形可以分为两类：一类为混凝土的受力变形，包括短期荷载作用下的变形、多次重复荷载作用下的变形及长期荷载作用下的变形；另一类为混凝土的体积变形，包括混凝土由于收缩、膨胀产生的变形及由于温度变化产生的变形。

1. 混凝土在短期荷载作用下的变形

(1)混凝土在一次短期荷载作用下的变形。

混凝土在一次加载过程中的应力-应变关系是混凝土最基本的力学性能之一，它是研究钢筋混凝土构件强度、裂缝、变形、延性以及进行非线性全过程分析的重要依据。用标准棱柱体试件或圆柱体试件，做一次短期加载单轴受压试验，所得的混凝土典型应力-应变曲线如图1-1所示。曲线由上升段和下降段两部分组成。当应力小于$(0.3\sim0.4)f_{cd}$时，即OA段，应力-应变之间可视为线性关系，该段可以认为是混凝土的弹性阶段。当应力超过A点并达到B点$(0.8f_{cd})$时，应力-应变曲线逐渐偏离直线而表现出明显的非弹性特征，混凝土处于裂缝稳定扩展阶段。应力超过B点后，塑性变形明显增大，混凝土处于裂缝快速不稳定发展阶段，直到应力达到C点后转入下降段。CD段应力快速下降，应变仍在增长，混凝土中裂缝迅速发展且贯通，出现了主裂缝，内部结构破坏严重。DE段应力下降比CD段慢，但应变增长较快，混凝土内部结构处于磨合和调整阶段，主裂缝宽度进一步增大。超过E点后，试件的贯通主裂缝已经很宽，失去结构意义。

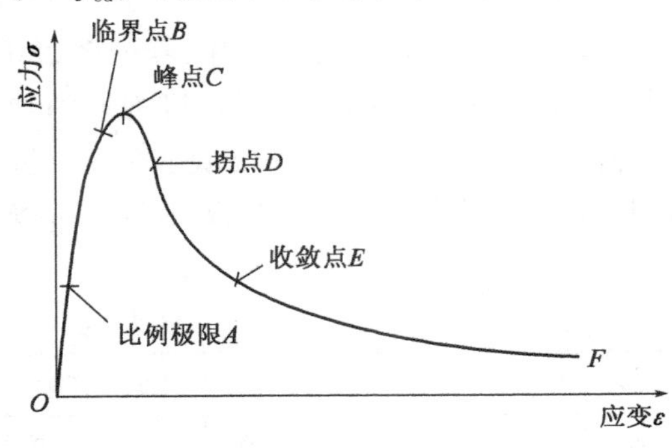

图1-1　一次加载时的混凝土应力-应变曲线

(2)混凝土在三向受压状态下的应力-应变关系。

如果混凝土试件横向处于约束状态,除可以提高它的抗压强度外,还可以大大提高它的延性。图 1-2 为混凝土圆柱体试件在三向受压时的轴向应力-应变曲线。随着侧压力 σ_2 的增加,试件的强度和延性都有显著提高。

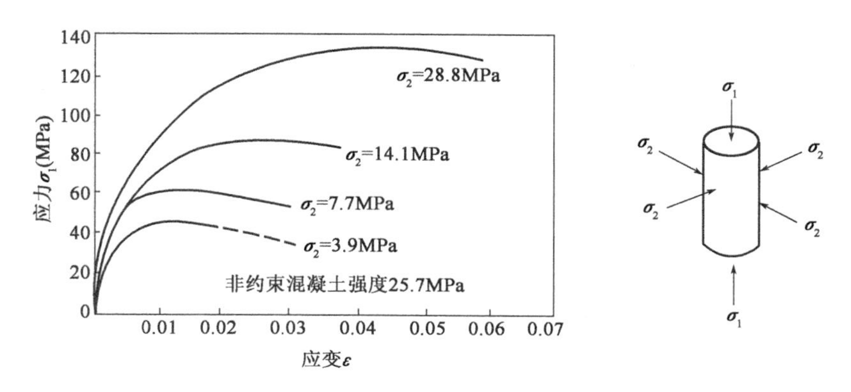

图 1-2　混凝土圆柱体试件在三向受压时轴向应力-应变曲线

回 工程应用

三向受力构件的工程应用

桥梁工程中常用的构件如普通箍筋柱、螺旋箍筋柱、钢管混凝土构件等正是利用了上述(2)的原理。图 1-3 为螺旋筋约束混凝土圆柱体的应力-应变曲线。由图可知,当压力较小时,螺旋筋基本不起作用,随着压力的增加,螺旋筋逐渐发挥作用,最后不仅提高了试件的强度,而且明显提高了试件的延性。螺旋筋越密集,强度和延性提高得就越多。需特别指出的是,由于螺旋筋能使核心混凝土各部分都受到约束,因此螺旋筋对混凝土强度和延性的提高更为显著。

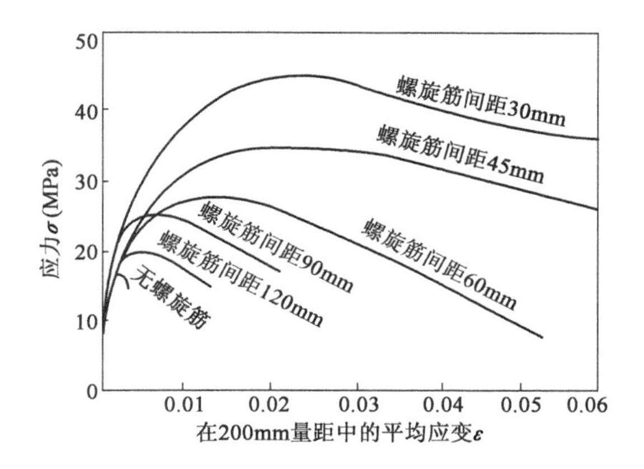

图 1-3　螺旋筋约束混凝土圆柱体的应力-应变曲线

2. 混凝土在多次重复荷载作用下的变形

将混凝土棱柱体试件加荷至某个应力值 σ_A，然后卸荷至零，并将这一循环多次重复，称为多次重复加荷。在多次重复荷载作用下，混凝土存在疲劳破坏问题。图 1-4 为混凝土一次短期加荷卸荷时的受压应力-应变曲线。当加荷至 A 点后卸荷，卸荷应力-应变曲线为 AB。如果停留一段时间，再量测试件的变形，发现变形又恢复一部分而达到 B' 点，则 BB' 对应的恢复变形称为弹性后效，而不能恢复的变形 $B'O$ 称为残余应变。混凝土一次加荷卸荷过程的应力-应变图形是一个环状曲线。

混凝土在多次重复荷载作用下的应力-应变曲线如图 1-5 所示。图中表示了三种不同的应力重复作用时的应力-应变曲线。试验表明，如果加荷卸荷循环多次进行，则将形成塑性变形的累积。只要重复应力的上限不超过一定限值，则不论重复应力上限的大小如何，随着循环次数的增加，加荷卸荷应力-应变滞回环会越来越接近一条直线。若干次后，由于累积变形超过混凝土的变形能力而突然破坏，这种现象称为疲劳破坏。疲劳破坏是一种脆性破坏，使混凝土产生疲劳破坏的重复应力上限值称为疲劳应力。

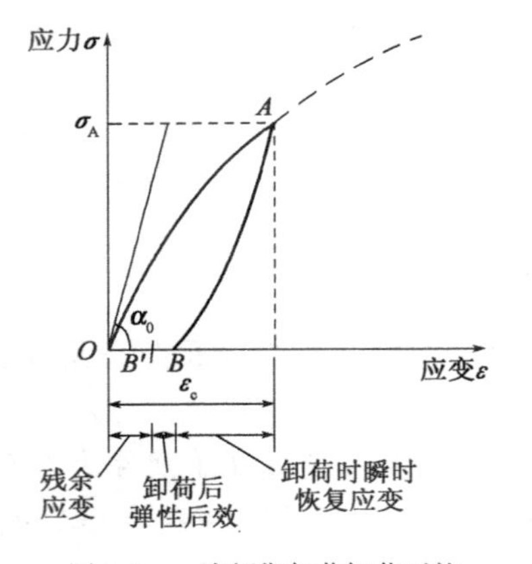

图 1-4　一次短期加荷卸荷下的混凝土应力-应变曲线

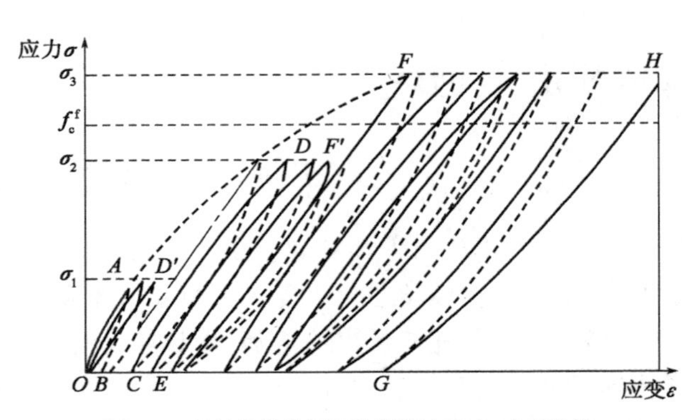

图 1-5　重复荷载作用下的混凝土应力-应变曲线

3. 混凝土在长期荷载作用下的变形

混凝土在不变荷载的长期作用下，其压应变随时间继续增长的现象称为混凝土的徐变。混凝土的这种性质对结构构件的变形、强度及预应力钢筋中的应力都将产生重要影响。图 1-6 为混凝土的典型徐变曲线。由图可知，徐变的发展先快后慢，经过较长时间后逐渐趋于稳定。通常在最初 6 个月可达最终徐变的 70% ~ 80%，两年后的徐变值为瞬时变形的 2 ~ 4 倍。若在荷载作用一段时间后卸载，试件瞬时可恢复的一部分应变，称为瞬时恢复应变 ε'_e，其值比加载时的瞬时变形略小。当长期荷载完全卸除后，量测时会发现混凝土并不处于静止状态，而是处于一个徐变的恢复过程(约为 20d)，卸载后的徐变恢复变形称为弹性后效 ε''_e，其绝对值仅为徐变变形的 1/12 左右。在试件中还有绝大部分应变是不可恢复的，称为残余应变 ε''_{cr}。

徐变产生的原因，大致可以认为有如下两个方面：其一是混凝土，特别是其中的水泥凝胶体，在荷载作用下具有黏性流动性质，这种黏性流动是在一段较长的时间内逐渐发生的，发生黏性流动的凝胶体在变形过程中将把它所受到的压力逐步转移给集料颗粒,从而使黏流变形逐渐减弱直到终止。其二是当加荷至较高的压应力时,混凝土中微裂缝的发展也将对徐变起到某种促进作用,而且压应力越大,这种影响在徐变中所占的比重也就越大。因此,凡是能对上述两方面产生影响的因素,必然会给混凝土的徐变带来影响。

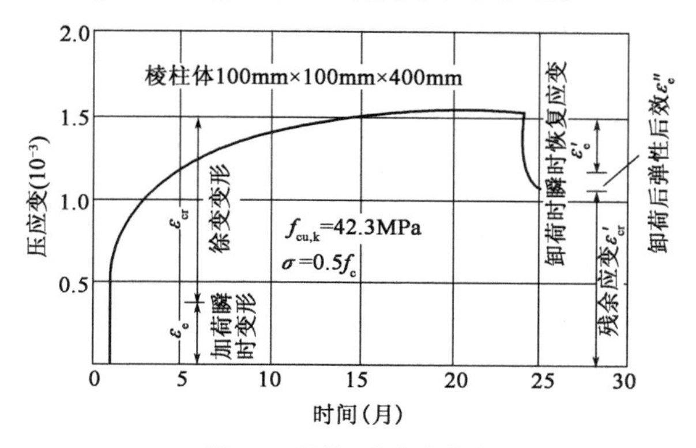

图 1-6　混凝土的徐变曲线

影响混凝土徐变的因素有很多,可归纳为以下几个方面:

(1)长期荷载作用下产生的应力大小。

持续作用的压应力值的大小是影响混凝土徐变的最主要因素。试验表明,当压应力 σ 不超过 $0.5f_c$ 时(f_c 为混凝土的抗压强度),若其他条件相同,则在同一时期内产生的徐变与应力大致呈线性关系,这样的徐变称为线性徐变。当压应力 σ 介于 $(0.5\sim0.8)f_c$ 之间时,徐变的增长速度比应力快,这种情况称为非线性徐变。当应力 σ 大于 $0.8f_c$ 时,徐变为非收敛性的徐变,最终会导致混凝土的破坏。实际上,$0.8f_c$ 即为混凝土在长期荷载作用下的抗压强度。

(2)加载时混凝土的龄期。

受荷时的龄期越长,水泥的水化程度越充分,凝胶体越成熟,其流变性质就越弱,混凝土的徐变也越小。

(3)混凝土的组成成分。

水泥用量越多,凝胶体在混凝土中所占的比重就越大;水灰比越高,水泥水化后残存的游离水越多,它在蒸发过程中对徐变的促进作用也就越大。这些都将加大混凝土的徐变。集料级配越好,集料的弹性模量越高,则凝胶体流变后转移给集料的压力所引起的变形就越小,从而混凝土的徐变越小。

(4)养护环境及工作环境。

混凝土养护时湿度越大、温度越高,水泥水化程度就越高,徐变就越小。工作环境的湿度和温度对徐变有较明显的影响,混凝土在湿度小、温度高的条件下产生的徐变比湿度大、温度低条件下产生的徐变要大得多。

此外,构件的截面形状对徐变也有影响,通常可以用构件的体积与其表面积的比值,即体表比来衡量。体表比小的构件,其内部水分发散较快,混凝土的徐变也较大。

徐变对混凝土结构和构件的工作性能有很大的影响。混凝土的徐变会使构件的变形增加,在钢筋混凝土截面内引起应力重分布(钢筋压应力增加,混凝土压应力减小),在预应力混凝土结构中引起预应力损失。

4. 混凝土的收缩和膨胀变形

混凝土的收缩是一种非受力变形。混凝土在空气中结硬时会产生体积缩小的现象,称为混凝土的收缩。混凝土在水中结硬时会产生体积膨胀。一般情况下,收缩值比膨胀值要大得多。在空气中结硬的混凝土,收缩早期发展较快,之后逐渐变慢,最后趋近于一个最终值。混凝土的收缩由凝缩和干缩两部分组成。凝缩是混凝土中的水泥和水发生化学反应引起的体积变化。干缩是混凝土干燥失水引起的体积变化。收缩主要是水泥砂浆导致的,而混凝土中的粗集料并不收缩。这种状态使集料与水泥砂浆的界面上及水泥砂浆内部产生拉应力,当这种拉应力超过强度极限时,就会产生微裂缝。试验表明:水泥用量越多、水灰比越大、集料颗粒越小、孔隙率越高、集料的弹性模量越低,则收缩越大。此外,在混凝土结硬过程中,当构件的体表比大、周围环境湿度大时,收缩较小。

在钢筋混凝土构件中,由于钢筋具有和混凝土几乎相同的温度线膨胀系数,因此单纯的温度变化不会在两者之间造成强制应力。但钢筋没有收缩的性质,因此它会对混凝土的收缩产生阻碍作用,从而使混凝土受到强制拉应力,钢筋则受到强制压应力。截面中配筋率越大,混凝土受到的强制拉应力就越大,当配筋过多时,甚至会使混凝土产生早期裂缝。在预应力混凝土结构中,混凝土的收缩会引起预应力损失。

思考与练习

1. 混凝土的立方体抗压强度标准值$f_{cu,k}$、轴心抗压强度标准值f_{ck}和轴心抗拉强度标准值f_{tk}是如何确定的?

2. 单向受压状态下,混凝土的强度与哪些因素有关?混凝土一次加载时的受压应力-应变曲线有何特点?

3. 混凝土在多次重复荷载作用下的受力变形有何特点?何谓疲劳破坏?

4. 何谓混凝土的徐变?影响徐变的因素有哪些?徐变对结构有何影响?

5. 何谓混凝土的收缩?混凝土收缩对构件的混凝土和钢筋各产生何种初应力?

模块二 认识钢筋

学习目标	● 知识目标	(1)掌握钢筋的种类、牌号及取值规定; (2)理解钢筋的强度指标和变形指标; (3)掌握钢筋的应力-应变曲线各阶段的特征
	● 能力目标	掌握常用钢筋的种类和级别，能将钢筋的名称、牌号一一对应；掌握各牌号钢筋在工程结构中的应用场合；能够绘制不同类型钢筋的应力-应变曲线，将其受力过程与钢筋在具体构件中的受力过程结合，为后续识读钢筋工程图奠定基础

相关知识

钢筋承担混凝土结构中的全部拉力,是构件全部延性的来源,其强度是影响结构安全的重要力学性能之一。

一、钢筋的种类和级别[资源1.4]

混凝土结构中使用的钢材,按其化学成分可分为碳素钢及普通低合金钢;按其生产加工工艺和力学性能可分为热轧钢筋、冷加工钢筋、预应力钢丝和精轧螺纹钢筋。热轧钢筋由低碳钢、普通低合金钢或细晶粒钢在高温状态下轧制而成。热轧钢筋按其外形特征可分为光面钢筋和带肋钢筋,光面钢筋黏结强度较低,带肋钢筋由于凸出的肋与混凝土的机械咬合作用而具有较高的黏结强度。

桥涵工程中采用的普通钢筋应符合现行《钢筋混凝土用钢　第1部分:热轧光圆钢筋》(GB/T 1499.1)、《钢筋混凝土用钢　第2部分:热轧带肋钢筋》(GB/T 1499.2)、《冷轧带肋钢筋》(GB/T 13788)的相关规定。钢筋牌号及强度等相关参数汇总如表1-5所示。

表1-5中热轧光圆钢筋的牌号由HPB+屈服强度特征值组成,HPB为“热轧光圆钢筋”的英文(hot rolled plain bars)缩写;普通热轧钢筋的牌号由HRB+屈服强度特征值组成,HRB为“热轧带肋钢筋”的英文(hot rolled ribbed bars)缩写。HRBF是在“热轧带肋钢筋”的英文缩写后加“细”(fine)的英文大写首字母。

公称直径6~22mm的钢筋,以2mm递增;公称直径6~50mm的钢筋,其中22mm以下的钢筋以2mm递减,22mm以上的钢筋为25mm、28mm、32mm、36mm、40mm、50mm。

钢筋牌号及强度数值表 表1-5

钢筋名称	钢筋牌号	牌号构成	公称直径 d (mm)	屈服强度特征值 (MPa)
热轧光圆钢筋	HPB300	HPB + 屈服强度特征值	6 ~ 22	300
普通热轧钢筋	HRB400	HRB + 屈服强度特征值	6 ~ 50	400
	HRB500			500
	HRB600			600
	HRB400E	HRB + 屈服强度特征值 + E(地震 earthquake 大写首字母)		400
	HRB500E			500
细晶粒热轧钢筋	HRBF400	HRBF + 屈服强度特征值	6 ~ 50	400
	HRBF500			500
	HRBF400E	HRBF + 屈服强度特征值 + E		400
	HRBF500E			500

预应力混凝土和普通钢筋混凝土用冷轧带肋钢筋,按延性高低分为两类:冷轧带肋钢筋CRB、高延性冷轧带肋钢筋CRB + 抗拉强度特征值 + H。C、R、B、H分别为冷轧(cold rolled)、带肋(ribbed)、钢筋(bar)、高延性(high elonggation)四个词的英文大写首字母。冷轧带肋钢筋分为CRB550、CRB650、CRB800、CRB600H、CRB680H、CRB800H六个牌号。CRB550、CRB600H为普通钢筋混凝土用钢筋,CRB650、CRB800、CRB800H为预应力混凝土用钢筋,CRB680H既可作为普通钢筋混凝土用钢筋,也可作为预应力混凝土用钢筋。CRB后面的数字代表的是抗拉强度不小于对应的值,比如:CRB550代表的是抗拉强度不小于550MPa的冷轧带肋钢筋。

我国现行钢筋产品标准中将400MPa、500MPa级高强热轧带肋钢筋作为纵向受力的主导钢筋推广应用,尤其是梁、柱和斜撑构件的纵向受力钢筋应优先采用400MPa、500MPa级高强钢筋,500MPa级高强钢筋用于高层建筑的柱、大跨度与重荷载梁的纵向受力配筋更为有利;淘汰直径16mm以上的HRB335热轧带肋钢筋,保留小直径的HRB335热轧带肋钢筋,主要用于中、小跨度楼板配筋以及剪力墙的分布筋配筋,还可用于构件的箍筋与构造配筋;用300MPa级光圆钢筋取代235MPa级光圆钢筋,将其规格限于直径6 ~ 14mm,主要用于小规格梁柱的配筋与其他混凝土构件的构造配筋。

RRB400余热处理钢筋由轧制钢筋经高温淬水,余热处理后提高强度,能源消耗低、生产成本低。其延性、可焊性、机械连接性能及施工适应性也相应降低,一般可用于对变形性能及加工性能要求不高的构件中,如延性要求不高的基础、大体积混凝土、楼板以及次要的中小结构构件等。

工程中常用的预应力钢筋有以下三种:精轧螺纹钢筋、钢丝、钢绞线。

精轧螺纹钢筋是在整根钢筋上轧有外螺纹的大直径、具有较高强度和高尺寸精度的钢筋。其主要用于中、小型构件中或竖、横向预应力钢筋及临时锚固钢筋,其级别有JL540、JL785、

JL930 三种，直径一般为 18mm、25mm、32mm、40mm。

用于预应力混凝土构件中的钢丝，有消除应力的三面刻痕钢丝、螺旋肋钢丝和光面钢丝三种。光面钢丝一般以多根钢丝组成钢丝束或由若干根钢丝扭结成钢绞线的形式出现。螺旋肋钢丝和三面刻痕钢丝与混凝土之间的黏结性能好，适用于先张法预应力混凝土结构。

钢绞线是把多根平行的高强钢丝围绕一根中心芯丝，用绞盘绞捻成束而形成的，主要用于后张法预应力混凝土构件中。

《公路钢筋混凝土及预应力混凝土桥涵设计规范》(JTG 3362—2018)规定，公路桥涵混凝土结构的钢筋应按下列规定采用：钢筋混凝土及预应力混凝土构件中的普通钢筋宜选用 HPB300、HRB400、HRB500、HRBF400 和 RRB400 钢筋，预应力混凝土构件中的箍筋应选用其中的带肋钢筋，按构造要求配置的钢筋网可采用冷轧带肋钢筋。预应力混凝土构件中的预应力钢筋应选用钢绞线、钢丝；中、小型构件或竖、横向预应力钢筋，可选用预应力螺纹钢筋。

《铁路桥涵混凝土结构设计规范》(TB 10092—2017)规定，铁路桥涵混凝土结构采用的普通钢筋和预应力钢筋应符合下列规定：普通钢筋应采用 HPB300 和未经高压穿水处理过的 HRB400、HRB500 钢筋，并应符合现行《钢筋混凝土用钢　第 1 部分：热轧光圆钢筋》(GB/T 1499.1)和《钢筋混凝土用钢　第 2 部分：热轧带肋钢筋》(GB/T 1499.2)的规定；预应力钢丝应符合现行《预应力混凝土用钢丝》(GB/T 5223)的规定；预应力钢绞线应符合现行《预应力混凝土用钢绞线》(GB/T 5224)的规定；预应力螺纹钢筋应符合现行《预应力混凝土用螺纹钢筋》(GB/T 20065)的规定。

普通钢筋及预应力钢筋抗拉强度标准值应分别按表 1-6、表 1-7 选用。

普通钢筋抗拉强度标准值　　表 1-6

钢筋种类	符号	公称直径 d(mm)	f_{sk}(MPa)
HPB300	Φ	6~22	300
HRB400 HRBF400 RRB400	Φ $Φ^F$ $Φ^R$	6~50	400
HRB500	Φ	6~50	500

预应力钢筋抗拉强度标准值　　表 1-7

钢筋种类		符号	公称直径 d(mm)	f_{pk}(MPa)
钢绞线	1×7	$Φ^S$	9.5、12.7、15.2、17.8	1720、1860、1960
			21.6	1860
消除应力钢丝	光面 螺旋肋	$Φ^P$ $Φ^H$	5	1570、1770、1860
			7	1570
			9	1470、1570
预应力螺纹钢筋		$Φ^T$	18、25、32、40、50	785、930、1080

注：抗拉强度标准值为 1960MPa 的钢绞线作为预应力钢筋使用时，应有可靠工程经验或充分试验验证。

普通钢筋及预应力钢筋计算强度按表 1-8 和表 1-9 采用。

普通钢筋抗拉、抗压强度设计值 表 1-8

钢筋种类	f_{sd}(MPa)	f'_{sd}(MPa)
HPB300	250	250
HRB400、HRBF400、RRB400	330	330
HRB500	415	400

注:1. 钢筋混凝土轴心受拉和小偏心受拉构件的钢筋抗拉强度设计值大于 330MPa 时,应按 330MPa 取用;在斜截面抗剪承载力、受扭承载力和冲切承载力计算中垂直于纵向受力钢筋的箍筋或间接钢筋等横向钢筋的抗拉强度设计值大于 330MPa 时,应取 330MPa。
2. 构件中配有不同种类的钢筋时,每种钢筋应采用各自的强度设计值。

预应力钢筋抗拉、抗压强度设计值 表 1-9

钢筋种类	f_{pk}(MPa)	f_{pd}(MPa)	f'_{pd}(MPa)
钢绞线 1×7(七股)	1720	1170	390
	1860	1260	
	1960	1330	
消除应力钢丝	1470	1000	410
	1570	1070	
	1770	1200	
	1860	1260	
预应力螺纹钢筋	785	650	400
	930	770	
	1080	900	

二、钢筋的强度和变形

钢筋混凝土结构所用的钢筋按其力学性能可以分为软钢和硬钢两大类。软钢的力学特点是具有明显的流幅,其拉伸时的典型应力-应变曲线如图 1-7 所示。硬钢的力学特点是没有明显的流幅,其拉伸时的典型应力-应变曲线如图 1-8 所示。[**资源 1.5**]

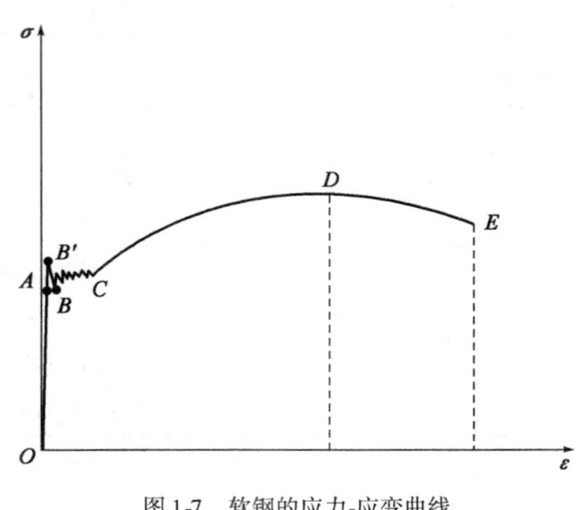

图 1-7 软钢的应力-应变曲线

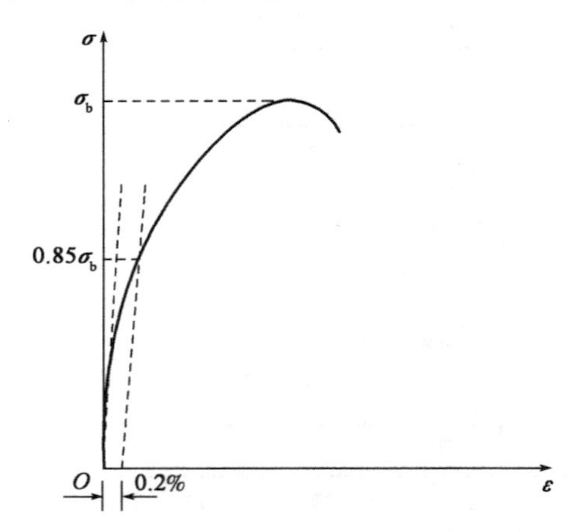

图 1-8 硬钢的应力-应变曲线

图 1-7 中软钢的应力-应变曲线可以分为以下四个阶段：

在 A 点以前，应力与应变为直线关系，A 点对应的应力称为比例极限。钢筋在 OA 段上具有理想的弹性性质。这时的应变在卸荷后可以完全恢复。OA 阶段称为弹性阶段。

过 A 点以后，应变较应力增长为快，到达 B' 点后钢筋开始塑流，B' 点对应的应力称为屈服上限。它与加载速度、截面形式、试件表面光洁度等因素有关，通常，B' 点是不稳定的。待应力由 B' 点降至下屈服极限 B 点，这时应力基本不增长而应变急剧增长，产生相当大的纯塑性变形，曲线接近水平线，这种现象称为屈服或流动。曲线延伸至 C 点，B 点到 C 点的水平距离的大小称为流幅或屈服台阶。有明显流幅的钢筋的屈服强度是按屈服下限确定的。BC 阶段称为屈服阶段。

超过 C 点后，钢筋的应力重新开始增长，说明钢筋的抗拉能力又有所提高，但这时曲线的斜率远小于弹性阶段的斜率，而且随应力的增长越来越小，直到 D 点，钢筋达到了极限抗拉强度。CD 段称为钢筋的强化阶段。

过 D 点以后，试件在某个薄弱部位的截面将突然显著缩小，应变急剧增长，达到 E 点时试件发生断裂，断裂时有颈缩现象。DE 段称为颈缩断裂阶段。

当钢筋应力达到屈服极限以后，将产生很大的塑性变形，而且在卸荷后，这部分变形是不可恢复的，这将使构件出现很大的变形和不可闭合的裂缝，以致构件无法使用。因此，工程中取钢筋的屈服强度作为钢筋强度取值的依据，并把它作为检验有明显屈服点的钢筋质量的主要强度指标。钢筋拉断时的极限状态与屈服状态力学参量的比值称为强屈比，其反映了从屈服到断裂之前破坏过程的长短。

对于没有明显流幅或屈服点的预应力钢筋，其应力-应变曲线到顶点极限强度后稍有下降，钢筋出现少量颈缩后立即被拉断，极限延伸率较小。《公路钢筋混凝土及预应力混凝土桥涵设计规范》(JTG 3362—2018)规定，在进行构件承载力设计时，取极限抗拉强度 σ_b 的 85% 作为条件屈服强度，如图 1-8 所示。

三、钢筋的接头、弯钩和弯折

钢筋的连接是指通过焊接、机械连接、绑扎搭接等方法实现钢筋之间内力传递的构造形式。出厂的钢筋，为了便于运输，除小直径的盘钢外，每条长度多为 10 ~ 12m。在实际工程中，往往会遇到钢筋长度不足的情况，这时就需要连接钢筋，使钢筋达到设计长度。

1. 钢筋的接头

钢筋接头有焊接接头、机械连接接头和绑扎接头三种形式。钢筋接头宜优先采用焊接接头和机械连接接头。当施工或构造条件有困难时，也可采用绑扎接头。钢筋接头宜设在受力较小区段，并宜错开布置。钢筋的连接形式(焊接、机械连接、绑扎搭接)各自适用于一定的工程条件。各种类型钢筋接头的传力性能(强度、变形、恢复力、破坏状态等)均不如直接传力的整根钢筋，任何形式的钢筋连接均会削弱其传力性能。因此，钢筋连接的基本原则为：连接接头设置在受力较小处；限制钢筋在构件同一跨度内的接头数量；避开结构的关键受力部位，如柱端、梁端的箍筋加密区；限制接头面积百分率等。

焊接接头是钢筋混凝土结构中采用最多的接头形式。钢筋焊接接头宜采用闪光接触对焊,当不具备闪光接触对焊条件时,也可采用电弧焊(帮条焊或搭接焊)、电渣压力焊和气压焊。电弧焊应采用双面焊缝,施工有困难时方可采用单面焊缝。电弧焊接头的焊缝长度:双面焊缝时不应小于5d,单面焊缝时不应小于10d(d为钢筋直径)。

机械连接接头适用于HRB400带肋钢筋的连接。机械连接接头采用套筒挤压接头和镦粗直螺纹接头两种形式。套筒挤压接头是用钢套筒作为连接体,套于两根待连接的带肋钢筋端部,再使用挤压设备沿套筒径向挤压,使钢套筒产生塑性变形,变形的钢套筒与钢筋紧密结合为一个整体。镦粗直螺纹接头是将钢筋的连接端先行镦粗,再加工出圆柱螺纹,并用连接套筒连接的钢筋接头。

绑扎接头是按一定长度将两根钢筋搭接并用铁丝绑扎,通过钢筋与混凝土的黏结力传递内力。绑扎接头是过去的传统做法,为了保证接头处传递内力的可靠性,连接钢筋必须具有足够的搭接长度。为此,《公路钢筋混凝土及预应力混凝土桥涵设计规范》(JTG 3362—2018)对绑扎接头的应用范围、搭接长度及接头布置都作了严格的规定。绑扎接头的钢筋直径不宜大于28mm,但轴心受压和偏心受压构件中的受压钢筋直径可不大于32mm。轴心受拉和小偏心受拉构件不得采用绑扎接头。

2. 钢筋的弯钩和弯折

为了防止钢筋在混凝土中滑动,对于承受拉力的光面钢筋,需在端头设置半圆形弯钩。对于受压的光面钢筋可不设弯钩,这是因为受压时钢筋产生横向变形,使直径加大,提高了握裹力。带肋钢筋握裹力好,可不设半圆形弯钩,而改用直角形弯钩。弯钩的内侧弯曲直径D不宜过小,对于光面钢筋,D一般应大于2.5d;对于带肋钢筋,D一般应大于(4~5)d(d为钢筋直径)。

按照受力要求,有时需按设计要求弯折钢筋方向,为了避免弯折处混凝土局部压碎,在弯折处钢筋内侧弯曲直径D不得小于20d。

受拉钢筋端部弯钩和中间弯折应符合表1-10的要求。

受拉钢筋端部弯钩与中间弯折表 表1-10

弯曲部位	弯曲角度	形状	钢筋	弯曲直径D(mm)	平直段长度
末端弯钩	180°	d, D, ≥3d	HPB300	≥2.5d (d≤20mm)	≥3d
	135°	d, D, ≥5d	HRB400 HRB500	≥4d ≥5d	≥5d
			HRB400 KL400	≥5d	
中间弯折	≤90°	D, d, D	各种钢筋	≥20d	—

注:d为钢筋直径。

思考与练习

1. 钢筋混凝土结构中使用的钢材是如何分类的?
2. 编制钢筋类型、牌号、符号对应关系表。
3. 绘制软钢、硬钢的应力-应变曲线,描述其各阶段具体的受力特点。
4. 钢筋连接的方式有哪几种?受拉钢筋端部弯钩的形式有哪些?对弯曲直径有何要求?

模块三 钢筋混凝土结构及钢筋与混凝土共同作用机理

<table>
<tr><td rowspan="2">学习目标</td><td>● 知识目标</td><td>(1)掌握钢筋混凝土结构的基本概念;
(2)理解钢筋混凝土结构对钢筋性能的要求;
(3)理解钢筋与混凝土共同作用机理</td></tr>
<tr><td>● 能力目标</td><td>本模块要求学生能绘制素混凝土梁与钢筋混凝土梁的破坏示意图;能描述钢筋混凝土结构中配筋的作用;能描述钢筋混凝土结构对钢筋性能的要求</td></tr>
</table>

相关知识

一、混凝土结构的定义与分类

以混凝土为主要承载材料制成的结构称为混凝土结构,包括钢筋混凝土结构、预应力混凝土结构和素混凝土结构等。配置有受力的普通钢筋、钢筋网或钢骨架的混凝土结构称为钢筋混凝土结构;配置有受力的预应力钢筋,经过张拉或其他方法建立预加应力的混凝土结构称为预应力混凝土结构;无钢筋或不配置受力钢筋的混凝土结构称为素混凝土结构。

二、配筋的作用

钢筋混凝土是由钢筋和混凝土两种力学性能不同的材料结合成整体,共同发挥作用的一种建筑材料。

混凝土是一种人造石料,其抗压强度很高,而抗拉强度很低(为抗压强度的1/18~1/8)。钢筋的抗拉能力和抗压能力都很强。为了充分利用材料的性能,把混凝土和钢筋这两种材料结合在一起,使混凝土主要承受压力、钢筋主要承受拉力,两者共同工作以满足工程结构的使用要求。图1-9为素混凝土简支梁和钢筋混凝土简支梁破坏示意图。

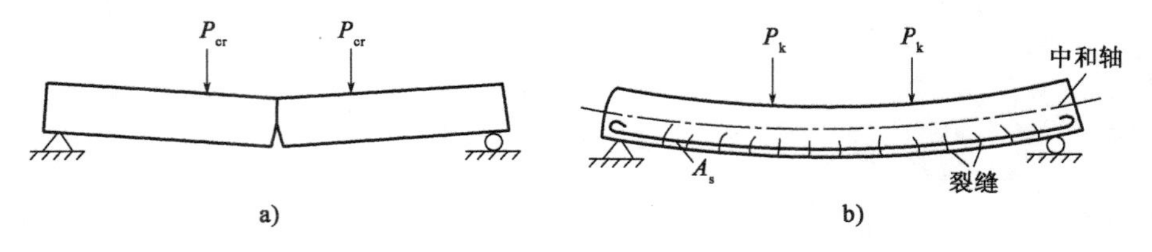

图1-9 简支梁破坏示意图

a)素混凝土简支梁;b)钢筋混凝土简支梁

图 1-9a)中的素混凝土简支梁,混凝土的抗拉能力很弱,在荷载作用下,受拉区边缘混凝土一旦开裂,梁瞬即脆断而破坏,破坏前梁的变形很小,没有预兆,属于脆性破坏类型。由此可见,素混凝土梁的承载能力是由混凝土的抗拉强度控制的,受压区混凝土的抗压强度则远未被充分利用。对于在受拉区配置适量钢筋的钢筋混凝土梁[图 1-9b)],当受拉区混凝土开裂后,梁中和轴以下受拉区的拉力主要由钢筋来承受,中和轴以上受压区的压力仍由混凝土承受。由于钢筋的抗拉能力和混凝土的抗压能力都很强,受拉区的混凝土开裂后,梁还能继续承受相当大的荷载,直到受拉钢筋应力达到屈服强度,随后荷载仍可略有增加,致使受压区混凝土被压碎,梁才被破坏。破坏前梁的变形较大,有明显预兆,属于延性破坏类型。因此,钢筋混凝土梁的承载能力和变形能力较素混凝土梁有明显提高,并且钢筋和混凝土两种材料的强度都能得到较充分的利用。

三、钢筋与混凝土共同作用机理分析[资源 1.6]

钢筋和混凝土这两种性能不同的材料之所以能有效地结合在一起共同工作,有以下几个方面的原因:

(1)钢筋和混凝土之间具有可靠的黏结力,使两者能相互牢固地结成整体,即在荷载作用下,钢筋与相邻的混凝土能协调地共同变形、共同受力。钢筋与混凝土之间的黏结力是保证两者共同工作的基本前提。黏结力主要由三部分组成:水泥凝胶体与钢筋表面的化学胶结力;混凝土对钢筋的握裹力(摩擦力);凹凸不平的钢筋表面与混凝土之间可产生机械咬合力,机械咬合力作用较大。光面钢筋和带肋钢筋黏结机理的主要差别在于,光面钢筋的黏结力主要来自胶结力和握裹力,而带肋钢筋的黏结力主要来自机械咬合力。

(2)钢筋和混凝土的温度线膨胀系数大致相同(钢筋约为 1.2×10^{-5}/℃,混凝土为 $1.0\times10^{-5}\sim1.5\times10^{-5}$/℃),当温度变化时,在钢筋混凝土构件内产生的非协调温度应力较小,因而不致破坏钢筋和相邻混凝土间的黏结力。

(3)钢筋被混凝土所包裹,而混凝土具有弱碱性,可防止钢筋被锈蚀,较好地保证了结构的耐久性。

素混凝土结构的混凝土强度等级不应低于 C15;钢筋混凝土结构的混凝土强度等级不应低于 C20;采用强度等级 400MPa 及以上的钢筋时,混凝土强度等级不应低于 C25。预应力混凝土结构的混凝土强度等级不宜低于 C40,且不应低于 C30。承受重复荷载的钢筋混凝土构件,混凝土的强度等级不应低于 C30。

四、钢筋混凝土结构对钢筋性能的要求

钢筋混凝土结构对钢筋性能的要求如下:

(1)强度:主要指屈服强度和极限强度。钢筋的屈服强度与极限抗拉强度的比值称为屈强比。钢筋的屈强比是衡量结构可靠性的重要技术指标,屈强比小,则标志着结构的可靠性高,但当屈强比过小时,钢筋强度的有效利用率会很低,故宜保持适当的屈强比。

(2)塑性:要求钢筋在断裂时有足够的变形,以防止结构构件的脆性破坏。其主要衡量指标有屈服强度、极限强度、伸长率(钢筋断裂后的伸长值与原长度的比率)、冷弯等。

(3)可焊性:在一定的工艺条件下,要求钢筋的焊口附近不产生裂纹和过大的变形,且具有良好的机械性能。钢筋的可焊性与其含碳量及合金元素的含量有关,碳、锰含量增加,则可焊性降低;如含有适量的钛,则可改善焊接性能。

(4)钢筋与混凝土的握裹力:钢筋与混凝土的握裹力是衡量混凝土抵抗钢筋滑移能力的物理量。握裹强度是钢筋与混凝土接触面上的剪应力,亦即黏结应力。钢筋周围混凝土的应力及变形状态比较复杂,握裹力使黏结应力随着钢筋握裹长度的不同而变化,所以,握裹强度随着钢筋种类、外观形状以及钢筋在混凝土中的埋设位置和方向的不同而变化,同时也与混凝土自身强度有关,即混凝土抗压强度越高,握裹强度越大。带肋钢筋表面凹凸不平,能够更好地保证钢筋与混凝土的共同工作和共同变形。

在寒冷地区,钢筋混凝土结构对钢筋的冷脆性能也应有一定的要求。

思考与练习

1. 钢筋和混凝土两种材料为何能有效地共同工作?
2. 钢筋和混凝土之间的黏结力由哪几部分组成?
3. 请绘制素混凝土梁、钢筋混凝土梁的破坏示意图,描述钢筋在混凝土梁中的作用。

项目二

钢筋混凝土构件构造与图纸识读

Gangjin Hunningtu Goujian Gouzao yu Tuzhi Shidu

模块一 板的构造与图纸识读

学习目标		
学习目标	● 知识目标	(1)能说出板桥的概念及板桥的主要类型; (2)能阐述矩形截面实心板的构造及主要钢筋配筋图; (3)掌握板中钢筋的类型、作用、牌号及取值规定
	● 能力目标	本模块要求学生能借助相关图纸及本模块有关知识对板的构造及配筋要点进行描述;能识别板中钢筋的类型、作用、牌号并知晓其取值规定;能完成实心矩形板的配筋图识读任务

相关知识

钢筋混凝土受弯构件是组成桥涵结构的基本构件,在桥梁工程中应用极为广泛。板、梁为典型的受弯构件。板和梁的区别主要在于截面高宽比 h/b 的不同,其受力情况基本相同,即在外力作用下,板、梁均承受弯矩(M)和剪力(Q)的作用。板和梁按照其支承条件又可分为简支、悬臂和连续状态几种类型,其受力简图、构造是不相同的。[**资源 2.1**]

提示

受弯构件是指在竖向荷载作用下,构件截面上由弯矩和剪力共同作用而轴力可以忽略不计的构件。它们在桥梁工程中应用很广泛,中小跨径梁(或板)式桥跨结构中承重的梁和板、人行道板、行车道板以及柱式墩(台)中的盖梁等都属于受弯构件。

一、板桥及板的构造要求

板桥是小跨径钢筋混凝土桥中最常用的桥型之一。由于它在建成以后外形上像一块薄板,故习惯称之为板桥。板桥的主要缺点是跨径不宜过大。跨径超过一定限度时,截面便要显著增大,从而导致自重增大,以及截面材料使用上的不经济。通过实践得出,简支板桥的经济合理跨径一般限制在13m以下,预应力混凝土板桥跨径一般不宜超过30m。简支板桥可以采用整体式结构,也可以采用装配式结构。装配式钢筋混凝土板桥的跨径不大于10m。整体现浇钢筋混凝土板桥,简支时跨径不大于10m,连续时跨径不大于16m。装配式预应力混凝土空心板桥的跨径不大于20m。整体现浇预应力混凝土板桥,简支时跨径不大于20m,连续时跨径不大于25m。

工程中常用的板的截面形式如图2-1所示。实心矩形板[图2-1a)、b)]多适用于小跨径桥梁，当跨径较大时，为减轻自重和节省混凝土，常做成空心矩形板[图2-1c)]。

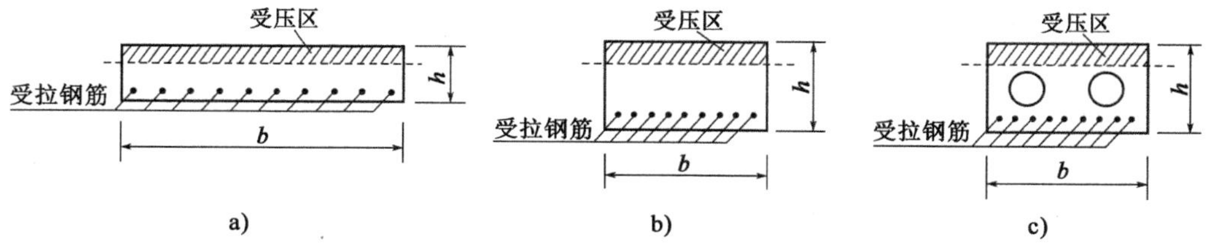

图2-1　板的截面形式

a)整体浇筑实心板；b)预制装配实心板；c)预制装配空心板

板的厚度 h 可根据控制截面上的最大弯矩和板的刚度要求确定，但是为了保证施工质量且满足耐久性要求，《公路钢筋混凝土及预应力混凝土桥涵设计规范》(JTG 3362—2018)规定了各种板的最小厚度：人行道板不宜小于80mm(整体现浇式)，空心板桥的顶板和底板厚度均不应小于80mm，预制混凝土板不应小于60mm。

二、板的钢筋构造

对于周边支承的桥面板，其长边与短边的比值大于或等于2时，受力以短边方向为主，称之为单向板；其长边与短边的比值大于0.5小于2时，则称之为双向板。单向板中受力钢筋沿板的跨度方向布置在板的受拉区，分布钢筋则与受力钢筋相互垂直，布置在受力钢筋的内侧[图2-2a)]。双向板中由于板的两个方向同时承受弯矩，所以两个方向均应布置受力钢筋[图2-2b)]。

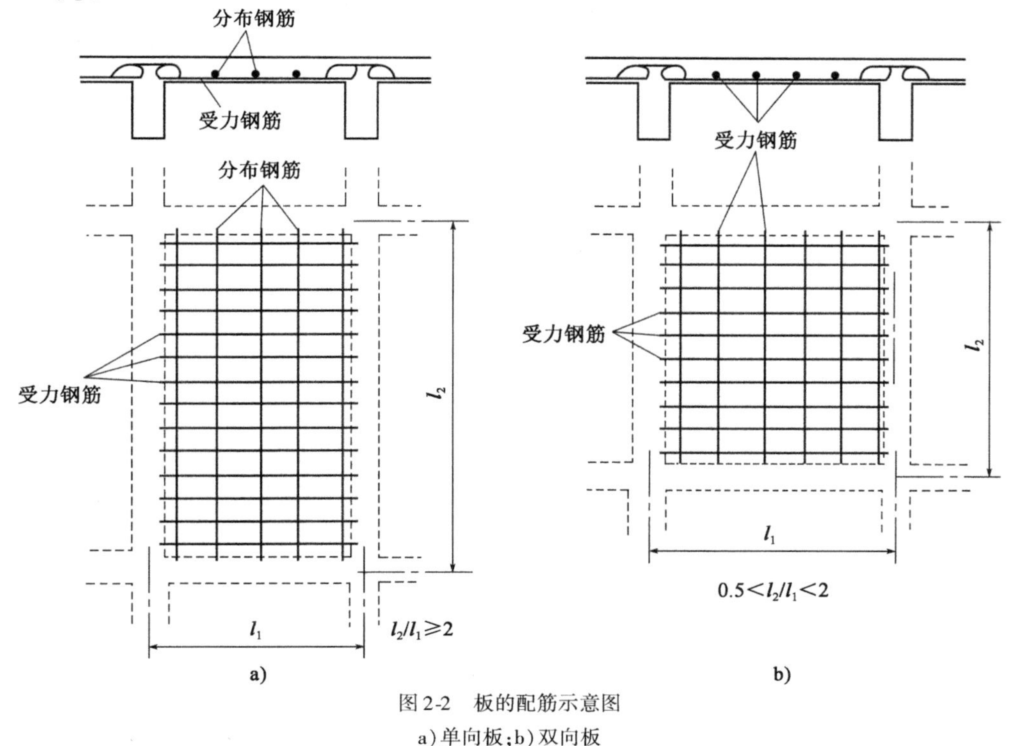

图2-2　板的配筋示意图

a)单向板；b)双向板

行车道板内的主钢筋直径不应小于10mm,人行道板内的主钢筋直径不应小于8mm。在简支板跨中和连续板支点处,板内主钢筋间距不应大于200mm。行车道板内的主钢筋,可沿板高中心纵轴线的1/6~1/4计算跨径处按30°~45°弯起,通过支点的不弯起的主钢筋,每米板宽内不应少于3根,且不应少于主钢筋截面面积的1/4。行车道板内应设置垂直于主钢筋的分布钢筋。分布钢筋设在主钢筋的内侧,其直径不应小于8mm,间距不应大于200mm,截面面积不宜小于板的截面面积的0.1%。在主钢筋的弯折处,应设置分布钢筋。人行道板内分布钢筋直径不应小于6mm,其间距不应大于200mm。

为了使钢筋不受锈蚀而影响构件的耐久性,并保证钢筋与混凝土紧密黏结在一起,必须设置混凝土保护层。构件中普通钢筋及预应力筋的混凝土保护层厚度应满足下列要求:构件中受力钢筋的保护层厚度不应小于钢筋的公称直径d;设计使用年限为50年的混凝土结构,最外层钢筋的保护层厚度应符合表2-1的规定;设计使用年限为100年的混凝土结构,最外层钢筋的保护层厚度不应小于表2-1中数值的1.4倍。

行车道板、人行道板的主钢筋混凝土保护层最小厚度:Ⅰ类环境条件为30mm,Ⅱ类环境条件为40mm,Ⅲ、Ⅳ类环境条件为45mm。分布钢筋的混凝土保护层最小厚度:Ⅰ类环境条件为15mm,Ⅱ类环境条件为20mm,Ⅲ、Ⅳ类环境条件为25mm。混凝土结构暴露的环境类别应按表2-2的要求划分。

混凝土保护层的最小厚度(mm) 表2-1

构件类别	梁、板、塔、拱圈、涵洞上部		墩台身、涵洞下部		承台、基础	
设计使用年限(年)	100	50、30	100	50、30	100	50、30
Ⅰ类-一般环境	20	20	25	20	40	40
Ⅱ类-冻融环境	30	25	35	30	45	40
Ⅲ类-近海或海洋氯化物环境	35	30	45	40	65	60
Ⅳ类-除冰盐等其他氯化物环境	30	25	35	30	45	40
Ⅴ类-盐结晶环境	30	25	40	35	45	40
Ⅵ类-化学腐蚀环境	35	30	40	35	60	55
Ⅶ类-磨蚀环境	35	30	45	40	65	60

环境类别划分 表2-2

环境类别	条件
Ⅰ	室内干燥环境; 无侵蚀性静水浸没环境
$Ⅱ_a$	室内潮湿环境; 非严寒和非寒冷地区的露天环境; 非严寒和非寒冷地区与无侵蚀性的水或土壤直接接触的环境; 严寒和寒冷地区的冰冻线以下与无侵蚀性的水或土壤直接接触的环境
$Ⅱ_b$	干湿交替环境; 水位频繁变动环境; 严寒和寒冷地区的露天环境; 严寒和寒冷地区冰冻线以上与无侵蚀性的水或土壤直接接触的环境
$Ⅲ_a$	严寒和寒冷地区冬季水位变动区环境; 受除冰盐影响环境; 海风环境

续上表

环境类别	条　　件
Ⅲ$_b$	盐渍土环境； 受除冰盐影响环境； 海岸环境
Ⅳ	海水环境
Ⅴ	受人为或自然的侵蚀性物质影响的环境

当装配式板采用铰接时，铰的上口宽度应满足施工时使用插入式振捣器的需要，铰槽的深度宜为预制板高的2/3。预制板内应预埋钢筋伸入铰内。铰接板顶面应设现浇钢筋混凝土层，其厚度不宜小于80mm。

回 工程应用

板的构造与配筋图识读

1. 整体式板

图2-3为6m整体式板的钢筋构造图。由图可知，该板桥行车道宽度为7m，两侧安全带宽度各为25cm，桥面设置了双向坡度为1.5%的横坡。板的厚度为36cm，实际长度为598cm。板内布置的主筋为①号、②号、③号钢筋，其中，②号、③号钢筋在不同的位置弯起至板的顶面，用来增加斜截面及支座处的抗剪能力。为了形成稳定的钢筋骨架，在主筋的上部布置了与之垂直的分布钢筋。

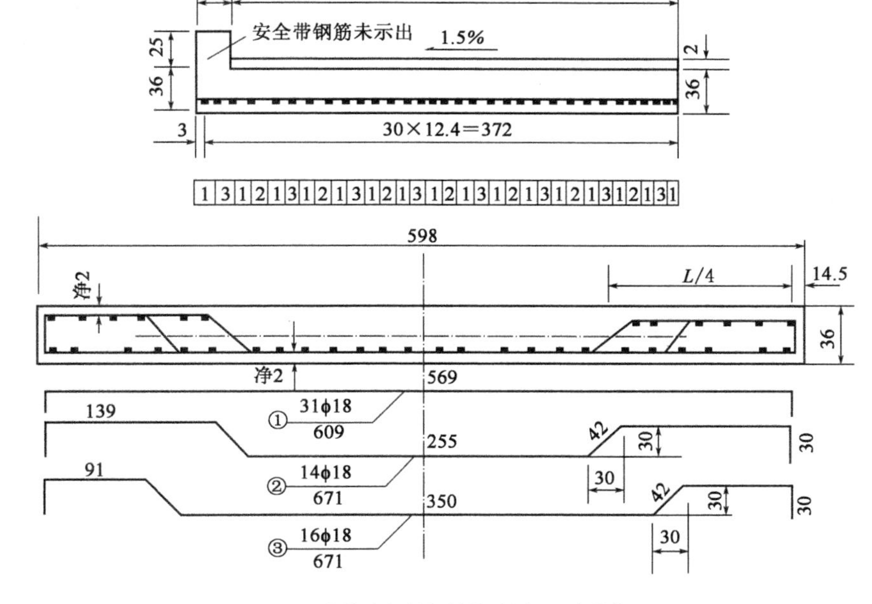

图2-3　6m整体式板的钢筋构造图(尺寸单位:cm)

根据图2-3 回答以下问题:

(1)描述板的整体构造要点(长度、宽度、高度)。

(2)板中布置的三种类型的钢筋分别起什么作用?结合板的横断面图、纵断面图及钢筋详图,核对三种钢筋的数量。

2. 装配式预应力混凝土空心板桥

图2-4为标准跨径16m的装配式预应力混凝土空心板配筋图。

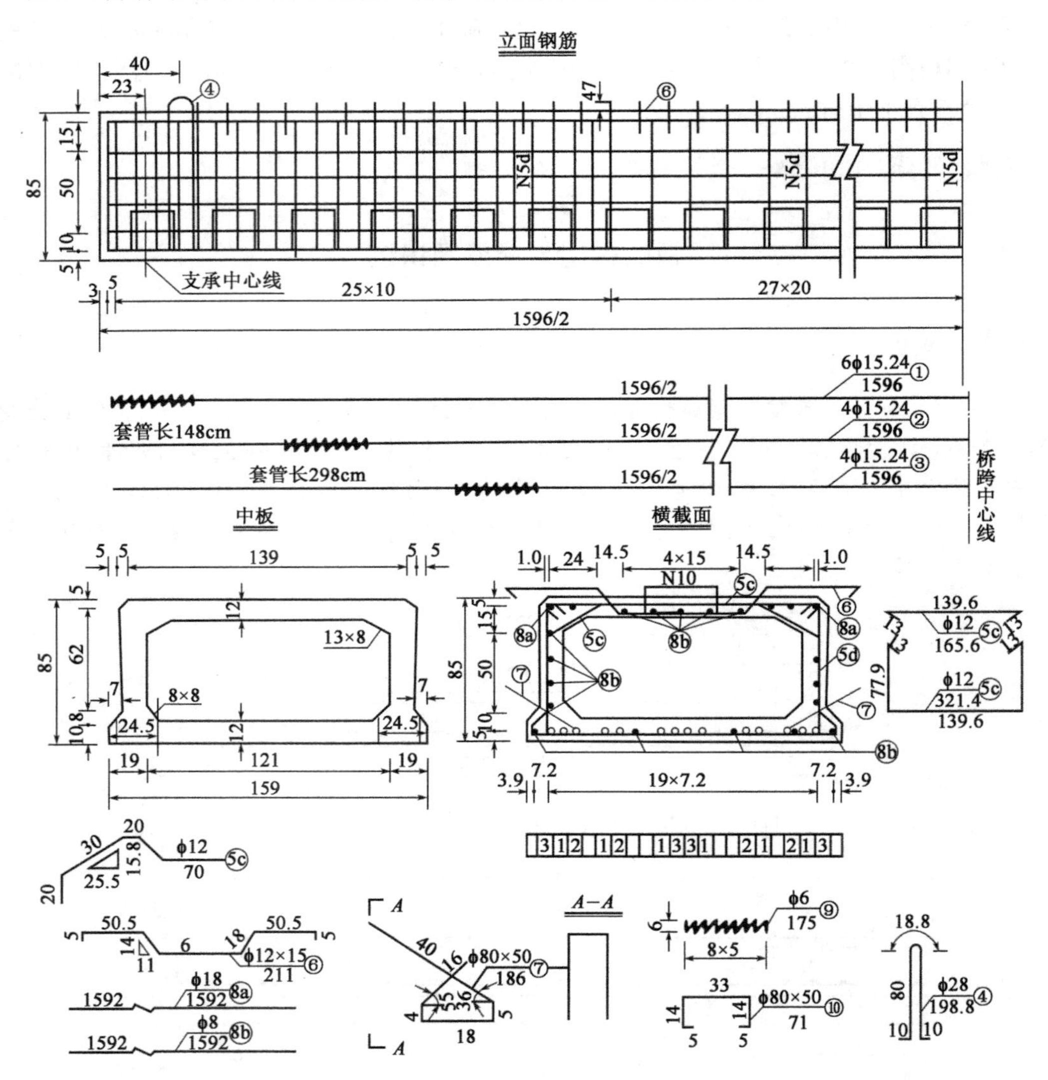

图2-4 装配式预应力混凝土空心板配筋图(尺寸单位:cm)

桥面净宽为9.5m,由7块宽159cm的空心板组成,板与板之间的间隙为1cm,两侧的边板带有25.5cm的小悬臂,板厚85cm。板全长1596cm,计算跨径为1550cm。板用C50混凝土,先张法施工,钢绞线公称截面面积为140mm^2,标准强度为1860MPa,张拉控制应力为

1348.5MPa。在混凝土强度达到90%设计强度且龄期不少于5d后方可进行预应力筋对称逐级张拉,最后截断预应力筋。图中N6钢筋间距为15cm、N7钢筋间距为40cm,上端在预制时紧贴侧模,脱模后扳出。每块中板的混凝土用量为9.24m^3,边板为10.63m^3。一块中板的预应力筋用量为246.23kg,普通钢筋的总用量为1103kg,共用塑料套管(ϕ20)长35.68m。

思考与练习

1. 板的构造要求有哪些?
2. 从受力角度分析,板中需配置哪些钢筋?这些钢筋各起什么作用?

模块二 梁的构造与图纸识读

<table>
<tr><td rowspan="2">学习
目标</td><td>● 知识目标</td><td>(1)理解梁的概念及梁的主要类型;
(2)掌握矩形截面梁、T形截面梁、箱形截面梁的构造</td></tr>
<tr><td>● 能力目标</td><td>本模块要求学生能对各种截面形式梁的构造及配筋要点进行描述;能识别梁中钢筋的类型、作用、牌号并知晓其取值规定;能完成梁的构造图识读任务</td></tr>
</table>

相关知识

[资源 2.2]

一、梁的构造

工程中把在竖向荷载作用下,以弯曲变形为主要变形形式的杆件称为梁。钢筋混凝土梁根据使用要求和施工条件,可以采用现浇或预制方式制造。常见的钢筋混凝土梁的截面形式如图 2-5 所示。

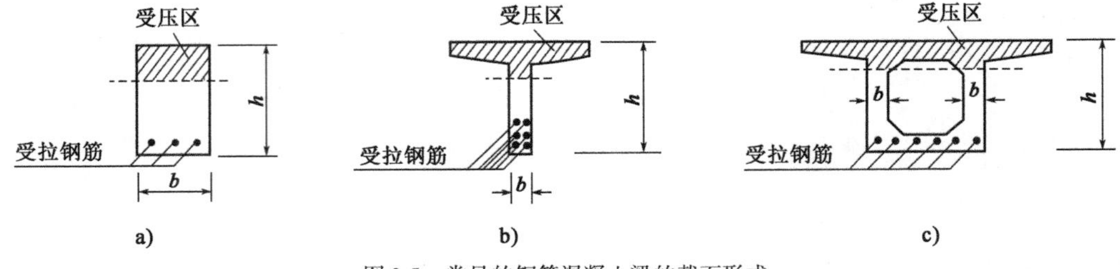

图 2-5 常见的钢筋混凝土梁的截面形式
a)矩形截面梁;b)T 形截面梁;c)箱形截面梁

现浇矩形截面梁的宽度 b 常取 120mm、150mm、180mm、200mm、220mm、250mm、250mm 以上时,以 50mm(梁的截面高度 $h \leqslant 800$mm 时)或 100mm(梁的截面高度 $h > 800$mm 时)为级差,矩形截面梁的高宽比 h/b 一般可取 2.0 ~ 2.5。

预制的 T 形截面梁,其截面高度 h 与跨径 l 之比 h/l(称高跨比)一般可取 1/16 ~ 1/11,跨度越大,高跨比越小。梁肋宽度 b 常取 150 ~ 180mm,根据梁内主筋布置及抗剪要求而定。T 形截面梁翼缘板悬臂端厚度不应小于 100mm,梁肋处翼缘板厚度不宜小于梁高 h 的 1/10。

箱梁在我国预应力混凝土连续梁中最多采用的是等截面和变截面箱梁。等截面连续梁主要适用以下情形:跨径一般为 40 ~ 60m(国外也有达到 80m 跨径),构造简单,施工快捷。立面布置以等跨径为宜,也可以不等跨布置,边跨与中跨之比不小于 0.6,高跨比一般为 1/15 ~ 1/25。变截面箱梁主要适用于大跨径预应力混凝土连续梁桥,梁底立面曲线可采用圆弧线、二次抛物线及折线等。边孔与中孔跨径之比一般为0.5～0.8。

二、梁内钢筋构造

一般结构中，钢筋混凝土梁的钢筋构造如图2-6所示。梁内钢筋骨架多由纵向受力钢筋（主钢筋）、弯起钢筋（斜筋）、箍筋、架立钢筋、水平纵向分布钢筋等组成。

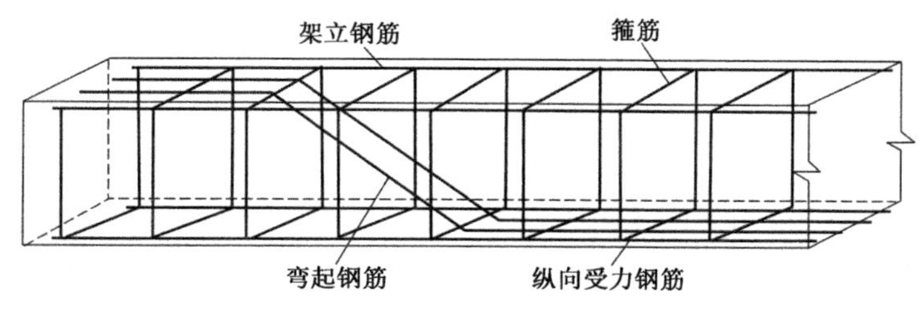

图2-6 梁内钢筋骨架示意图

1. 纵向受力钢筋

梁内纵向受力钢筋常放在梁的底部承受拉应力，是梁的主要受力钢筋，通常称为主筋。常用的主筋直径为14～32mm，一般不超过40mm，以满足抗裂要求。在同一根（批）梁中宜采用相同牌号、相同直径的主钢筋，以简化施工，但有时为节约钢材，也可采用两种不同直径的主钢筋，但直径相差不应小于2mm，以便施工人员识别。

梁内主筋可以单根或2～3根成束布置成束筋，也可竖向不留空隙地焊成多层钢筋骨架，其叠高一般不超过(0.15～0.20)h（h为梁高）。主钢筋应尽量布置成最少的层数。在满足保护层要求的前提下，简支梁的主钢筋应尽量布置在梁底，以获得较大的内力偶臂从而节约钢材。对于焊接钢筋骨架，钢筋层数不宜超过6层，并应将粗钢筋布置在底层。主钢筋的排列原则应为：由下至上，下粗上细（对不同直径的钢筋而言），对称布置，并应上下左右对齐，便于混凝土的浇筑。主钢筋与弯起钢筋之间的焊缝，宜采用双面焊缝，其长度为$5d$，钢筋之间的短焊缝，其长度为$2.5d$，此处的d为主筋直径。

为了使钢筋免于锈蚀，主筋至构件边缘的净距，应符合《公路钢筋混凝土及预应力混凝土桥涵设计规范》（JTG 3362—2018）规定的钢筋混凝土保护层最小厚度要求。主钢筋的最小混凝土保护层厚度：Ⅰ类环境条件为30mm，Ⅱ类环境条件为40mm，Ⅲ、Ⅳ类环境条件为45mm。

绑扎钢筋骨架中，各主钢筋的净距或层与层间的净距：当钢筋为三层或三层以下时，应不小于30mm，并不小于主钢筋直径d；当钢筋为三层以上时，应不小于40mm，并不小于主钢筋直径d的1.25倍。焊接钢筋骨架中，多层主钢筋在竖向不留空隙而用焊缝连接，钢筋层数一般不宜超过6层。焊接钢筋骨架的净距要求如图2-7所示。

2. 弯起钢筋

弯起钢筋是为满足斜截面抗剪强度而设置的，一般由纵向受力钢筋弯起而成，有时也需加设专门的斜筋，钢筋混凝土梁设置弯起钢筋时，其弯起角宜取45°。受拉区弯起钢筋的弯起点，应设在按正截面抗弯承载力计算充分利用该钢筋强度的截面以外不小于$h_0/2$处，此处h_0为梁的有效高度。弯起钢筋可在按正截面受弯承载力计算不需要该钢筋截面面积之前弯起，但弯起钢筋与梁中心线的交点应位于按计算不需要该钢筋的截面之外。弯起钢筋的末端应留有锚固长度：受拉区不应小于20倍钢筋直径，受压区不应小于10倍钢筋直径，环氧树脂涂层钢筋增加25%。HPB300钢筋尚应设置半圆弯钩。弯起钢筋的直径、数量及位置均由抗剪强度计算确定。弯起钢筋不得采用浮筋。

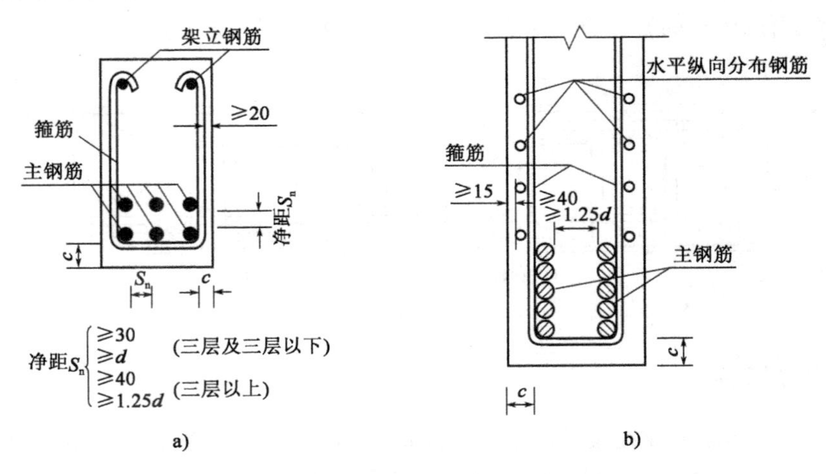

图2-7 梁主钢筋净距及保护层厚度c(尺寸单位：mm)

3. 箍筋

钢筋混凝土梁中应设置直径不小于8mm且不小于1/4主钢筋直径的箍筋，相邻箍筋的弯钩接头，应沿纵向交替布置。箍筋除了用来满足斜截面的抗剪强度要求外，还起到连接受拉钢筋和受压区混凝土，使其共同工作的作用。此外，它可用来固定主钢筋的位置而使梁内各种钢筋构成钢筋骨架。工程上使用的箍筋有开口和闭口两种形式，如图2-8所示。箍筋间距不应大于梁高的1/2且不大于400mm；当所箍钢筋为按受力分析需要设置的纵向受压钢筋时，箍筋间距不应大于所箍钢筋直径的15倍，且不应大于400mm。在钢筋绑扎接头范围内，当绑扎搭接钢筋受拉时箍筋间距不应大于主钢筋直径的5倍，且不大于100mm；当绑扎搭接钢筋受压时箍筋间距不应大于主钢筋直径的10倍，且不大于200mm。在支座中心向跨径方向长度不小于1倍梁高范围内，箍筋间距不宜大于100mm。

近梁端第一根箍筋应设置在距端面一个混凝土保护层距离处。梁与梁或梁与柱的交接范围内，靠近交接面的箍筋，其与交接面的距离不宜大于50mm。

混凝土表面至箍筋的净距应不小于15mm。

4. 架立钢筋

钢筋混凝土梁内须设置架立钢筋，以便在施工时形成钢筋骨架，保持箍筋的间距，防止钢筋因浇筑振捣混凝土及其他意外因素而产生偏斜。钢筋混凝土T形截面梁的架立钢筋直径多为22mm，矩形截面梁的架立钢筋直径一般为10～14mm。

5. 水平纵向分布钢筋

水平纵向分布钢筋直径一般为6～8mm，固定在箍筋外侧。梁内水平纵向分布钢筋的总截面面积可取为(0.001~0.002)bh,b为梁肋宽度,h为梁截面高度。水平纵向分布钢筋间距在受拉区不应大于梁肋宽度,且不应大于200mm;在受压区不应大于300mm。在梁支点附近剪力较大区段,水平纵向分布钢筋间距宜为100~150mm。

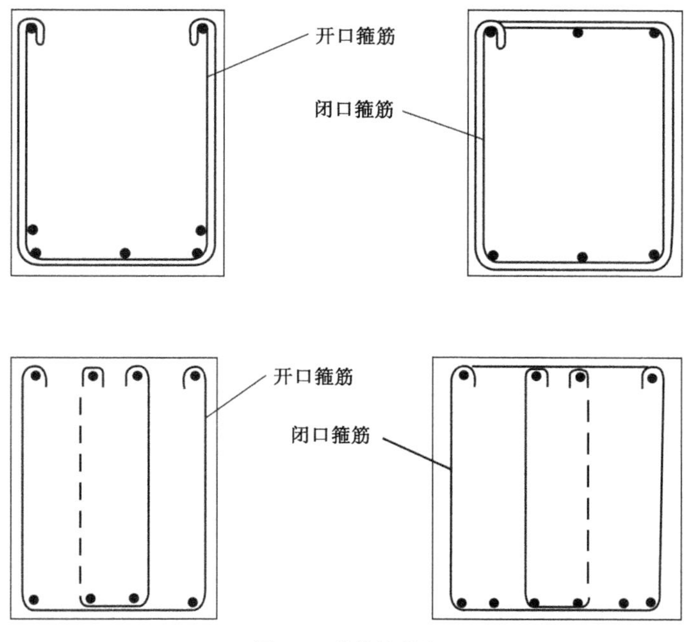

图2-8　箍筋的形式

三、梁正截面的破坏特点

梁正截面的破坏形式与配筋率的大小及钢筋和混凝土的强度有关。对以常用牌号的钢筋和常用强度等级的混凝土构成的钢筋混凝土梁,其正截面的破坏形式主要依配筋率的大小而异。按照钢筋混凝土梁的配筋情况,其正截面的破坏形式可归纳为以下三类。

1.适筋梁——塑性破坏

配筋率适当的钢筋混凝土梁称为适筋梁,其破坏特点是破坏始于受拉钢筋的屈服。在受拉钢筋应力达到屈服强度之初,受压区混凝土外边缘的应力尚未达到抗压强度极限值,此时混凝土并未被压碎。随着作用(荷载)增加,钢筋屈服使得构件产生较大的塑性伸长,随之引起受拉区混凝土裂缝急剧开展,受压区逐渐缩小,直至受压区混凝土应力达到抗压强度极限值后,构件即被破坏。适筋梁在破坏前,裂缝开展较宽,挠度较大,有明显的破坏预兆,习惯上称这种破坏形式为塑性破坏。其破坏形态如图2-9a)所示。

2.超筋梁——脆性破坏

配筋率过高的钢筋混凝土梁称为超筋梁,其破坏特点是破坏始于受压区混凝土被压碎。当钢筋混凝土梁内钢筋配置多到一定程度时,钢筋抗拉能力过强,而作用(荷载)的增加,使受压区混凝土应力首先达到抗压强度极限值,混凝土即被压碎,导致梁被破坏。此时,钢筋仍处于弹性工作阶段,钢筋应力低于屈服强度。超筋梁在破坏前裂缝开展不宽,延伸不多,梁的挠度不大,在没有明显破坏预兆的情况下,梁由于受压区混凝土突然压碎而被破坏,故习惯上称这种破坏形式为脆性破坏。其破坏形态如图2-9b)所示。

3. 少筋梁——脆性破坏

配筋率过低的钢筋混凝土梁称为少筋梁。少筋梁在开始加荷时,作用在截面上的拉力主要由受拉区混凝土承受。当截面出现第一条裂缝后,拉力几乎全部转由钢筋承受,使裂缝处的钢筋应力突然增大,由于钢筋配得过少,钢筋即刻达到或超过屈服强度,并进入钢筋的强化阶段。此时,裂缝往往集中出现一条,且开展宽度较大,沿梁高向上延伸很大,即使受压区混凝土暂未压碎,但由于裂缝宽度过大,也标志着梁被"破坏"。考虑到这种"破坏"来得突然,故少筋梁的破坏形式也属脆性破坏。其破坏形态如图2-9c)所示。

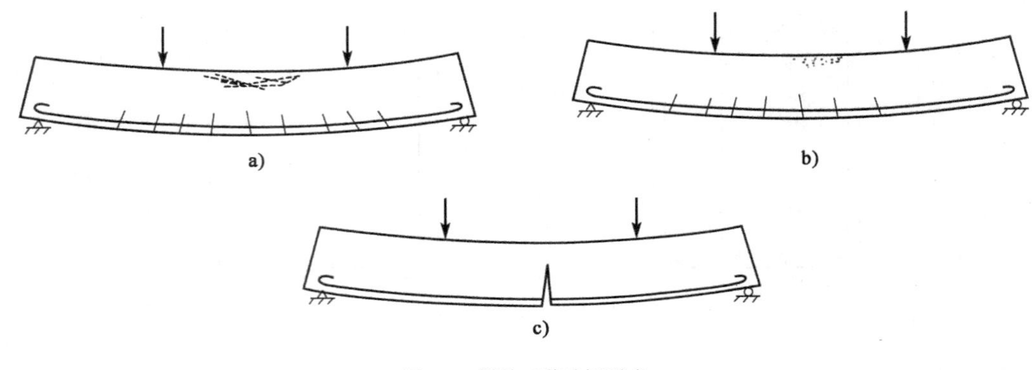

图2-9　梁的三种破坏形式

a)适筋梁;b)超筋梁;c)少筋梁

由上可知,适筋梁能充分发挥材料的强度,符合安全、经济的要求,所以在工程中被广泛使用。超筋梁破坏预兆不明显,用钢量大,故在工程中不得采用。少筋梁虽配置了钢筋,但因数量过少,作用不大,其承载能力实际上与素混凝土梁相当,破坏形式亦属脆性破坏,因此工程中也不宜采用。总之,正常的设计应使梁的配筋率选用恰当,将梁设计成适筋梁。

回 工程应用

梁的构造图识读

图2-10是典型的装配式T形梁桥上部构造概貌。它是由几根T形截面的主梁、横隔板及设在横隔板下方和横隔板翼缘板处的焊接钢板连接而成。横隔板在装配式T形梁桥中起着保证各根主梁相互连接成整体的作用,它的刚度愈大,桥梁的整体性愈好,在荷载作用下各根主梁就能更好地协同工作。故当梁跨径较大时,应根据跨度、荷载、行车道板构造等情况,在跨径内增设1~3道横隔板,间距为5~6m。

图2-11为墩中心距为20m的装配式T形梁桥纵、横截面主要尺寸。该梁实际预制长度为19.96m,梁高为130cm,梁间距为160cm。一般装配式主梁翼板的宽度视主梁间距而定,在实

际预制时，翼板的宽度应比主梁间距小 20mm，以便在安装过程中调整 T 形梁的位置和减少制作上的误差。因此，该梁的实际预制宽度为 158cm。

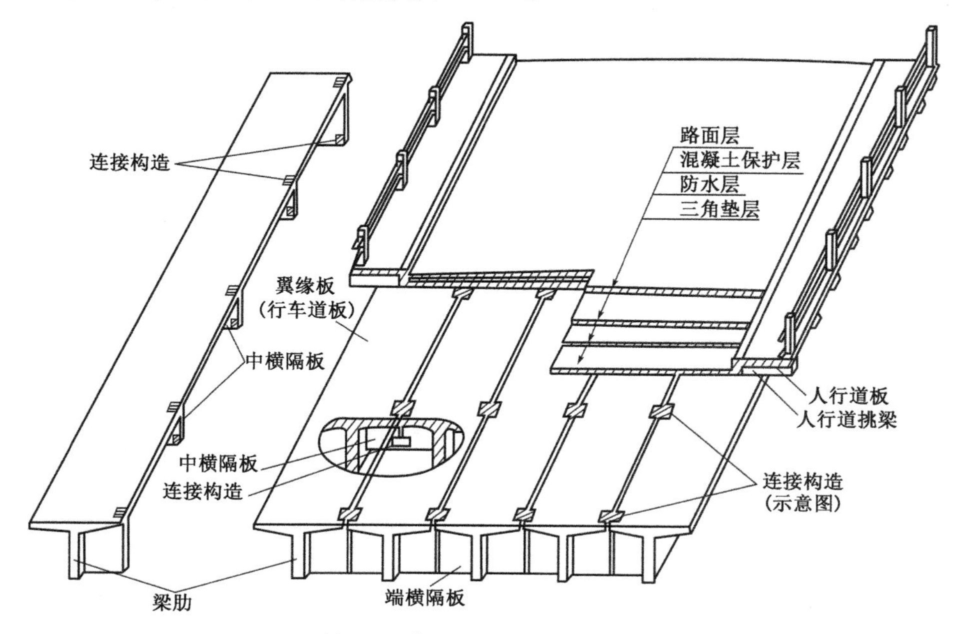

图 2-10　装配式 T 形梁桥上部构造

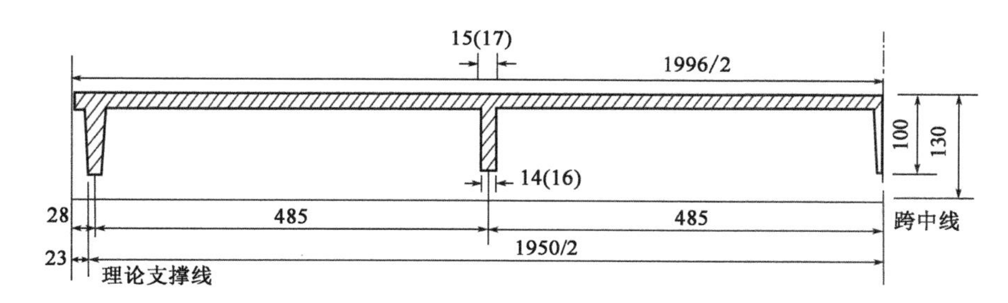

a)

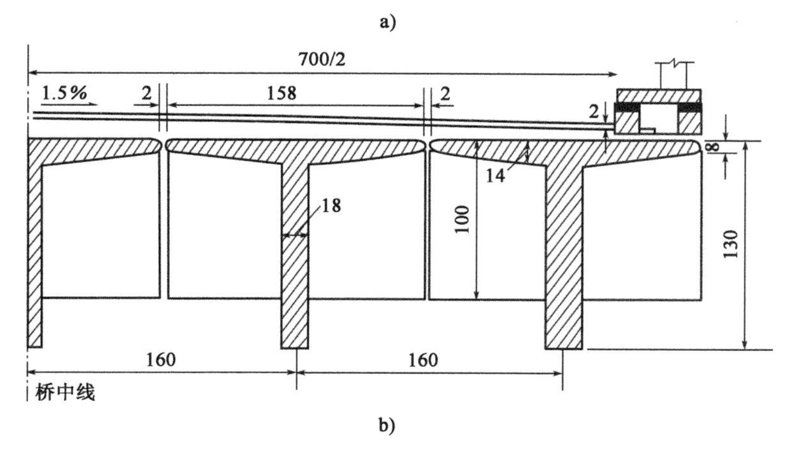

b)

图 2-11　20m 装配式 T 形梁桥纵、横截面图(尺寸单位：cm)

为了增加T形梁的横向刚度及整体稳定性,每片T形梁在预制时设置了5道横隔板,实现T形梁之间的横向连接。

根据图2-11,回答以下问题:

(1)该桥梁上部结构一跨内使用了几片T形梁?每片梁的构造要点是什么(长度、宽度、高度)?

(2)1片T形梁设置了几道横隔板?横隔板的构造要点有哪些(宽度、高度)?

思考与练习

1. 梁的构造要点是什么?
2. 从受力角度分析,梁内主要布置哪些类型的钢筋?每种钢筋的作用是什么?
3. 梁的破坏形式有哪几种?描述每一种破坏形式的特点。

模块三 柱的构造与图纸识读

学习目标		
学习目标	● 知识目标	(1)能描述柱的概念及柱的主要类型； (2)能识读普通箍筋柱、螺旋箍筋柱的构造图及配筋图
	● 能力目标	本模块要求学生能对普通箍筋柱、螺旋箍筋柱的构造及配筋要点进行描述；能识别墩柱中钢筋的类型、作用、牌号并知晓其取值规定；能完成柱的构造图及配筋图识读任务

相关知识

柱是以承受轴向压力为主的构件。当纵向外压力作用线与柱的轴线重合时，此柱为轴心受压构件。在实际结构中，真正意义上的轴心受压构件是不存在的，通常由于作用位置的偏差、混凝土组成结构的非均匀性、纵向钢筋的非对称布置以及施工中的误差等，受压构件都或多或少承受着弯矩的作用。如果偏心距很小，在实际的工程设计中允许忽略不计时，即可按轴心受压构件计算。[**资源 2.3**]

一、柱的基本构造要求

1. 材料

混凝土的强度等级对柱的承载力影响较大，一般多采用 C25 ~ C40 混凝土。纵向受力钢筋一般采用 HRB400 及以上等级的热轧钢筋。

2. 截面形式及尺寸

轴心受压构件截面一般为正方形、长方形、圆形、正多边形等。截面最小边长不宜小于 250mm，构件的长细比 l_0/b 不宜过大，其中 l_0 为柱的计算长度，b 为截面边长。偏心受压构件截面一般采用矩形，截面高度大于 600mm 的偏心受压构件多采用 I 形或箱形截面，圆形截面主要用于柱式墩台、桩基础中。

二、柱的钢筋构造要求

1. 纵向受力钢筋

轴心受压构件中纵向受力钢筋应沿截面的四周均匀布置；偏心受压构件中，纵向受力钢筋一般布置在与弯矩作用方向相垂直的两边;对于圆形截面,则沿截面周边均匀布置。

(1)纵向受力钢筋的直径不应小于12mm。其净距不应小于50mm,且不应大于350mm。

(2)桥墩纵向受力钢筋应伸入基础和盖梁,伸入长度不应小于梁中关于钢筋锚固长度的规定。

(3)当偏心受压构件的截面高度 $h \geqslant 600$mm 时,在侧面应设置直径为10~16mm的纵向受力钢筋。

(4)纵向受力钢筋的配筋率不应小于0.5%(当混凝土强度等级为C50及以上时,应不小于0.6%),同时还应满足一侧钢筋的配筋率不应小于0.2%。

受压构件中全部纵向受力钢筋的配筋率均不宜过大。当配筋率过大时,如果构件在短期内加载速度较快,则混凝土的塑性变形将来不及充分发展,有可能引起混凝土过早破坏;另外,在长期荷载作用下,徐变使混凝土的应力降低较多,如果在荷载持续过程中突然卸载,由于混凝土徐变大部分不可恢复,钢筋的回弹会使混凝土出现拉应力,甚至引起开裂。

2. 箍筋

受压构件中箍筋沿构件纵向等间距布置。为了使箍筋能起到防止纵向受力钢筋压屈的作用,在柱中及其他受压构件中的箍筋应做成封闭形式。

(1)箍筋直径不应小于纵向受力钢筋直径的1/4,且不应小于8mm。

(2)箍筋的间距应不大于纵向受力钢筋直径的15倍且不大于构件短边尺寸(圆形截面采用钢筋直径的80%),并不大于400mm。纵向受力钢筋搭接范围内,箍筋间距不应大于纵向受力钢筋直径的10倍,且不大于200mm。

(3)纵向受力钢筋的配筋率大于3%时,箍筋间距不应大于纵向受力钢筋直径的10倍,且不大于200mm。

(4)构件的纵向受力钢筋应设置在至角筋中心距离(图2-12中的 S)不大于150mm或15倍箍筋直径(取较大者)范围内,如超出此范围,应设复合箍筋,如图2-12所示。

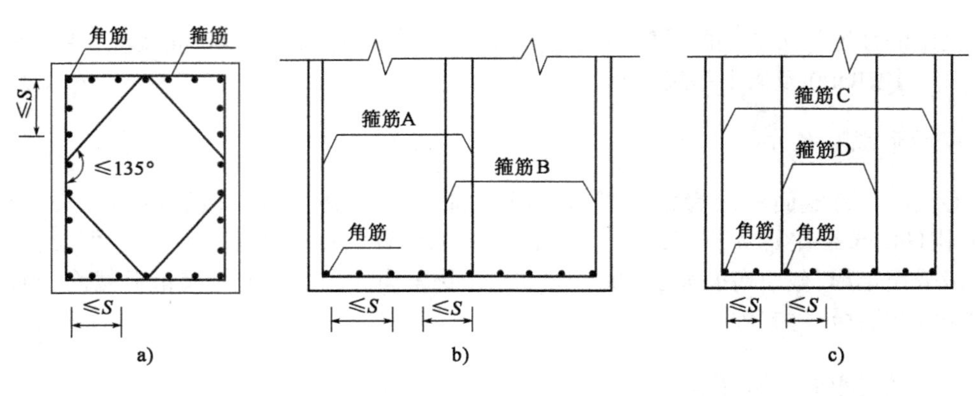

图2-12 复合箍筋布置

(5)侧面设置纵向受力钢筋的偏心受压构件,必要时需设置复合箍筋(图2-13)。

(6)为了防止纵向受力钢筋纵向压屈,以及箍筋向外移动而导致角隅处混凝土拉崩,不应采用具有内折角的箍筋构造[图 2-14a)];当遇到柱截面有内折角的构造时,箍筋应按照图 2-14b)的形式布置。

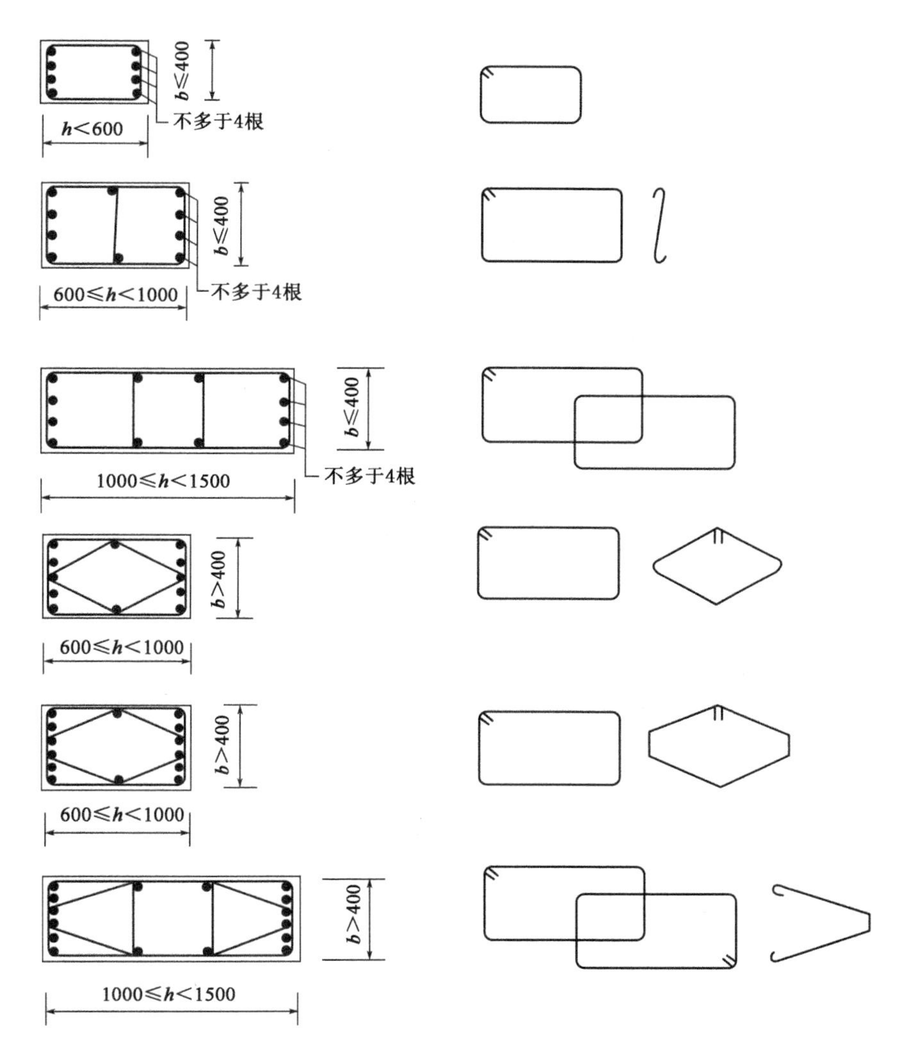

图 2-13　矩形截面偏心受压构件箍筋的布置形式(尺寸单位:mm)

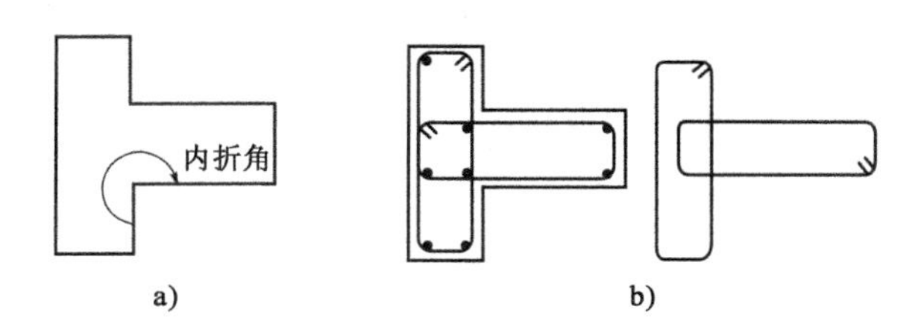

图 2-14　组合截面箍筋布置形式

a)错误的形式;b)正确的形式

三、受压构件的类型

根据箍筋的功能和配置方式的不同,钢筋混凝土轴心受压构件可分为两种:

(1)配有纵向钢筋和普通箍筋的轴心受压构件(普通箍筋柱),如图 2-15a)所示;

(2)配有纵向钢筋和螺旋箍筋的轴心受压构件(螺旋箍筋柱),如图 2-15b)所示。

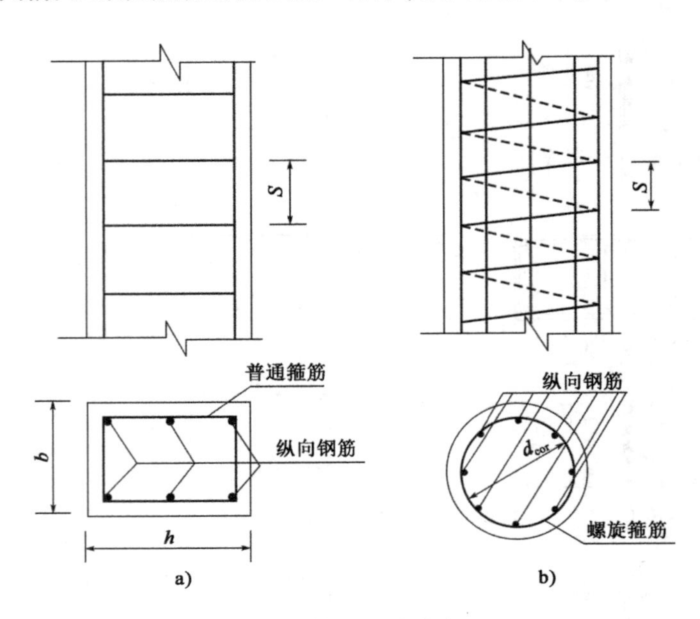

图 2-15　轴心受压构件类型

1. 普通箍筋柱

普通箍筋柱的截面形状多为正方形、长方形等。纵向钢筋对称布置,沿构件高度方向设置有等间距的箍筋。轴心受压构件的承载力主要由混凝土承担,设置纵向钢筋的目的是:

(1)协助混凝土承受压力,可减小构件截面尺寸;

(2)承受可能存在的不大的弯矩;

(3)防止构件的突然脆性破坏。

普通箍筋的作用是防止纵向钢筋局部压屈,并与纵向钢筋形成钢筋骨架,便于施工。

1)混凝土的强度等级

轴心受压构件一般多采用 C20 ~ C30 的混凝土,或采用更高强度等级的混凝土,正截面承载力主要由混凝土提供。

2)截面尺寸

轴心受压构件截面尺寸不宜过小,长细比越大,纵向弯曲的影响越大,相应地,承载力会越小,不能充分利用材料强度。构件截面尺寸(矩形截面以短边计)不宜小于 250mm。通常按 50mm 逐级增加,如 250mm、300mm、350mm 等。达到 800mm 以上时,则采用 100mm 为一级,如 800mm、900mm、1000mm 等。

3)纵向钢筋

纵向钢筋一般多采用 HRB400 等热轧钢筋。纵向受力钢筋的直径应不小于 12mm。在构件截面上,纵向受力钢筋应至少有 4 根,并且在截面每一角隅处必须布置 1 根。纵向受力钢筋的净距不应小于 50mm,且不大于 350mm;普通钢筋的最小混凝土保护层厚度(钢筋外缘或管道外缘至混凝土表面的距离)不应小于钢筋公称直径。

在设计的轴心受压构件中,受压钢筋的最大配筋率不宜超过 5%。当纵向钢筋配筋率很小时,纵筋对构件承载力的影响很小,此时受压构件接近素混凝土柱,徐变使混凝土的应力降低到很小,纵向钢筋将起不到防止脆性破坏的缓冲作用。同时,为了承受可能存在的较小弯矩,以及混凝土收缩、温度变化引起的拉应力,《公路钢筋混凝土及预应力混凝土桥涵设计规范》(JTG 3362—2018)规定轴心受压构件、偏心受压构件全部纵向钢筋的配筋率不应小于 0.5%,当混凝土强度等级为 C50 及以上时不应小于 0.6%;同时,一侧钢筋的配筋率不应小于 0.2%。构件的配筋率应按构件的全截面面积计算。

水平浇筑的预制件的纵向钢筋的最小净距,应满足施工要求,使振捣器便于振捣,此净距不得小于 50mm,并不得小于钢筋直径。

4)受力特点与破坏特征

轴心受压柱可分为短柱和长柱两大类。当柱的长细比较小时,柱的承载力仅取决于横截面尺寸和材料强度,这类柱称为短柱;当柱的长细比较大时,初始偏心距的影响将引起侧向变形,从而产生附加弯矩,导致柱的承载力降低,这类柱称为长柱。通常情况下,当柱的长细比满足以下要求时属短柱,反之为长柱。

矩形截面柱:

$$\frac{l_0}{b} \leqslant 8$$

圆形截面柱:

$$\frac{l_0}{d} \leqslant 7$$

任意截面柱:

$$\frac{l_0}{i} \leqslant 28$$

式中:l_0——柱的计算长度;

b——矩形截面的短边尺寸;

d——圆形截面直径;

i——任意截面的最小回转半径。

柱的计算长度与柱两端的支承情况有关,几种理想支承的柱的计算长度如下:当两端铰支时,取 $l_0=l$;当两端固定时,取 $l_0=0.5l$;当一端固定,一端铰支时,取 $l_0=0.7l$;当一端固定,一端自由时,取 $l_0=2l$。l 为柱的实际长度。

大量的短柱试验表明,在轴心压力作用下,整个截面上的压应变基本上是均匀的,由于纵筋与混凝土之间存在黏结力,两者应变相同;当荷载较小时,混凝土处于弹性工作阶段,混凝土与钢筋的应力按照弹性规律分布,其应力比值约为两者弹性模量之比。随着荷载增大,由于混凝土变形发展和变形模量降低,混凝土应力增长速度逐渐变慢,而钢筋应力的增长速度越来越快。对于配置一般强度纵向钢筋的短柱,混凝土达到最大压应力之前,钢筋先达到其屈服强度,这时柱尚未破坏,变形继续增加,当混凝土应力达到最大压应力时,荷载达到峰值,柱才破坏;临近破坏时,柱四周出现明显的纵向裂缝,箍筋间的纵向钢筋发生压屈,向外凸出,混凝土被压碎,整个柱破坏,如图 2-16a)所示。

对于长细比较大的长柱,由各种偶然因素造成的初始偏心距的影响是不可忽略的。由于初始偏心距的存在,加载后将产生附加弯矩,而附加弯矩所产生的侧向挠度又进一步加大了初始偏心距,两者相互影响,最终使长柱在弯矩和轴力的共同作用下发生破坏。破坏时,受压一侧往往产生较长的纵向裂缝,箍筋之间的纵向钢筋被压弯而向外鼓出,混凝土被压碎;而另一侧的混凝土被拉裂,在柱高中部出现以一定间距分布的水平裂缝,如图 2-16b)所示。对于长细比很大的细长柱,还有可能发生非材料破坏,即失稳破坏的现象。

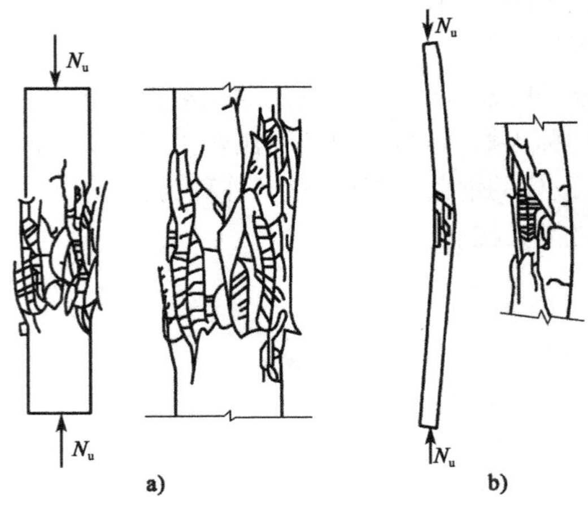

图 2-16 轴心受压柱的破坏形态

a)短柱;b)长柱

由图 2-16 及大量的其他试验可知,短柱总是发生压碎破坏,长柱则是失稳破坏;长柱的承载能力要小于相同截面、配筋、材料的短柱的承载能力。

在实际结构中,轴心受压构件承受的作用大部分为恒载。在恒载的长期作用下,混凝土会产生徐变,由于混凝土徐变的作用及钢筋和混凝土的变形必须协调,在混凝土和钢筋之间将会出现应力重分布现象,即随着作用持续时间的增加,混凝土的压应力逐渐减小,钢筋的压应力逐渐增大,导致实际上混凝土受拉,而钢筋受压。若纵向钢筋配筋率过大,可能使混凝土的拉应力达到其抗拉强度后而拉裂,会出现若干条与构件轴线垂直的贯通裂缝,故在设计中要限制纵向钢筋的最大配筋率。

2. 螺旋箍筋柱

当轴心受压构件承受很大的轴向压力,而截面尺寸又受到限制不能加大时,若用普通箍筋柱,即使提高混凝土强度等级和增加纵向钢筋用量也不足以承受该轴向压力,可以采用螺旋箍筋柱以提高柱的承载力。

1)构造要求

螺旋箍筋柱的截面形状多为圆形或正多边形,纵向钢筋外围设有连续环绕的间距较小的螺旋箍筋或间距较小的焊接环式箍筋。螺旋箍筋的作用是使截面中间部分(核心)混凝土成为约束混凝土,从而提高构件的承载力和延性。

(1)螺旋箍筋柱的纵向钢筋应沿圆周均匀分布,其截面面积应不小于构件箍筋圈内核心截面面积的0.5%。核心截面面积不应小于构件整个截面面积的2/3。

(2)箍筋的螺距或间距不应大于核心直径的1/5,亦不应大于80mm,且不应小于40mm。

(3)纵向受力钢筋应伸入与受压构件连接的上下构件内,其长度不应小于受压构件的直径,且不应小于纵向受力钢筋的锚固长度。

(4)箍筋的直径不应小于纵向钢筋直径的1/4,且不应不小于8mm。

其余构造要求与普通箍筋柱相同。

2)受力特点与破坏特征

对于配有纵向钢筋和螺旋箍筋的轴心受压短柱,沿柱高连续缠绕的、间距很小的螺旋箍筋犹如一个套筒,将核心混凝土包裹住,有效地限制了核心混凝土的横向变形,从而提高了柱的承载能力。

螺旋箍筋柱的试验结果如图2-17所示,图中*OAB*是普通箍筋柱的荷载-轴向应变曲线,*OAC*则是螺旋箍筋柱的荷载-轴向应变曲线。由此可知:①普通箍筋柱在达到极限荷载N_u^a后,曲线下降、柱破坏。②螺旋箍筋柱从开始加荷至荷载达到第一个峰值N_u^a之前,其受力和变形性能与普通箍筋柱大致相同,达到N_u^a之后,如果螺旋箍筋配置得足够,柱并未破坏,尚能继续加荷。当荷载较小时,螺旋箍筋受力很小,混凝土基本不受约束。随着荷载的增加,螺旋箍筋中的拉应力不断增大。当荷载加到相当于普通箍筋柱的极限荷载N_u^a时,螺旋箍筋外的混凝土保护层开始开裂剥落,混凝土受压面积减小,因而承载能力有所下降。

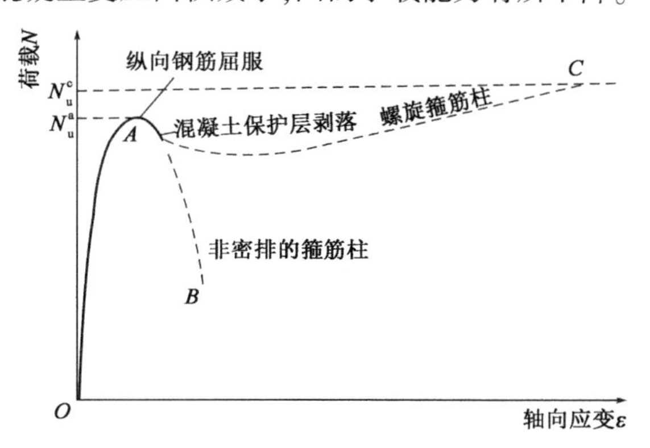

图2-17 柱荷载-轴向应变曲线

但螺旋箍筋间距较小,足以防止螺旋箍筋之间的纵向钢筋压屈。因而纵向钢筋仍能继续承担荷载,而核心混凝土由于受到螺旋箍筋的约束仍能受压,其抗压强度超过轴心抗压强度f_{cd},补偿了外围混凝土所负担的荷载,曲线又逐渐回升。当荷载增大到第二个峰值N_u^c时,螺旋箍筋屈服,不能再约束核心混凝土的横向变形,核心混凝土的抗压强度也不再提高,混凝土压碎,构件破坏。第二个荷载峰值 N_u^c 大于普通箍筋柱的极限荷载 N_u^a,其大小与螺旋箍筋的间距有关,间距越小,其值越大。

由此可知,螺旋箍筋柱具有很好的延性,在承载能力不降低的情况下,其变形能力比普通箍筋柱高很多。考虑到螺旋箍筋柱承载能力的提高是通过螺旋箍筋或焊接环式箍筋受拉而间接达到的,故常将螺旋箍筋或焊接环式箍筋称为间接钢筋,相应地,亦称螺旋箍筋柱为间接钢筋柱。

工程应用

柱的构造图识读

图 2-18 为桩柱式桥墩构造图,主要表示桥墩及桩基础各部分的形状和尺寸。该桥梁下部结构主要构件包括钻孔灌注桩基础、系梁、双柱式桥墩及盖梁(墩帽)。试从桩基础、墩柱及盖梁等构件的尺寸及构件之间的衔接等方面描述该桥梁下部结构各构件的构造要点。

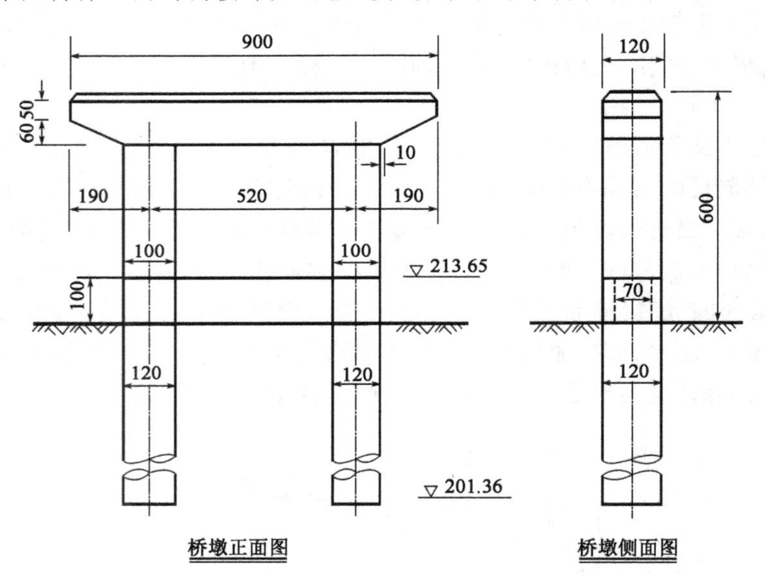

图 2-18 桩柱式桥墩构造图(尺寸单位:cm;高程单位:m)

思考与练习

1. 受压构件主要布置哪些类型的钢筋?试述每种类型钢筋的作用。
2. 普通箍筋柱钢筋构造要点是什么?
3. 螺旋箍筋柱钢筋构造要点是什么?
4. 分别描述普通箍筋柱与螺旋箍筋柱的破坏特征。

模块四　桩的构造与图纸识读

学习目标		
学习目标	● 知识目标	(1)能描述桩的主要类型; (2)掌握桩基础的构造图及配筋图识读方法
	● 能力目标	本模块要求学生能对桩的构造及配筋要点进行描述；能识别桩基础中钢筋的类型、作用、牌号并知晓其取值规定；能完成桩的构造图及配筋图识读任务

相关知识

[资源2.4]

一、桩的类型

1.按承载性状分类

(1)摩擦桩:在竖向极限荷载作用下,桩顶荷载全部或主要由桩侧阻力承受的桩。摩擦桩是完全设置在软弱土层一定深度的一种桩,其上部结构荷载要由桩尖阻力和桩身侧面与土之间的摩擦力共同承担。

(2)端承桩:在竖向极限荷载作用下,桩顶荷载全部或主要由桩端阻力承受,桩侧阻力相对桩端阻力而言较小,或可忽略不计的桩。端承桩是穿过软弱土层而达到深层坚实土的一种桩,其上部结构荷载主要由桩尖阻力来承担。

2.按成桩方法分类

(1)非挤土桩:成桩过程中桩周土体基本不受挤压的桩。分为干作业法钻(挖)孔灌注桩、泥浆护壁法钻孔灌注桩、套管护壁法钻孔灌注桩。

(2)部分挤土桩:在成桩过程中,只引起部分挤土效应,桩周围土体受到一定程度的扰动的桩。底端开口的钢管桩、H型钢桩和开口预应力混凝土管桩属于部分挤土桩,这类桩对土的强度和变形性质改变不大。

(3)挤土桩:在成桩过程中,造成大量挤土,使桩周围土体受到严重扰动,土的工程性质有很大改变的桩。挤土桩挤土过程中引起的挤土效应主要是地面隆起和土体侧移,对周边环境影响较大。实心的预制桩、下端封闭的管桩、木桩及沉管灌注桩等都属于挤土桩。

二、桩的基本构造

钻孔桩设计直径不宜小于0.8m;挖孔桩直径或最小边宽度不宜小于1.2m;钢筋混凝土管

桩直径可采用0.4～0.8m,管壁最小厚度不宜小于80mm。

桩身混凝土的强度等级:对于钻(挖)孔桩、沉桩,不应低于C25;对于管桩填芯混凝土,不应低于C15。

钢筋混凝土预制桩的分节长度应根据施工条件确定,并尽量减少接头数量。接头强度不应低于桩身强度。

三、桩的配筋要求

钻(挖)孔桩应按桩身内力大小分段配筋。当内力计算表明不需配筋时,应在桩顶3.0～5.0m内设构造钢筋。

1. 主筋

桩内主筋直径不应小于16mm,每个桩的主筋数量不应少于8根,其净距不应小于80mm且不应大于350mm。钢筋笼底部的主筋宜稍向内弯曲,作为导向。如配筋较多,可以采用束筋。组成束筋的单根钢筋直径不应大于36mm,当其直径不大于28mm时不应多于3根,当其直径大于28mm时应为2根。束筋成束后,等代直径 $d_e = \sqrt{n}d$,其中,n 为单束钢筋根数,d 为单根钢筋直径。

2. 箍筋

闭合式箍筋或螺旋箍筋直径不应小于主筋直径的1/4,且不应小于8mm,其净距不应大于主筋直径的15倍,且不应大于300mm。钢筋笼骨架上每隔2.0～2.5m设置1道直径16～32mm的加劲箍。

回 工程应用

桥墩及桩的构造图识读

图2-19为桥墩及桩的构造图。由于桥墩是左右对称的,故立面图和剖面图均只画出一半。该桥墩由墩帽、立柱、承台和基桩组成。根据所标注的剖切位置可以看出Ⅰ—Ⅰ剖面图实质上为承台平面图。承台下的基桩分两排交错(呈梅花形)布置。施工时先将预制桩打入地基,下端到达设计深度(高程)后,再浇筑承台桩的上端。桩基深入承台内部80cm。在立面图中这一段用虚线绘制,承台上有5根圆形立柱,直径为80cm,高为250cm。立柱上面是墩帽,墩帽全长为1650cm,宽140cm。墩帽的两端各有一个20cm×30cm的抗震挡块,是为防止空心板移动而设置的。

根据图2-19,回答以下问题:

(1)描述桩的构造要点(数量、尺寸、与各构件之间的连接关系);

(2)根据桩的配筋要求,设计该桩的钢筋布置图。

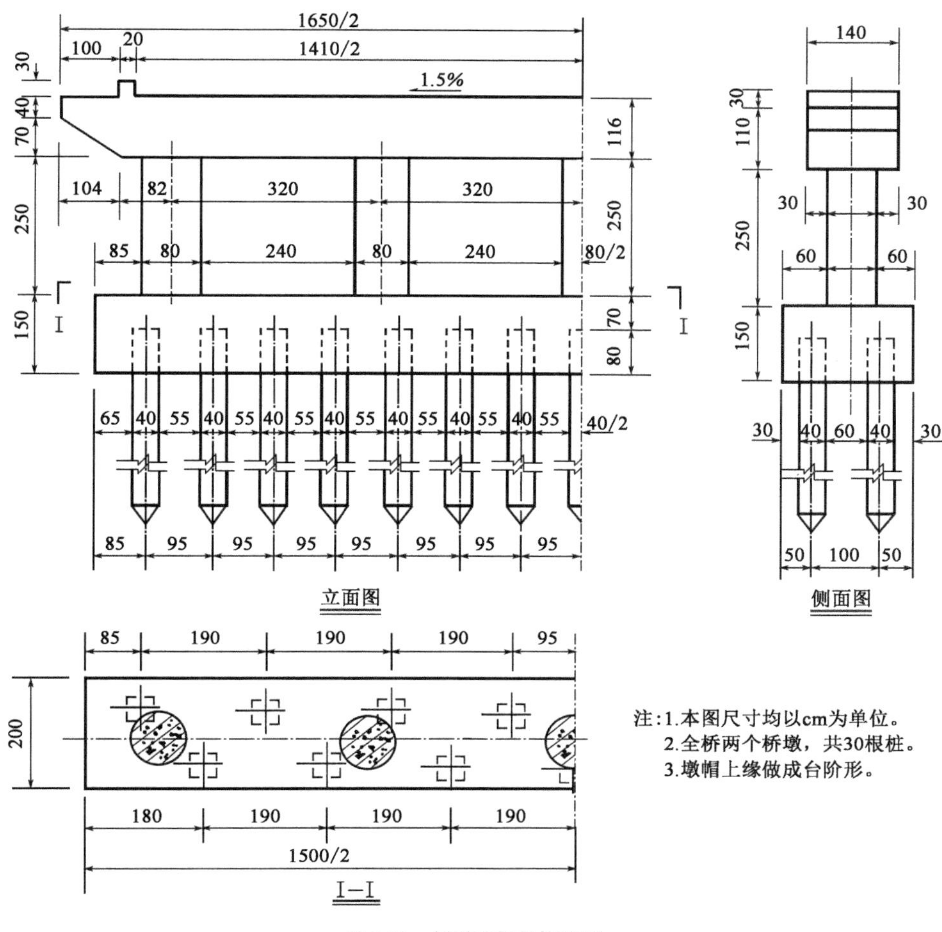

图 2-19　桥墩及桩的构造图

回 任务拓展

钢筋混凝土构件构造图及配筋图识读训练

1)识读图 2-20,回答以下问题:

(1)该桥台与上下部构件之间是如何连接的?

(2)试说明该桥台有关细部尺寸。

2)识读图 2-21、图 2-22,回答以下问题:

(1)该桥墩上面的支座垫石共布置了多少块?其横向与纵向的间距是多少?

(2)该桥台上面的支座垫石共布置了多少块?其横向间距与桥墩上面的是否一致?

3)识读图 2-23,回答以下问题:

(1)试说明防撞护栏有关细部尺寸。

(2)防撞护栏中配置了哪些钢筋?其作用是什么?

4)识读图 2-24,回答以下问题:

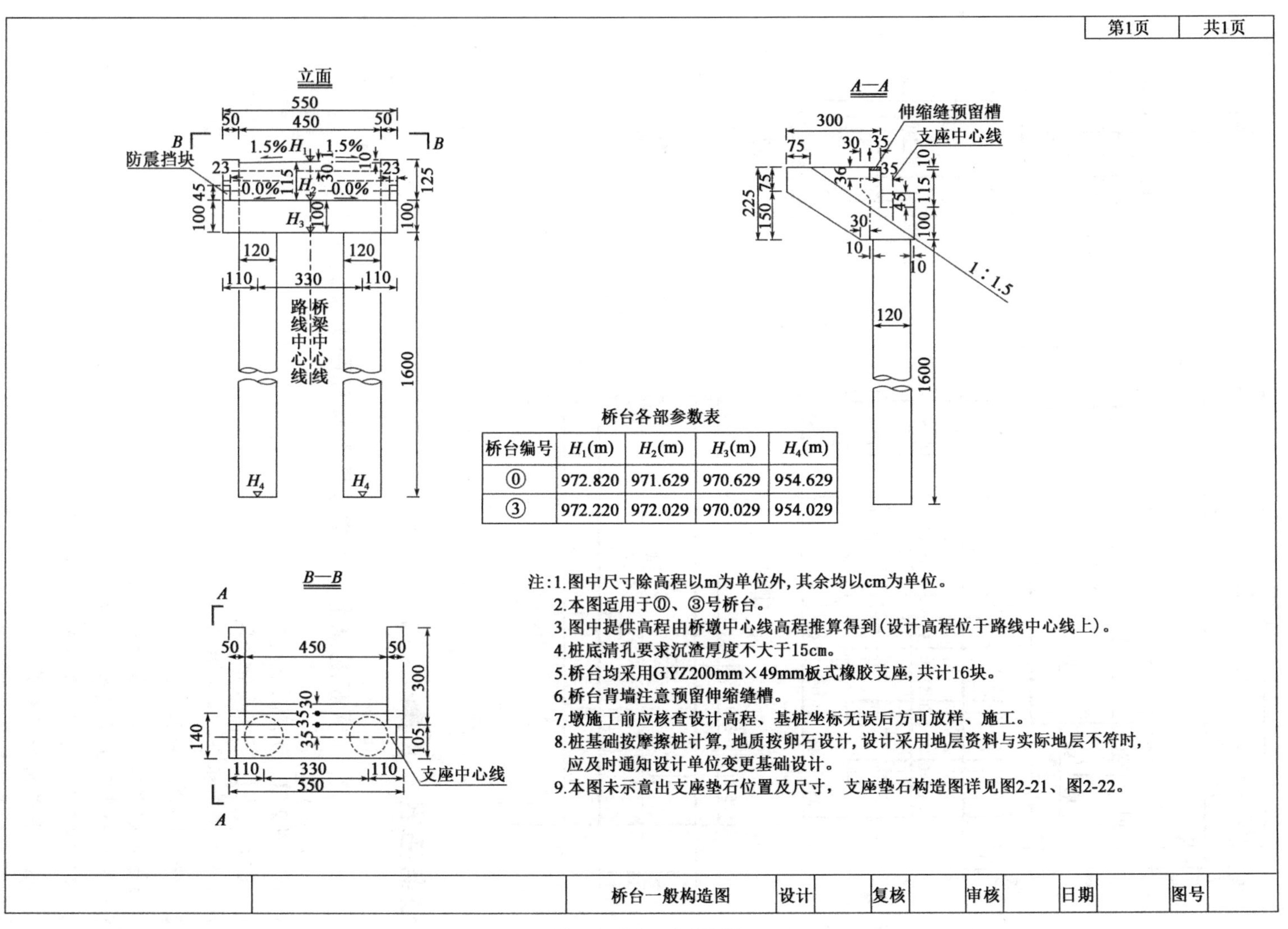

桥台各部参数表

桥台编号	H_1(m)	H_2(m)	H_3(m)	H_4(m)
⓪	972.820	971.629	970.629	954.629
③	972.220	972.029	970.029	954.029

注：1.图中尺寸除高程以m为单位外，其余均以cm为单位。

2.本图适用于⓪、③号桥台。

3.图中提供高程由桥墩中心线高程推算得到(设计高程位于路线中心线上)。

4.桩底清孔要求沉渣厚度不大于15cm。

5.桥台均采用GYZ200mm×49mm板式橡胶支座，共计16块。

6.桥台背墙注意预留伸缩缝槽。

7.墩施工前应核查设计高程、基桩坐标无误后方可放样、施工。

8.桩基础按摩擦桩计算，地质按卵石设计，设计采用地层资料与实际地层不符时，应及时通知设计单位变更基础设计。

9.本图未示意出支座垫石位置及尺寸，支座垫石构造图详见图2-21、图2-22。

图2-20 桥台一般构造图

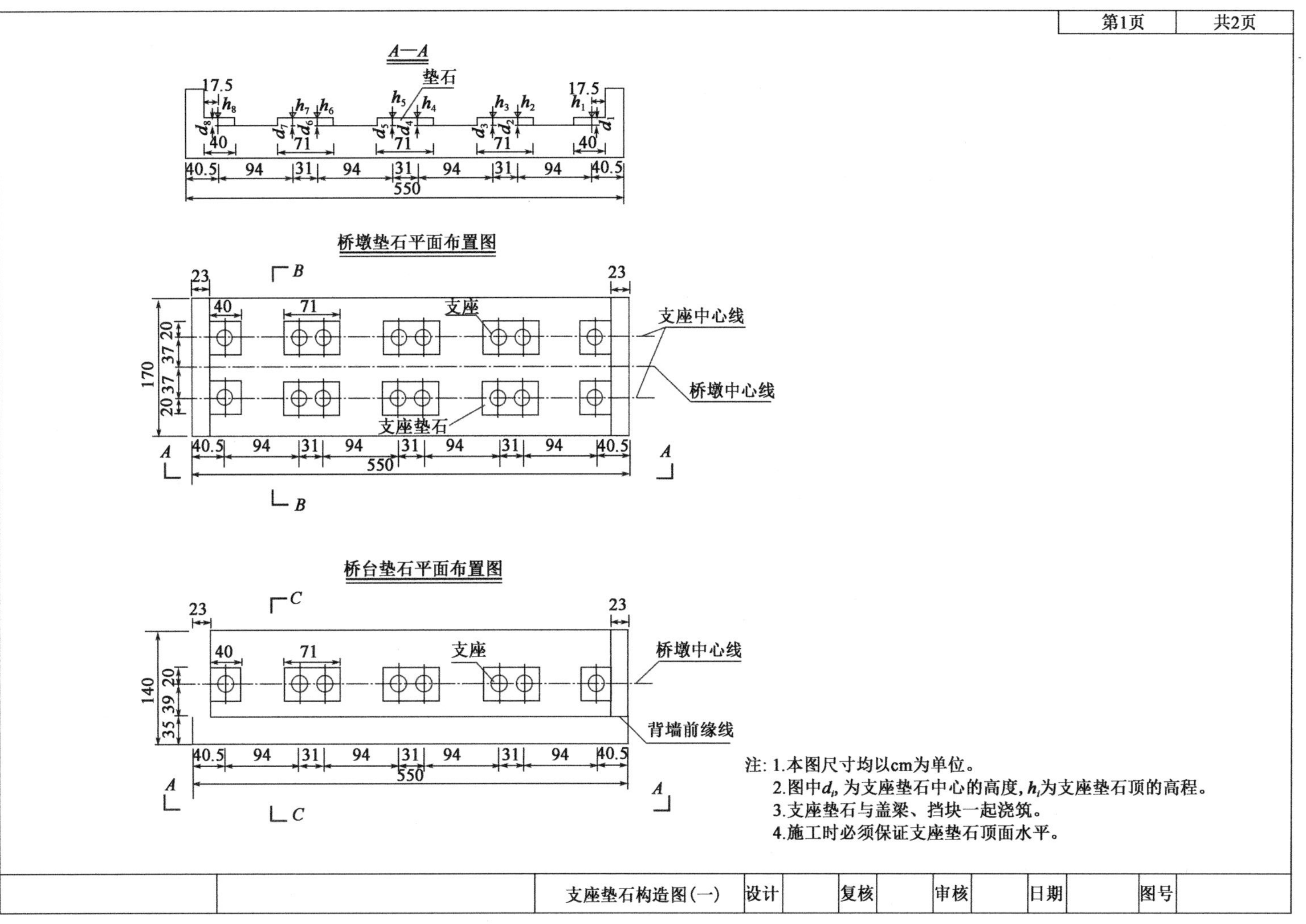

图2-21　支座垫石构造图(一)

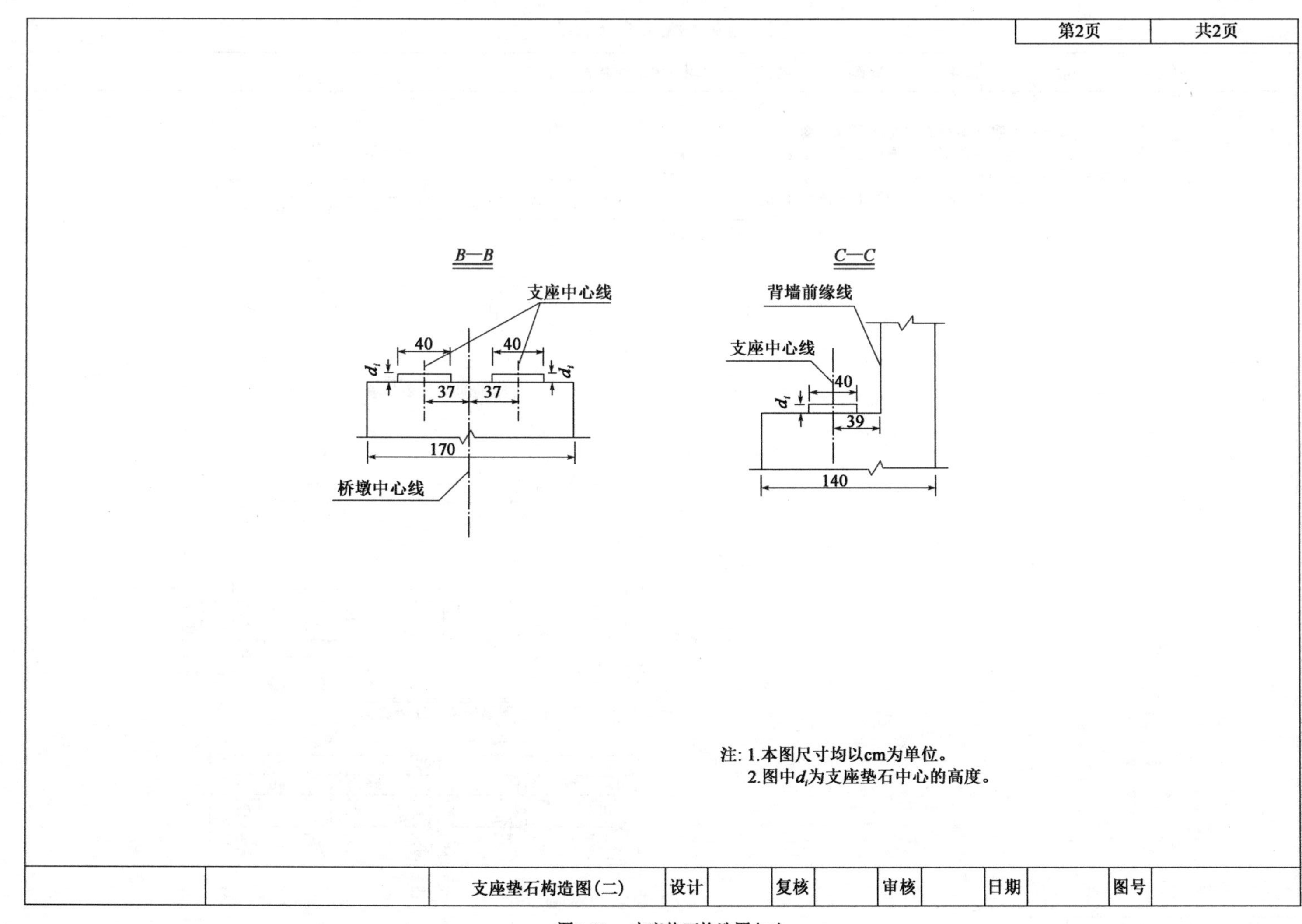

图2-22 支座垫石构造图(二)

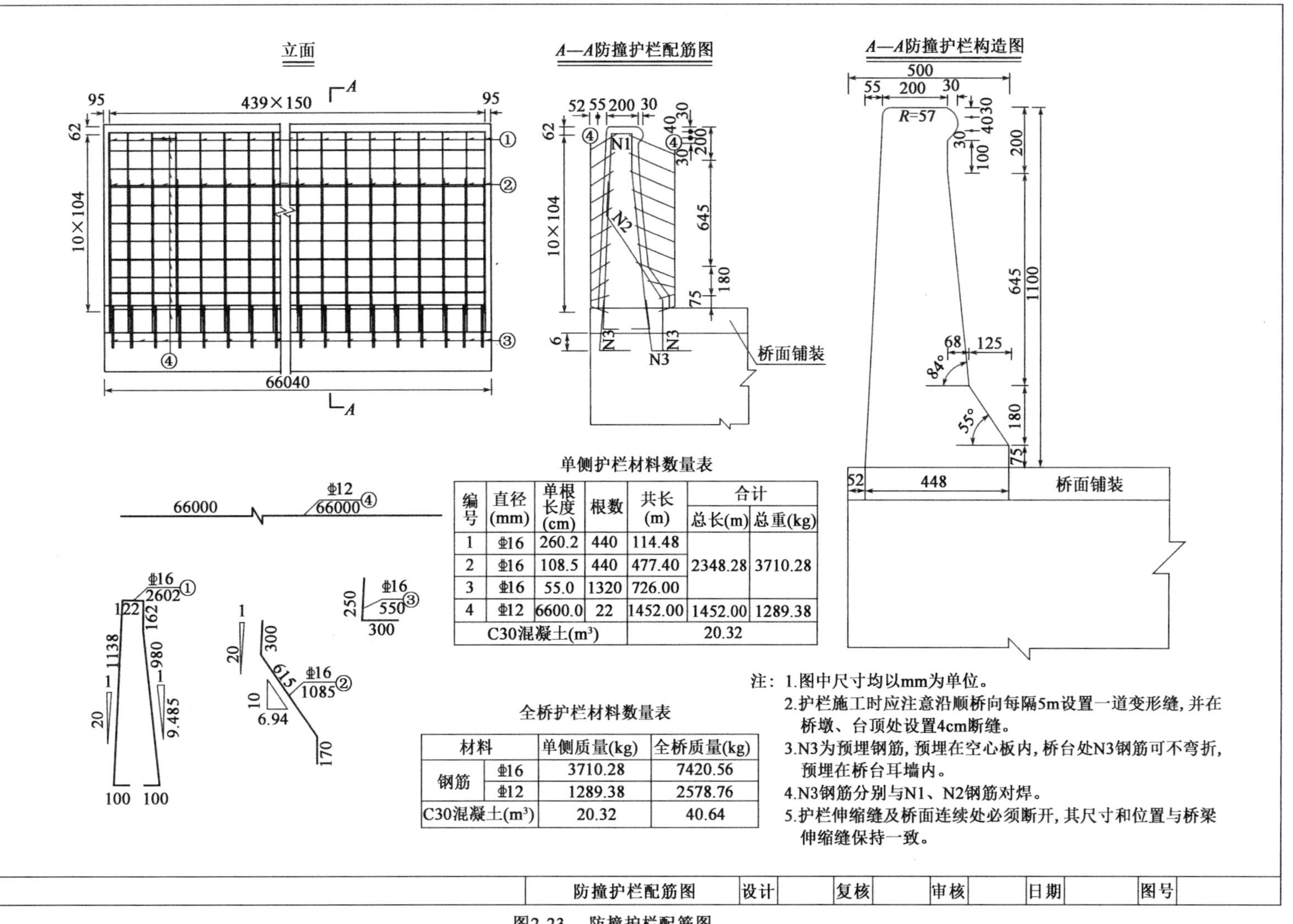

单侧护栏材料数量表

编号	直径(mm)	单根长度(cm)	根数	共长(m)	合计 总长(m)	合计 总重(kg)
1	ф16	260.2	440	114.48	2348.28	3710.28
2	ф16	108.5	440	477.40		
3	ф16	55.0	1320	726.00		
4	ф12	6600.0	22	1452.00	1452.00	1289.38
C30混凝土(m^3)				20.32		

全桥护栏材料数量表

材料		单侧质量(kg)	全桥质量(kg)
钢筋	ф16	3710.28	7420.56
	ф12	1289.38	2578.76
C30混凝土(m^3)		20.32	40.64

图2-23　防撞护栏配筋图

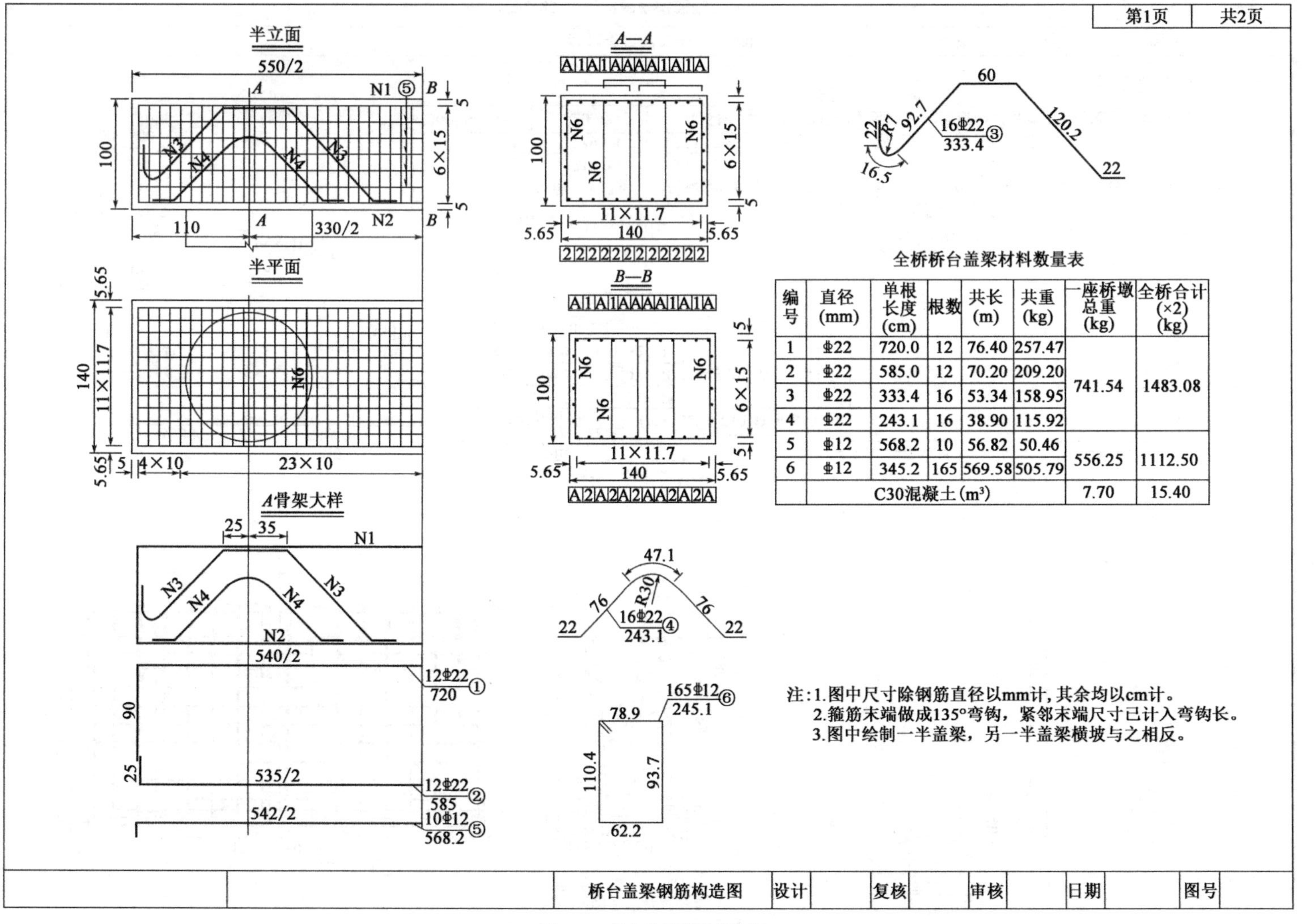

全桥桥台盖梁材料数量表

编号	直径(mm)	单根长度(cm)	根数	共长(m)	共重(kg)	一座桥墩总重(kg)	全桥合计(×2)(kg)
1	Φ22	720.0	12	76.40	257.47	741.54	1483.08
2	Φ22	585.0	12	70.20	209.20		
3	Φ22	333.4	16	53.34	158.95		
4	Φ22	243.1	16	38.90	115.92		
5	Φ12	568.2	10	56.82	50.46	556.25	1112.50
6	Φ12	345.2	165	569.58	505.79		
	C30混凝土(m^3)					7.70	15.40

图2-24 桥台盖梁钢筋构造图

(1)该盖梁内配置了哪些钢筋？其作用是什么？

(2)核算盖梁钢筋工程数量。

思考与练习

1. 桩中主要布置哪些类型的钢筋？各起什么作用？
2. 桩的类型有哪些？

模板与支架工程

Moban yu Zhijia Gongcheng

模块一 常用模板类型与构造

学习目标		
学习目标	● 知识目标	(1)能说出常用模板的类型; (2)能描述常用模板的构造要求; (3)能描述高桥墩模板构造及施工特点
	● 能力目标	本模块要求学生能对钢筋混凝土工程中常用模板进行描述;能描述各类型模板的构造要点;能描述高桥墩模板的构造及施工特点

相关知识

模板不仅控制着构件的形状和尺寸,还会直接影响混凝土工程进度及工程造价。模板在钢筋混凝土工程耗材中所占比例较大,材料和劳动力消耗较多,合理选择模板的材料、形式并组织施工,对加快钢筋混凝土工程施工进度和降低工程造价有显著的效果。

一、模板的类型[资源3.1]

1. 按材料分类

模板工程的材料种类有很多,木、钢、复合材料、塑料、铝合金,甚至混凝土本身都可作为模板工程的材料。模板材料要根据建筑物的结构形状、工期要求、工程费用和当地材料来源、施工条件、施工方法等因地制宜地选用。桥梁中常用的模板有以下几种:

(1)木模板。

木模板所用的木材,大部分为松木与杉木,其含水率不宜过高,以免干燥后产生变形。为节约木材,木模板和支撑最好由加工厂或木工棚加工成基本单元,然后在现场拼接出所需要的形状。

木模板由紧贴于混凝土表面的壳板(又称面板)、支撑壳板的肋木和立柱或横挡组成,壳板可以竖直拼装[图3-1a)]或水平拼装[图3-1b)]。

壳板的接缝可做成平缝[图3-1b)]、搭接缝或企口缝[图3-1c)]。当采用平缝拼装时,应在拼缝处衬压塑料薄膜或水泥袋纸以防漏浆。为了增加木模板的周转次数并方便脱模,往往在壳板面上加钉一层薄铁皮。

壳板的厚度一般为2~5cm,宽15~18cm,不宜超过20cm,过薄与过宽的板容易变形。肋木、立柱或横挡的尺寸可根据经验或计算确定。肋木的间距一般为0.7~1.5cm。

图 3-2 为常用 T 形梁的分片装拆式木制模板结构。相邻横隔板之间的木模板形成一个柜箱,在柜箱内的横挡上可安装附着式振捣器。梁体两侧的一对柜箱用顶部横木和穿通梁肋的螺栓拉杆来固定,并借助柱底的木楔进行装拆调整。

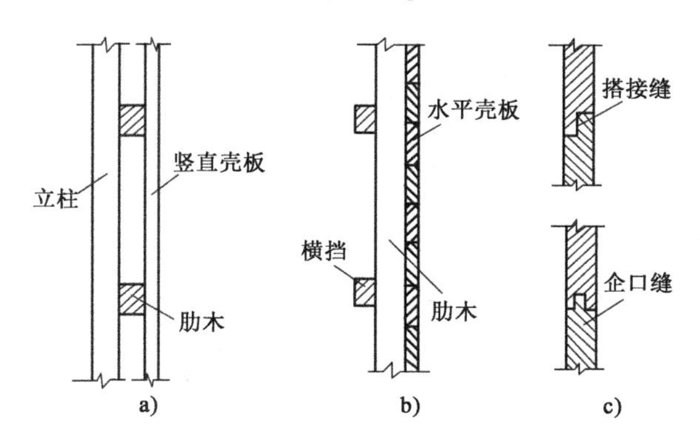

图 3-1 木模板基本构造

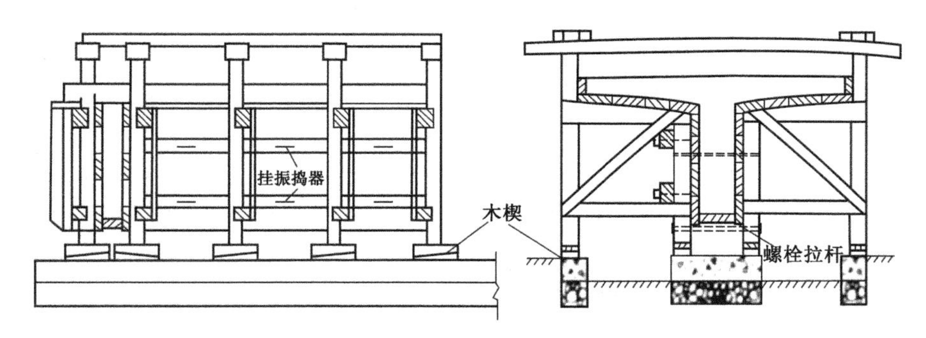

图 3-2 T 形梁的木制模板结构

图 3-3 是桥梁工程中常用于空心板梁的木制芯模(又称内模)构造。芯模是形成空心所必需的特殊模板,其结构形式直接影响到制作是否简便、经济,装拆是否方便,周转率是否高。为了便于搬运、装拆,每根梁的模板分成两节。木模板的侧面装置铰链,使壳板可以转动。芯模的骨架和活动撑板,每隔 70cm 布置一道。活动撑板下端的半边朝梁端一侧用铁铰链与壳板连接,安装时借助榫头顶紧壳板纵面的上下斜缝,并在活动撑板上部设置 ϕ20mm 的拉杆。活动撑板将壳板撑实后,在模壳外用铁丝捆扎以防散开或变形。拆模时只需用拉杆将活动撑板从顶部拉脱,并借助铁铰链先松左半模板,取出后再脱右半模板。上述芯模亦可改用特制的充气橡胶管来制作。在国外,还采用混凝土管、纸管等做成不抽拔的芯模。

木模板取材方便,制作容易,且可做成任意可能的形状,但对木材的损耗大、成本高且施工效率低,故木模板常应用在定型模板(如钢模板)不易实现的混凝土构件中。

(2)组合钢模板。

组合钢模板是一种工具式模板,它由具有一定模数的类型很少的模板、角模、支撑件和连接件组成,用它可以拼出多种尺寸的几何形状,以适应各种结构类型(如梁、板、基础等)施工的需要,可在现场直接组装拼成大模板,亦可以预拼装成大块模板或构件模板后用起重机吊运安装。

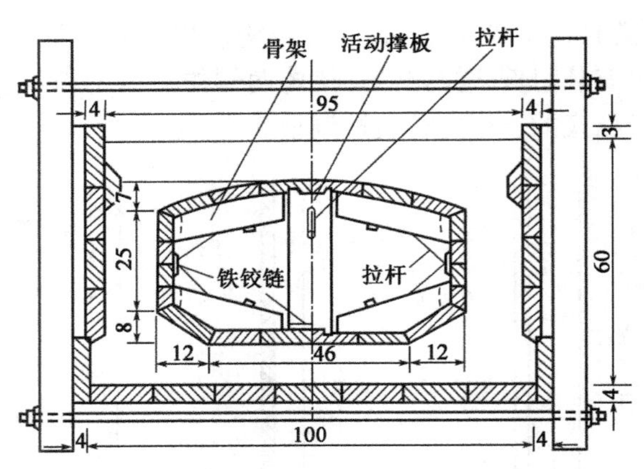

图3-3 空心板梁木制芯模构造(尺寸单位:cm)

组合钢模板的主要优点是:可以节约大量木材;混凝土成形质量好;轻便灵活、拆装方便,可人力装拆;板块小、质量轻,存放、修理、运输极为方便;使用周转次数多,每套组合钢模板可重复使用50~100次以上;每次摊销费用比木模板低。所以,组合钢模板目前被广泛应用于桥梁建设中。

①平面模板和角模。平面模板是组合钢模板的主要组成构件,它由边框、面板和纵横肋组成。面板厚度有2.3mm和2.5mm两种。宽度以100mm为基础,以50mm为模数增加;长度以450mm为基础,以150mm为模数增加。用平面模板可以组合拼成长度和宽度方向上以50mm为模数的各种尺寸。进行配板设计时,如出现不足50mm的空缺,则用方木补缺,用钉子或螺栓将方木与板块边框上的孔洞连接。

平面模板间形成角的部分用阴角模板、阳角模板和连接角模连接。阴角模板用于混凝土构件阴角,阳角模板主要用于混凝土构件阳角,连接角模垂直连接构成阳角,如图3-4所示。

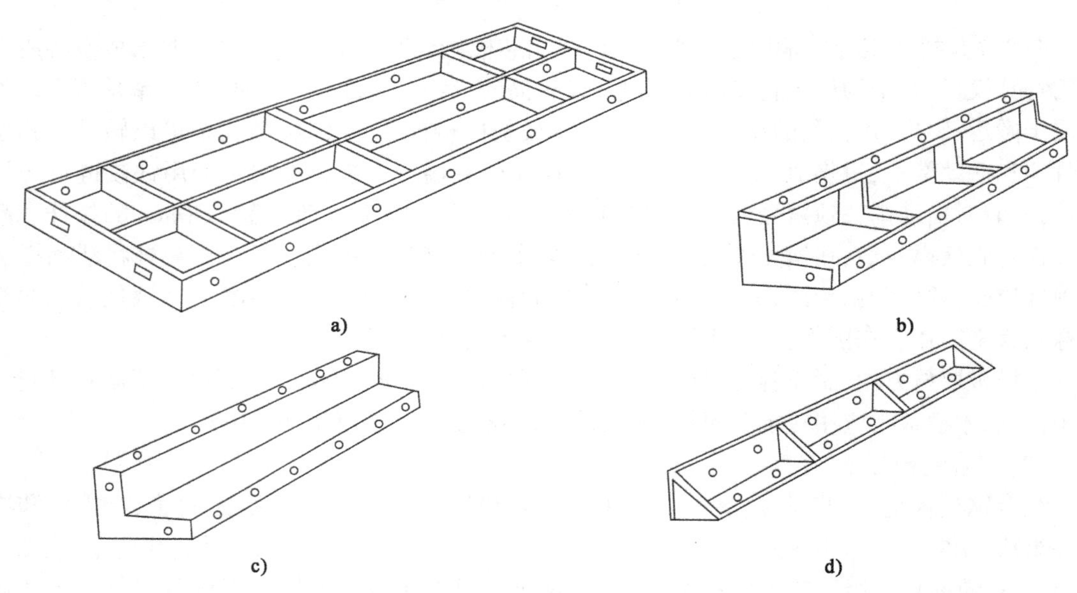

图3-4 组合钢模板的模板类型

a)平面模板;b)阴角模板;c)阳角模板;d)连接角模

②连接件。平面模板通过连接件的连接将各板块拼装成符合设计要求的几何形状。连接件有U形卡、L形插销、钩头螺栓、紧固螺栓、对拉螺栓以及扣件等，如图3-5所示。

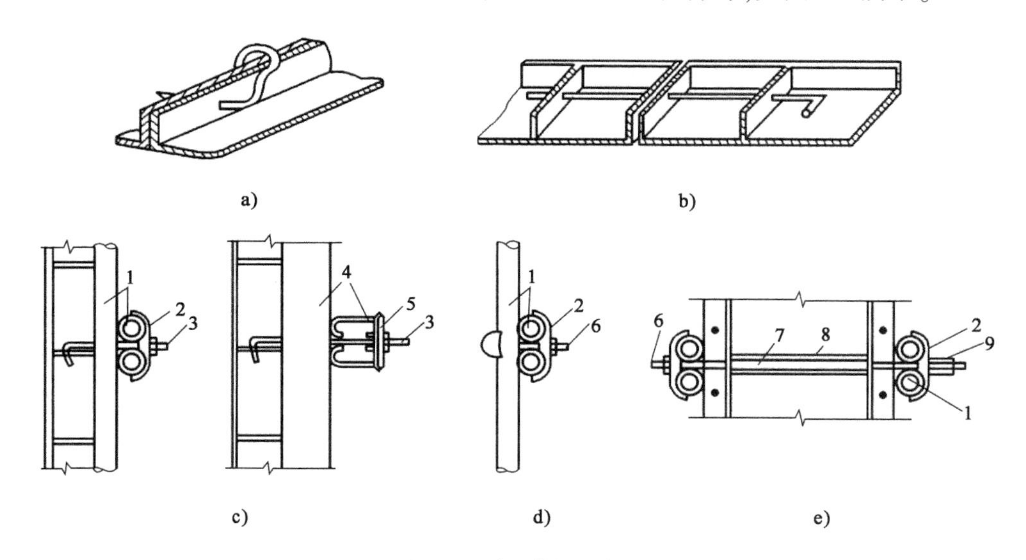

图3-5　组合钢模板连接件

a)U形卡连接；b)L形插销连接；c)钩头螺栓连接；d)紧固螺栓连接；e)对拉螺栓连接

1-圆钢管钢楞；2-“3”形扣件；3-钩头螺栓；4-内卷边槽钢钢楞；5-碟形扣件；6-紧固螺栓；7-对拉螺栓；8-塑料套管；9-螺母

图3-6为T形梁的分片装拆式钢模板结构。侧模由厚度一般为4～8cm的钢壳板、角钢做成的水平肋和竖向肋，支托竖向肋的直撑、斜撑，固定侧模用的顶横杆和底部拉杆，以及安装在钢壳板上的振捣架等构成。底模通常用6～12cm的钢板制成，它通过垫木支撑在底部钢横梁上。在拼装钢模板时，所有紧贴混凝土的接缝内部都用止浆垫使接缝密闭不漏浆，止浆垫一般采用柔软、耐用且弹性大的5～8mm厚的橡胶板或厚度10mm左右的泡沫塑料板。

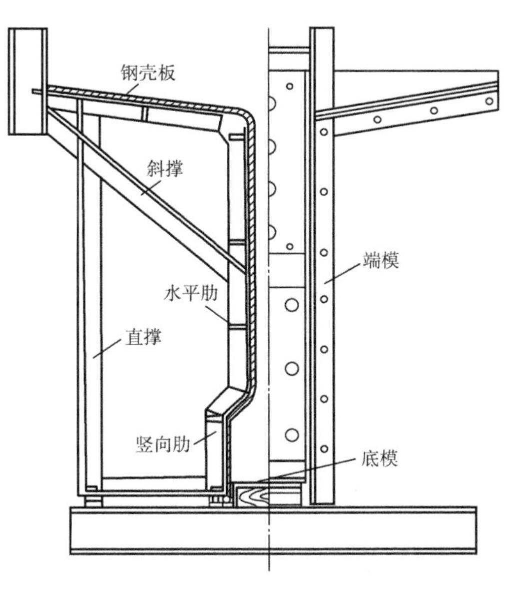

图3-6　T形梁的钢模板结构

如果将钢模板中的钢壳板换成水平拼装的木壳板，并将其用埋头螺栓连接在角钢竖向肋上，在木壳板上再钉一层薄铁皮，这样就可做成钢木结合模板。这种模板不仅节约木材、成本低，而且具有较大的刚度和紧密稳固性，也是一种较好的模板结构。

(3)覆面胶合板模板。

覆面胶合板模板是在胶合板表面经涂层或覆膜处理后制成的。覆面胶合板模板表面平整、光滑，加工灵活，每次使用前不必刷脱膜剂，用加设密封条和覆贴胶带纸等方法封堵拼缝。

覆面胶合板模板不仅比木模板高效、省力,可降低施工费用,而且比组合钢模板板块尺寸大,模板拼缝少,拼装和拆除效率高,并且浇筑的混凝土表面平整、光滑,能减少其表面气泡,有效提高表面质量。

覆面胶合板模板用的木胶合板通常由5、7、9、11等奇数层单板(厚1.5～4.0mm),按相邻层的纹理方向相互垂直放置,经热压固化而胶合成形。其长度一般为1800～2400mm,宽度为500～1219mm,厚度为12～24mm。覆面胶合板模板用的竹胶合板通常由竹材与酚醛树脂热压胶合而成,如竹条胶合板和竹芯木面胶合板。覆面胶合板模板用的竹胶合板的长度为1830～3000mm,宽度为915～1500mm,厚度为9～18mm。通常长度是宽度的2倍左右,常用竹胶合板厚度为12mm和15mm两种。

覆面胶合板模板的优点为:表面平整、光滑,容易脱模;耐磨性强;防水性好;模板强度和刚度较好;使用寿命较长(周转次数可达5次以上);材质轻,适宜加工大面积模板;板缝少,能满足清水混凝土施工的要求。

(4)塑料模板及玻璃钢模板。

塑料模板是以改性聚丙烯或增强聚乙烯为主要原料,采用注塑成型工艺制成的。塑料模板质轻、坚固、耐冲击、不易被腐蚀,施工简便,周转次数多(可达50次以上),脱模后混凝土表面光滑。其常用类型为定形组合式模板,类似于组合钢模板。

塑料模板是一种节能型和绿色环保产品,是继木模板、组合钢模板、竹木胶合模板、全钢大模板之后的又一新型产品。节能环保,摊销成本低。

塑料模板不仅周转次数多,还能回收再造。温度适应范围大,规格适应性强,可锯、钻,使用方便。模板表面的平整度、光洁度超过了现有清水混凝土模板的技术要求,有阻燃、防腐、防水及抗化学品腐蚀的功能,有较好的力学性能和电绝缘性能。能满足各种长方体、L形、U形建筑支模的要求。

塑料模板根据材质可分为聚氯乙烯(PVC)、聚丙烯(PP)、聚乙烯(PE)、聚碳酸酯(PC)、丙烯腈-丁二烯-苯乙烯(ABS)、高密度聚乙烯(HDPE)等。根据外观可分为实心板、中空板、卡扣筋板、模块组装板、塑料方木、塑料阴阳角。

塑料模板因其环保而节能、可循环再生、经济而实惠的特点,将逐渐取代建筑模板中的木模板,从而节约大量的木材资源,对保护环境、优化环境、低碳减排起着巨大作用。塑料模板有效利用了废旧资源,既符合节能环保的要求,也适应产业政策发展的方向,更是建筑施工工程模板材料的一次新的革命。

塑料模板使用后可以粉碎成粉末,然后作为原材料加工成塑料模板,再重新使用。这样可以反复循环使用。

塑料模板主要有以下几个优点:

①平整光洁:模板拼接严密、平整,脱模后混凝土结构表面的平整度、光洁度均超过现有清水混凝土模板的技术要求,不需二次抹灰,省工省料。

②轻便易装:质量轻,工艺适应性强,可以锯、刨、钻、钉,可随意组成任何几何形状,满足各种形状建筑支模的需要。

③脱模简便:混凝土不沾板面,无需脱模剂,脱模轻松,容易清灰。

④稳定耐候:机械强度高,在-20～+60℃温度条件下,不收缩、不湿胀、不开裂、不变形、

尺寸稳定、耐碱防腐、阻燃防水、拒鼠防虫。

⑤利于养护：模板不吸水，不用特殊养护或保管。

⑥可变性强：种类、形状、规格可根据建筑工程要求定制。

⑦降低成本：周转次数多，使用成本低。

⑧节能环保：边角料和废旧模板全部可以回收再造，零废物排放。

玻璃钢模板以中碱玻璃丝布为增强材料、不饱和聚酯树脂为胶结材料，采用薄壁加肋的构造形式。它与塑料模板相比，具有刚度大、模具制作方便、尺寸灵活、周转次数多等优点。

玻璃钢模板具有非常强的耐腐蚀性，对大气、水和一般浓度的盐、酸、碱以及多种油类和溶剂具有较强的抵抗力，在很大程度上已经取代了碳素钢、不锈钢、木材、有色金属，已经应用到化工防腐的各个方面。

玻璃钢模板基本界面具有非常强的吸震能力，减震性良好，其破坏是逐渐发展的，在破坏前有明显的征兆。纤维和基体界面可以有效阻止裂纹扩展，疲劳极限可以达到拉伸强度的70%～80%。如发生突发性事故，能为采取应急措施留出一定的时间。

塑料模板及玻璃钢模板可节约木材、钢材，降低成本，但一次投资费用高。

(5)充气橡胶管内模。

现在桥梁工程上更多地采用充气橡胶管内模来代替木制内模，因为它更容易架设和拆除。在充气时，所施气压要根据橡胶管的管径、新浇混凝土的压力以及气温等因素计算确定。在浇筑混凝土之前要事先用定位钢筋或压块将橡胶管的位置加以固定，以防止其上浮和偏位。泄气抽出橡胶管的时间与混凝土的强度和气温有关，也要根据试验来确定。

充气橡胶管内模具有很高的抗张强度、弹性和气密性，充入压缩空气后，能代替原有的木模板、竹模板、钢模板，可以多次重复使用，是一种降低成本和加快施工进度的混凝土制品配套产品。

不管何种模板，为避免壳板与混凝土粘连，通常均需在壳板面上涂隔离剂，如石灰浆、肥皂水等。

2.按施工方法分类

(1)现场装拆式模板。

现场装拆式模板，是指在施工现场按照设计要求的结构形状、尺寸及空间位置进行组装，在混凝土达到拆模强度后将其拆除的模板。现场装拆式模板多由定型模板(如组合钢模板和覆面胶合板模板)和工具式支撑(如钢管脚手架和门式脚手架)组成。

现场装拆式模板是桥梁施工中最常用的模板，常见的有组合钢模板、拼装式模板、整体吊装模板等。

组合钢模板是以各种长度、宽度及转角标准构件，用定型的连接件将钢模板拼成结构用的模板。

拼装式模板是利用销钉连接各种尺寸的标准模板，并与拉杆、加劲构件等组成墩台所需形状的模板。使用时将墩台表面划分为若干小块，尽量使每部分板扇尺寸相同，以便周转使用。

整体吊装模板是将墩台模板水平分成若干段，每段模板组成一个整体，在地面拼装后吊装就位。分段高度可视起吊能力而定,一般可为2~4m。整体吊装模板的优点是:安装时间短,无须设施工接缝,加快施工进度,提高施工质量;将拼装模板的高空作业改为平地操作,有利于施工安全;模板刚性较强,可少设拉筋或不设拉筋,节约钢材;可利用模外框架做简易脚手架,不需另搭施工脚手架;结构简单,装拆方便,建造较高的桥墩较为经济。

(2)固定式模板。

固定式模板多用于制作预制构件。使用时按照构件的形状、尺寸在现场或预制场制作模板,涂刷隔离剂,浇筑混凝土,当混凝土达到规定强度后脱模清理模板。重复使用时先涂刷隔离剂,再制作下一批构件。

(3)移动式模板。

随着混凝土浇筑,可沿着垂直方向或水平方向移动的模板,称为移动式模板。如用于高桥墩混凝土浇筑的滑动模板、爬升模板和翻升模板。

二、高桥墩模板

高桥墩的施工设备与一般桥墩所用设备大体相同,但其模板却另有特色。高桥墩模板主要有滑动模板、爬升模板、翻升模板三种,这三种模板都依附于灌注的混凝土墩壁上,随着墩身的逐步加高而向上升高。目前滑动模板的高度已达百米。

1.滑动模板

(1)滑动模板构造。

滑动模板是将模板悬挂在工作平台的围圈上,沿着所施工的混凝土结构截面的周界组拼装配,并随着混凝土的灌注由千斤顶带动向上滑升。

由于桥墩类型、提升工具的类型不同,滑动模板的构造也稍有差异,但其主要部件与功能则大致相同。滑动模板一般主要由工作平台、内外模板、混凝土平台、吊篮、提升设备等组成。如图3-7所示。

(2)滑动模板施工的特点。

①施工进度快,在一般气温下,每昼夜平均进度可达5~6m;

②混凝土质量好,采用干硬性混凝土,机械振捣,连续作业,可提高墩台质量;

③节约木材和劳动力,有资料统计表明,可节省劳动力30%,节约木材70%;

④滑动模板可用于直坡墩身,也可用于斜坡墩身,安全可靠。

2.爬升模板

(1)爬升模板构造。

爬升模板可以分为提升架(或称门架)和支承架两部分。提升架带着模板、围圈和作业台架吊挂在支承架上;支承架为简单框架,插置在提升架中,下端有紧固装置可与模板下面已硬化的混凝土墙体固定,上端伸至提升架的顶部,可以安装各种提升装置,以传递提升架的全部荷载。

爬升模板所用的提升架可以利用滑动模板的提升架进行改装,使支承架能够插置其中。在提升架上安装模板、吊脚手架和作业台架的方法,与滑动模板基本相同。模板的高度可以设定为150cm,用组合钢模板错缝拼配成所需长度,具有组合刚度,能起到板梁的作用,提升架的间距可以设定为150cm,组合大模板通过竖楞和丝杠固定在提升架的两股上,如此可以简化模板两侧的围圈。每次灌注混凝土时,按设定间距预埋穿墙螺栓,作为固定支承架之用,也可作为对拉螺栓以抵抗侧压力。

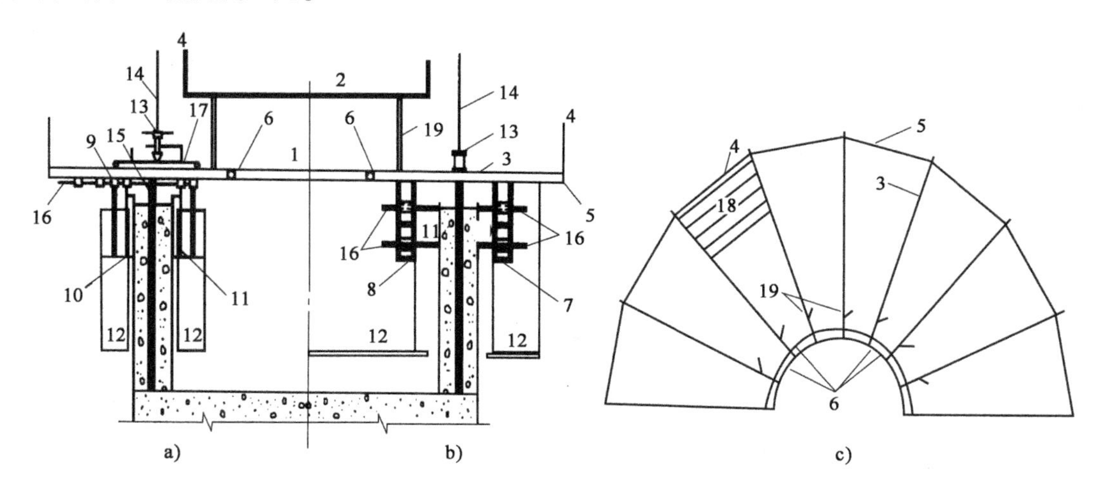

图3-7 滑动模板构造示意图

a)等壁厚收坡滑动模板半剖面;b)不等壁厚收坡滑动模板半剖面;c)工作平台半剖面

1-工作平台;2-混凝土平台;3-辐射梁;4-栏杆;5-外钢环;6-内钢环;7-外立柱;8-内立柱;9-滚轴;10-外模板;11-内模板;12-吊篮;13-千斤顶;14-顶杆;15-导管;16-收坡螺杆;17-顶架横梁;18-步板;19-混凝土平立柱

对于圆形截面的筒壁结构,150cm高的模板用组合钢模板竖向配置,横向设置两道围圈形成弧度,通过丝杠固定在提升架的两股上。形成圆周的内、外模板,由围圈分成若干整体,便于分区脱模。在提升架顶杠和支承架顶杠之间,可用不同的方法设置不同类型的提升设施。

(2)爬升模板施工的特点。

爬升模板具有大模板和滑动模板共同的优点。爬升模板适用于浇筑钢筋混凝土竖直或倾斜结构以及墙体、桥梁墩柱、索塔塔柱等,范围较广。

爬升模板与滑动模板一样,在结构施工阶段依附在建筑竖向结构上,随着结构施工而逐层上升,这样模板既不占用施工场地,也不用其他垂直运输设备。另外,它装有操作脚手架,施工时有可靠的安全围护,故可不需搭设外脚手架,特别适用于在较狭小的场地上施工。

爬升模板与大模板一样,是逐层分块安装的,故其垂直度和平整度易于调整和控制,可避免施工误差的积累。由于模板能自爬,不需起重运输机械吊运,减少了施工中起重运输机械的吊运工作量,能避免大模板受大风影响而停止工作。爬升模板分为有爬架爬升模板和无爬架爬升模板两类。有爬架爬升模板由爬升模板、爬架和爬升设备三部分组成。

3.翻升模板

(1)翻升模板构造。

翻升模板由3节大块钢模板与支架、钢管脚手架工作平台组合而成(施工中随着墩柱高度的增加将支架与已浇墩柱连接,以增加支架的稳定性)。施工时第一节模板支立于承台上,第二节模板支立于第一节段模板上。当第二节混凝土强度达到3MPa以上、第一节混凝土强度达到10MPa以上时,拆除第一节模板并将模板表面清理干净、涂上脱模剂后,用起重机和手动葫芦将其翻升至第二节模板上,第三节模板置于第一节模板上。此时全部施工荷载由已硬化并具有一定强度的墩身混凝土传至承台。如此循环,直至达到设计高度。墩身翻升模板施工示意图如图3-8所示。翻升模板适用于等截面或变截面的实体或薄壁空心墩等,范围较广。

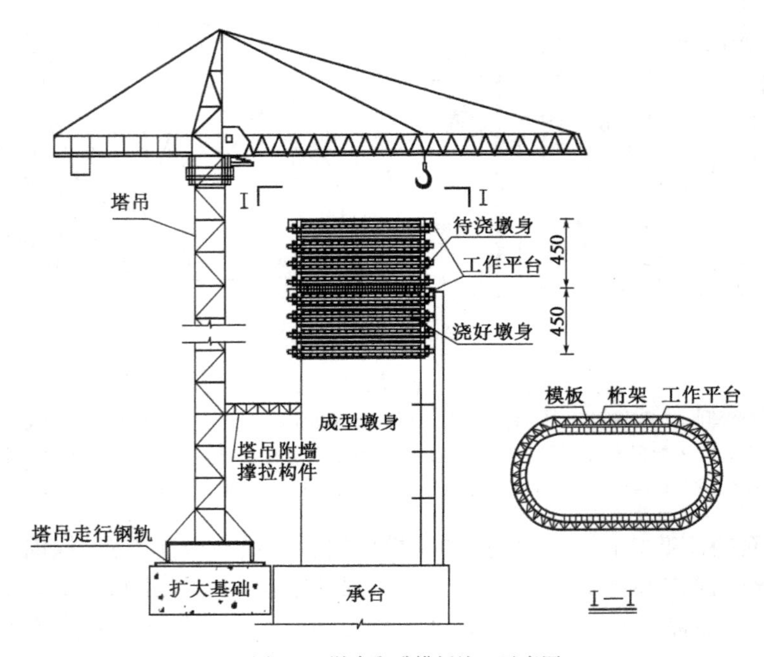

图3-8 墩身翻升模板施工示意图

(2)翻升模板施工的特点。

翻升模板拆装操作简便,拆卸安装速度快。模板设有操作平台,可确保模板安装、拆除时作业人员施工安全。上、下模板之间通过调节螺杆连接,适用于各种外形的建筑物。

翻升模板适用性强、周转次数多,能显著降低工程模板费用,缩短工程施工工期。

三、模板的构造要求[资源3.2]

模板的构造应满足下列要求:

(1)模板背面应设置主肋和次肋作为其支撑系统,主肋和次肋的布置应根据模板的荷载和刚度要求进行。主肋应承受次肋传递的荷载,且应能起到加强模板结构的整体刚度和调整平直度的作用,支架或支撑的着力点应设置在主肋上;次肋的配置方向应与模板的长度方向相垂直,应能直接承受模板传递的荷载,其间距应按荷载数值和模板的力学性能计算确定。

(2)模板的配板应根据配模面的形状、几何尺寸及支撑形式确定。配板时宜选用大规格的模板作为主板,其他规格的模板作为补充;配板后的板缝应规则,不得杂乱无章。

(3)对在墩柱、梁、板的转角处使用的模板及各种模板板面的交接部分,应采用连接简便、结构牢固、易于拆除的专用模板。

(4)当设置对拉螺杆或其他拉筋,需要在模板上钻孔时,应使钻孔的模板能多次周转使用,并应采取措施减少或避免在模板上钻孔。

思考与练习

1. 钢筋混凝土结构中常用的模板有哪些类型?各种模板的适用性如何?
2. 用于高桥墩施工时的模板有哪些类型?
3. 模板的构造应满足哪些要求?

模块二 模板设计与施工技术要求

<table>
<tr><td rowspan="2">学习目标</td><td>● 知识目标</td><td>(1)能描述常用模板设计的一般要求;
(2)能阐述常用模板的制作要点;
(3)能说出模板的安装与拆除技术要点</td></tr>
<tr><td>● 能力目标</td><td>本模块要求学生掌握钢筋混凝土工程中常用模板设计的一般要求;能描述各类型模板的制作要点;能描述模板安装与拆除质量控制要点</td></tr>
</table>

相关知识

模板的设计及安装不仅决定着构件的质量,而且会直接影响混凝土工程施工的安全。按照设计文件及规范要求,对模板进行设计、制作及安装,对加快钢筋混凝土工程施工进度、保证施工的质量及安全、降低造价有显著效果。[**资源3.3**]

一、模板设计的一般要求

(1)模板宜采用钢材、胶合板或其他适宜的材料制作。钢材的性能和质量应符合现行《碳素结构钢》(GB/T 700)的规定;胶合板的性能和质量应符合现行《混凝土模板用胶合板》(GB/T 17656)或《混凝土模板用竹材胶合板》(LY/T 1574)的规定;其他材料应符合国家或行业标准的相关规定,常备式定型钢构件应符合该产品相应的技术规定。

(2)在计算荷载作用下,对模板结构应按受力程序分别验算其强度、刚度及稳定性。模板应具有足够的强度、刚度和稳定性,应能承受施工过程中产生的各种荷载。

(3)模板板面之间应平整,接缝严密,不漏浆,保证结构物外露面美观,线条流畅,可设倒角。

(4)模板结构应简单、合理,结构受力应明确,制作、装拆应方便。

(5)在浇筑混凝土之前,模板应涂刷脱模剂,外露面混凝土模板的脱模剂应采用同一品种,不得使用废机油等油料,且不得污染钢筋及混凝土的施工缝处。

(6)模板应与混凝土结构或构件的特征、施工条件和浇筑方法相适应,保证结构物各部位形状、尺寸和相互位置准确。

(7)在模板上设置的吊环应采用HPB300钢筋制作,严禁采用冷加工钢筋。每个吊环应按两肢截面计算,在模板自重标准值作用下,吊环的拉应力应不大于65MPa。

(8)模板的设计应根据工程结构形式、荷载情况、地基土类别、施工设备、材料性能等条件进行，且宜优先采用标准化、定型化的构件。

(9)模板的设计可按现行《建筑施工模板安全技术规范》(JGJ 162)的规定执行，采用冷弯薄壁型钢时应符合现行《冷弯薄壁型钢结构技术规范》(GB 50018)的规定，采用定型组合钢模板时应符合现行《组合钢模板技术规范》(GB/T 50214)的规定。木模板的设计应符合现行《木结构设计标准》(GB 50005)的规定。

(10)重复使用的模板应经常检查、维修。

(11)模板的设计应考虑下列各项荷载，并应按照表3-1的规定进行荷载组合：

①模板自重；

②新浇筑混凝土、钢筋、预应力筋或其他圬工结构物的重力；

③施工人员及施工设备、施工材料等荷载；

④振捣混凝土时产生的振动荷载；

⑤新浇筑混凝土对模板侧面的压力；

⑥混凝土入模时产生的水平方向的冲击荷载；

⑦设于水中的支架所承受的水流压力、波浪力、流冰压力、船只及其他漂浮物的撞击力；

⑧其他可能产生的荷载，如风荷载、雪荷载、冬季保温设施荷载、温度应力等。

模板设计计算的荷载组合 表3-1

模板结构类型	荷载组合	
	强度计算	刚度验算
梁、板的底模板以及支撑板等	①+②+③+④+⑦+⑧	①+②+⑦+⑧
缘石、人行道、栏杆、柱、梁、板等的侧模板	④+⑤	⑤
基础、墩台等厚大结构物的侧模板	⑤+⑥	⑤

(12)验算模板的刚度时，其最大变形值不得超过下列允许值：

①结构表面外露的模板，挠度为模板构件跨度的1/400；

②结构表面隐蔽的模板，挠度为模板构件跨度的1/250；

③钢模板的面板变形为1.5mm，钢棱和柱箍变形为$L/500$和$B/500$(其中L为计算跨径，B为柱宽)；

④验算模板在自重和风荷载等作用下的抗倾覆稳定性时，其抗倾覆稳定系数应不小于1.3。

《公路桥涵施工技术规范》(JTG/T 3650—2020)规定，模板应进行施工图设计，经批准后方可用于施工。施工图设计内容包括：

①工程概况和工程结构简图；

②结构设计的依据和设计计算书；

③总装图和细部构造图；

④制作、安装的质量要求及精度要求；

⑤安装、拆除时的安全技术措施及注意事项；

⑥材料的性能要求及材料数量表；

⑦设计说明书和使用说明书。

二、模板的制作

1. 钢模板制作

钢模板宜采用标准化的组合钢模板。组合钢模板的拼装应符合现行《组合钢模板技术规范》(GB/T 50214)的规定。各种螺栓连接件应符合国家现行有关标准的规定。

钢模板及其配件应按批准的加工图加工,成品经检验合格后方可使用。组装前应对零部件的几何尺寸和焊缝进行全面检查,合格后方可进行组装。

2. 木模板制作

木模板可在工厂或施工现场制作,其与混凝土接触的表面应平整、光滑,多次重复使用的木模板应在内侧加钉薄铁皮。常用的接缝形式有平缝、搭接缝、企口缝等。当采用平缝时,应有防止漏浆的措施,转角处应加嵌条或做成斜角。重复使用的模板应始终保持其表面平整,形状准确,不漏浆,有足够的强度和刚度。

3. 钢木结合模板制作

钢与木之间的接触面应紧贴。面板采用防水胶合板的模板,除应使胶合板与背楞之间密贴外,对在制作过程中裁切过的防水胶合板茬口,应按产品的要求及时涂刷防水涂料。

4. 其他材料模板制作

钢框覆面胶合板模板的板面组配宜采用错缝布置,支撑系统的强度和刚度应满足要求。高分子合成材料面板、硬塑料或玻璃钢模板,制作接缝必须严密,边肋及加强肋安装牢固,与模板成一个整体。

模板制作的允许偏差应符合表3-2的规定。

模板制作的允许偏差　　表3-2

<table>
<tr><th colspan="3">项　　目</th><th>允许偏差(mm)</th></tr>
<tr><td rowspan="7">木模板制作</td><td colspan="2">模板的长度和宽度</td><td>±5</td></tr>
<tr><td colspan="2">不刨光模板相邻两板表面高低差</td><td>3</td></tr>
<tr><td colspan="2">刨光模板相邻两板表面高低差</td><td>1</td></tr>
<tr><td rowspan="2">平板模板表面最大的局部不平</td><td>刨光模板</td><td>3</td></tr>
<tr><td>不刨光模板</td><td>5</td></tr>
<tr><td colspan="2">拼合板中木板间的缝隙宽度</td><td>2</td></tr>
<tr><td colspan="2">榫槽嵌接紧密度</td><td>2</td></tr>
<tr><td rowspan="3">钢模板制作</td><td rowspan="2">外形尺寸</td><td>长和高</td><td>±0,-1</td></tr>
<tr><td>肋高</td><td>±5</td></tr>
<tr><td colspan="2">面板端偏斜</td><td>0.5</td></tr>
</table>

续上表

项目			允许偏差(mm)
钢模板制作	连接配件(螺栓、卡子等)的孔眼位置	孔中心与板面的间距	±0.3
		板端中心与板端的间距	+0,-5
		沿板长、宽方向的孔	±0.6
	板面局部不平		1
	板面和板侧挠度		±1

三、模板的安装[资源3.4]

1. 模板安装的一般技术要求

(1)模板应按设计要求准确就位,且不宜与脚手架连接。

(2)安装侧模时,支撑应牢固,应防止模板在浇筑混凝土时产生移位。

(3)模板在安装过程中,必须设置防倾覆的临时固定设施。

(4)模板安装完成后,其尺寸、平面位置和顶部高程应符合设计要求,节点连接应牢固。

(5)梁、板等结构的底模宜根据需要设置预拱度。纵向预拱度可做成抛物线或圆曲线。

(6)固定在模板上的预埋件和预留孔洞均不得遗漏,安装应牢固,位置应准确。

(7)模板与钢筋安装工作应配合进行,妨碍绑扎钢筋的模板应待钢筋安装完毕后安设。

(8)安装侧模时,应防止模板移位和凸出。基础侧模可在模板外设立支撑固定,墩、台、梁的侧模可设拉杆固定。浇筑在混凝土中的拉杆,应按拉杆拔出或不拔出的要求,采取相应的措施。对小型结构物,可使用金属线代替拉杆。

(9)模板安装完毕后,应对其平面位置、顶部高程、节点连接及纵横向稳定性进行检查,签认后方可浇筑混凝土。

2. 滑动模板、爬升模板及翻升模板安装技术要求

(1)滑动模板。

①模板的高度宜根据结构物的实际情况确定;模板的结构应具有足够的强度、刚度和稳定性;支撑杆及提升设备应能保证模板竖直均衡上升。组装时应使各部尺寸的精度符合设计要求,组装完毕应经全面检查试验合格后,方可正式投入使用。

②模板的滑升速度宜不大于250mm/h,滑升时应检测并控制其位置。滑升模板的施工宜连续进行,因故中断时,宜在中断前将混凝土浇筑齐平,中断期间模板仍应继续缓慢滑升,直到混凝土与模板不致粘住时为止。

③滑动模板适用于较高的墩台和悬索桥、斜拉桥的索塔施工。采用滑动模板时,应遵守现行《滑动模板工程技术标准》(GB/T 50113)的规定。

(2)爬升模板。

①采用爬升模板施工时,应设置脚手平台、接料平台、吊挂式脚手架及安全网等辅助设施。

②采用爬升模板施工时,其结构应满足强度、刚度及稳定性要求。液压爬升模板应由专业单位进行设计和制造,并应有检验合格证书及操作说明书。

③混凝土的强度达到规定的数值后方可拆模并进行模板的爬架爬升。作用于爬升模板上接料平台、脚手平台和拆模吊篮的荷载应均衡,不得超载,严禁混凝土吊斗碰撞爬升模板系统。

④模板沿墩身周边方向应始终保持顺向搭接。在施工过程中,应随时检查爬升模板的中线、水平位置、高程等,发现问题应及时纠正。

⑤爬升模架的结构应满足使用要求。大块模板应使用整体钢模板,加劲肋在满足刚度需要的基础上还应进行加强,以满足使用要求。

⑥模板、模架爬升时结构的混凝土强度必须满足拆模时的强度要求。

(3)翻升模板。

①采用翻升模板施工时,其结构应满足强度、刚度及稳定性要求。液压翻升模板应由专业单位进行设计和制造,并应有检验合格证书及操作说明书。

②混凝土的强度达到规定的数值后方可拆模并进行模板的翻升。

③模板、模架翻转时结构的混凝土强度必须满足拆模时的强度要求。

模板安装的允许偏差应符合表3-3的规定。

模板安装的允许偏差 表3-3

项目		允许偏差(mm)
模板高程	基础	±15
	柱、梁	±10
	墩台	±10
模板尺寸	上部结构的所有构件	+5,0
	基础	±30
	墩台	±20
轴线偏位	基础	15
	柱	8
	梁	10
	墩台	10
装配式构件支撑面的高程		+2,-5
模板相邻两板表面高低差		2
模板表面平整度		5
预埋件中心线位置		3
预留孔洞中心线位置		10
预留孔洞截面内部尺寸		+10,0

3.充气橡胶管内模使用方法

桥梁结构中使用的充气橡胶管内模是一种可膨胀、可收缩的桥梁橡胶充气芯模,用来形成混凝土构件的空腔。

(1)入模。

①充气橡胶管内模外表均匀涂抹脱模剂。

②用绳牵引将充气橡胶管内模穿入底部有混凝土的钢筋笼内,并使纵向接缝朝上。

(2)充气。

①打开进气阀门充气,充气时用压力表控制监测气压(压力表垂直放置)。

②当气压达到使用压力时,将进气阀门关闭。

③异型充气橡胶管内模应交替充气直至达到使用压力。

④注意充气不得超压。

(3)固定与浇筑混凝土。

①在振捣混凝土时充气橡胶管内模会上浮,因此,必须上、下、左、右加以固定,一般 ϕ250mm 的充气橡胶管内模箍筋间距为 80mm,如果直径加大,间距要相应缩小。

②浇筑混凝土的方法与实心构件基本相同,注意使用高频插入式振捣棒从两侧同时振捣,以防充气橡胶管内模左右移位。振捣棒端部最好不要触及充气橡胶管内模。

(4)拆模。

在混凝土初凝时,打开阀门放气,即可将气囊内模抽出,拆模时间可视水泥强度等级而定。

(5)冲洗气囊,试压检查。

①气囊内模使用后用清水冲洗干净,不用时应置于通风干燥处,不要触及油剂、酸、碱。

②现场使用时避免触及锐硬物。

③保持气囊内模清洁。

④气囊内模漏气、封口胶片脱落时,可在需修补处用砂轮打磨,涂刷胶水覆盖胶片修补,纤维撕破处则以胶布覆盖修补。

充气橡胶内模拆模时间为混凝土的初凝时间,一般以用手指按压混凝土顶板无指纹为宜。用气囊作为内模在保证工程质量的同时可以加快施工进度,减少工人劳动时间和强度,降低成本,能有效降低工程造价,提高综合效益。

(6)充气橡胶管内膜使用注意事项。

①充气橡胶管内模在使用前应经过检查,不得漏气,安装时应有专人检查钢丝头,钢丝头应弯向内侧,充气胶囊涂刷隔离剂。

②从开始浇筑混凝土到充气橡胶管内模放气为止,其充气压力应保持稳定。

③浇筑混凝土时,为防止充气胶囊上浮和偏位,应采取有效措施加以固定,并应对称、平衡地进行浇筑。

④充气橡胶管内模的放气时间应经试验确定,以混凝土强度达到能保持构件不变形为宜。

木制内模使用时应防止漏浆和采取措施便于脱模。应根据施工条件通过试验,确定拆除内模的时间。

四、模板的拆除

模板的拆除期限应根据工程特点、模板位置及混凝土所达到的强度来决定,模板的拆除应严格按相应的施工图设计要求进行。

非承重模板一般在混凝土抗压强度达到 2.5MPa 时方可拆除;内模应在混凝土强度能保

证其表面不发生塌陷和裂缝时拆除,一般混凝土强度应达到0.4~0.8MPa;钢筋混凝土的承重模板,应在混凝土强度能承受其自重及其他可能的荷载时拆除,跨径不大于4m和跨径大于4m的构件,分别在其混凝土强度符合设计强度标准值的50%和75%后方可拆除。

对预应力混凝土结构,其侧模应在预应力钢束张拉前拆除,底模在结构建立预应力后方可拆除。

模板的拆除应按设计顺序进行,设计无规定时,应遵循先支后拆、后支先拆的顺序。

拆除梁、板等结构的承重模板时,在横向应同时、在纵向应对称均衡卸落。简支梁、连续梁结构的模板宜从跨中向支座方向依次循环卸落;悬臂梁结构的模板宜从悬臂端开始顺序卸落。

拆除模板时,不得损伤混凝土结构,不允许用猛烈敲打和强扭等方法拆除,严禁对模板进行抛扔。模板拆除后,应维修整理,分类妥善存放。

回 工程应用

桥梁常见模板的构造实例

1. 空心板的模板

图3-9为装配式钢筋混凝土预制空心板模板的横截面构造。中小跨径的空心板可用充气胶囊芯模。

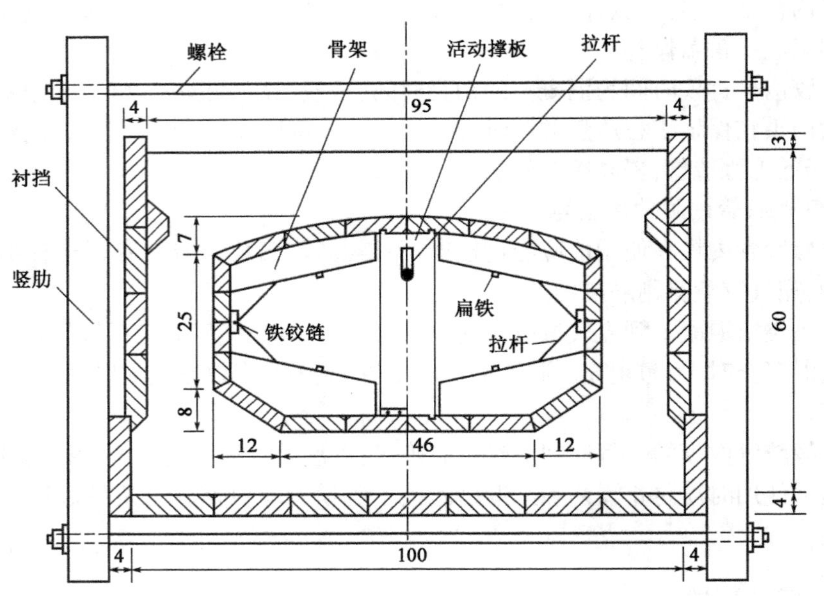

图3-9 空心板模板的横截面构造图(尺寸单位:cm)

2. T形梁的模板

图3-10为装配式钢筋混凝土预制T形梁模板的横截面构造。

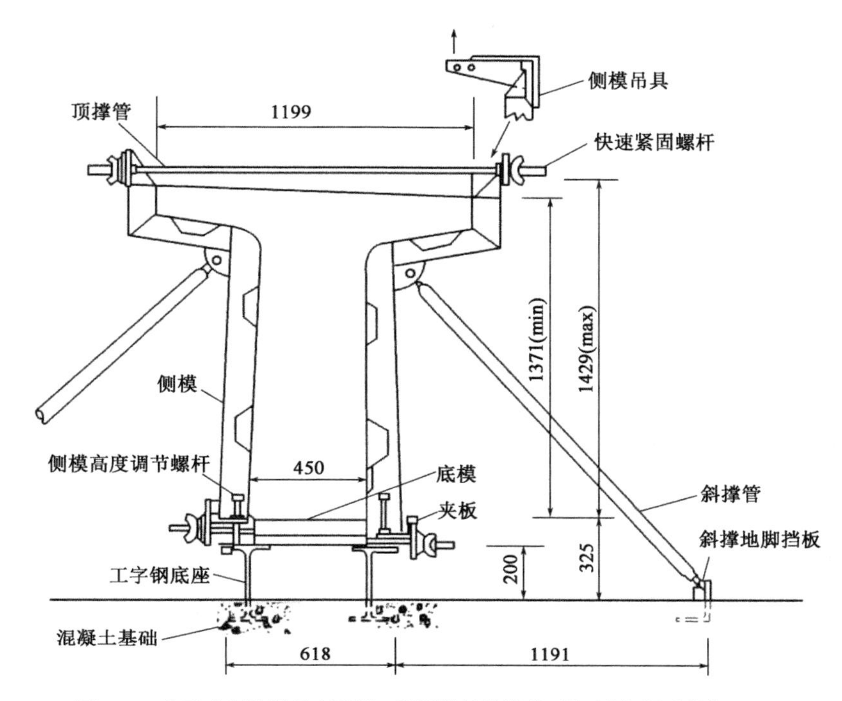

图 3-10 装配式钢筋混凝土预制 T 形梁模板的横截面构造图(尺寸单位:mm)

3. 箱梁的模板

箱梁的模板一般由底模、侧模及内模组成。图 3-11 是箱梁底模、侧模横截面构造图。箱梁内模横截面构造如图 3-12 所示。

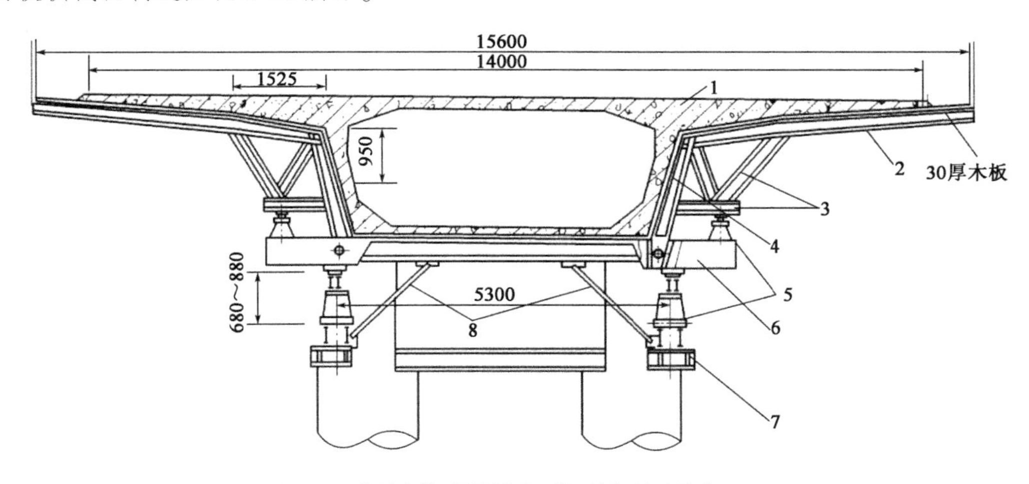

图 3-11 箱梁底模、侧模横截面构造图(尺寸单位:mm)

1-预应力混凝土箱梁;2-I12(工字钢);3-I20(工字钢);4-40mm 厚木板与 12mm 厚覆面胶合板;5-螺旋千斤顶;6-2 × 15mm 厚钢板;7-2 × I32(工字钢);8-无缝钢管

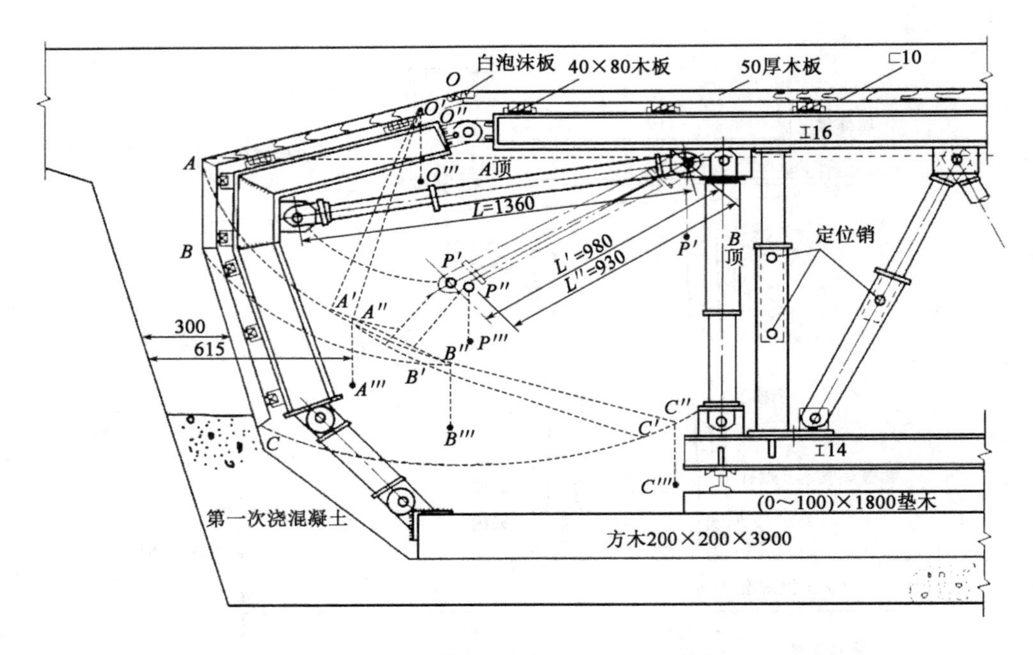

图 3-12 箱梁内模横截面构造图(1/2)(尺寸单位:mm)

注:1. O、A、B、C 等各点为模板完成时的位置;

2. O′、A′、B′、C′等各点为 A 顶收缩后各点的位置;

3. O″、A″、B″、C″等各点为 B 顶落下 300mm 后各点的位置。

思考与练习

1. 模板设计的一般要求有哪些?
2. 模板安装的技术要求有哪些?
3. 简述模板拆除时的注意事项。

模块三 常用支架类型与构造

学习目标	● 知识目标	(1)能描述支架的主要类型; (2)能说出常用支架的构造要点
	● 能力目标	本模块要求学生能对钢筋混凝土工程中常用支架进行描述；能描述支架的类型、构造要点，支架基础要求及质量控制要点

相关知识

钢筋混凝土构件现场浇筑施工时,需要搭设支架。支架宜采用钢材或常备式定型钢构件等材料制作。支架整体、杆配件、节点、地基、基础和其他支撑物均应进行强度和稳定性验算。支架应稳定、坚固,能抵抗在施工过程中可能发生的振动和偶然撞击,支架不得与应急安全通道相连接。

支架的构造应符合下列规定:

(1)支架的构造形式宜综合所采用的材料类别、所支撑的结构及其荷载、地形及环境条件、地基情况等因素确定。

(2)支架的立杆之间应根据其受力要求和结构特点设置水平和斜向等支撑连接杆件,增强支架的整体刚度和稳定性。

(3)托架结构宜设置成三角形,且与预埋件的连接固定方式应可靠。

(4)采用定型钢管脚手架材料作支架时,其构造应符合相应技术规范的规定。

(5)《公路桥涵施工技术规范》(JTG/T 3650—2020)规定,支架应进行施工图设计,经批准后方可用于施工。施工图设计内容包括:

①工程概况和工程结构简图;

②结构设计的依据和设计计算书;

③总装图和细部构造图;

④制作、安装的质量要求及精度要求;

⑤安装、拆除时的安全技术措施及注意事项;

⑥材料的性能要求及材料数量表;

⑦设计说明书和使用说明书。

一、支架类型及构造[资源3.5、资源3.6]

就地浇筑混凝土梁桥的上部结构,首先应在桥孔位置搭设支架,以支承模板、浇筑的钢筋混凝土,以及承受其他施工荷载的重力。支架有满布式钢管支架[图3-13a)]、梁式支架[图3-13b)]、梁柱式支架[图3-13c)]、万能杆件拼装支架及装配式公路钢桥桁节拼装支架等形式。

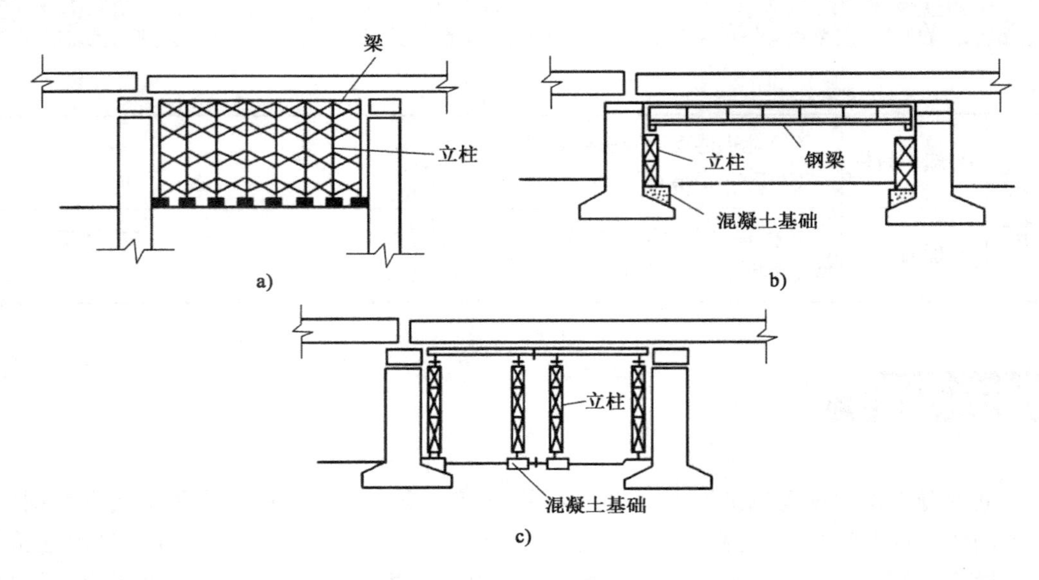

图3-13 支架构造形式

a)满布式钢管支架;b)梁式支架;c)梁柱式支架

1. 满布式钢管支架

满布式钢管支架常用于陆地或不通航的河道,或桥墩不高、桥位处水位不深的桥梁。国内常用的满布式钢管支架主要有扣件式、碗扣式和门式三种。工程实际中大量采用的是碗扣式钢管支架。碗扣式钢管支架如图3-14所示。

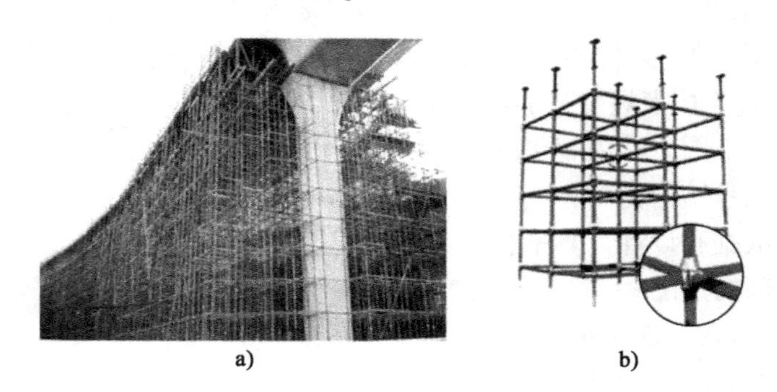

图3-14 碗扣式钢管支架

a)施工现场碗扣式钢管支架;b)碗扣式钢管支架接头大样图

碗扣式钢管支架是我国参考国外经验自行研制的一种多功能脚手架,其杆件节点处采用碗扣连接。由于碗扣是固定在钢管上的,构件全部轴向连接,力学性能好,故其连接可靠,组成的脚手架整体性好,不存在扣件丢失问题。

碗扣式钢管支架主要由可调底座、立杆、横向水平杆(小横杆)、纵向水平杆(大横杆)、剪刀撑和斜撑等组成。碗扣式钢管支架在一定长度的48mm×3.5mm(直径×壁厚)钢管立杆和顶杆上,每隔0.6m焊下碗扣及限位销,上碗扣则对应套在立杆上并可沿立杆上下滑动。安装时,将上碗扣的缺口对准限位销后,即可将上碗扣抬起(沿立杆向上滑动),把横杆接头插入下碗扣圆槽内,随后将上碗扣沿限位销滑下,并沿顺时针方向旋转以扣紧横杆接头,与立杆牢固地连接在一起,形成框架结构。每个下碗扣内可同时装4个横杆接头,位置任意。

碗扣接头是该脚手架系统的核心部件,它由上碗扣、下碗扣、横杆接头、上碗扣的限位销等组成,如图3-15所示。

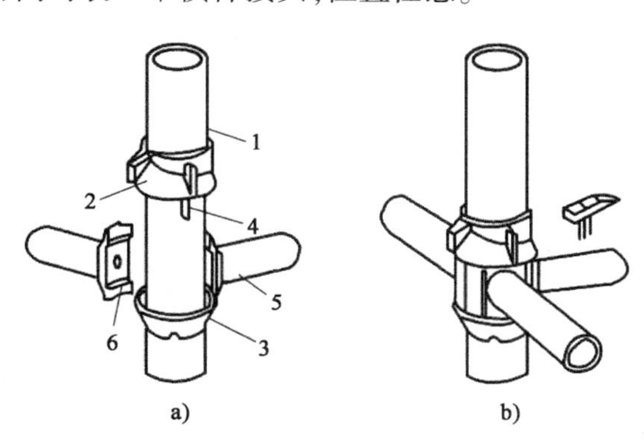

图3-15　碗扣接头

a)连接前;b)连接后

1-立杆;2-上碗扣;3-下碗扣;4-限位销;5-横杆;6-横杆接头

2. 万能杆件拼装支架

用万能杆件可拼装成各种跨度和高度的支架,其跨度须与杆件本身长度成倍数。用万能杆件拼装的支架的高度,可达2m、4m、6m或6m以上。当高度为2m时,腹杆拼为三角形;当高度为4m时,腹杆拼为菱形;当高度不小于6m时,则拼成多斜杆的形式。

用万能杆件拼装支架时,柱与柱之间的距离应与支架之间的距离相同。柱高除柱头及柱脚外应为2m的倍数。

用万能杆件拼装的支架,在荷重作用下的变形较大,而且难以预计其数值。因此,应考虑预加压重,预压重力相当于浇筑混凝土的重力。

3. 装配式公路钢桥桁节拼装支架

用装配式公路钢桥桁节可拼装成桁架梁和塔架。为加大桁架梁孔径和利用墩台作支承,也可拼成"八"字斜撑以支承桁架梁。桁架梁与桁架梁之间,应用抗风拉杆、木斜撑等进行横向连接,以保证桁架梁的稳定。

用装配式公路钢桥桁节拼装的支架,在荷重作用下的变形很大,因此,应进行预压。

4. 轻型钢支架

桥下地面较平坦且有较高的承载力时,可采用轻型钢支架。轻型钢支架的梁和柱,以工字钢、槽钢或钢管为主要材料,斜撑、连接杆等可采用角钢。构件应按相同标准制成统一规格;排架应预先拼装成片或组,并以混凝土、钢筋混凝土枕木或木板作为支承基底。为了防止冲刷,支承基底须埋入地面以下适当的深度。为适应桥下高度,排架下应垫以一定厚度的枕木或木楔等。

为便于支架和模板的拆卸,纵梁支点处应设置木楔。轻型钢支架构造如图3-16所示。

5. 墩台自承式支架

在墩台上预留承台式预埋件,上面安装横梁并架设适宜长度的工字钢或槽钢,即构成模板的支架。这种支架适用于跨径不大的梁桥,但支立时仍需考虑梁的预拱度、支架梁的伸缩以及支架和模板的卸落等所需条件。

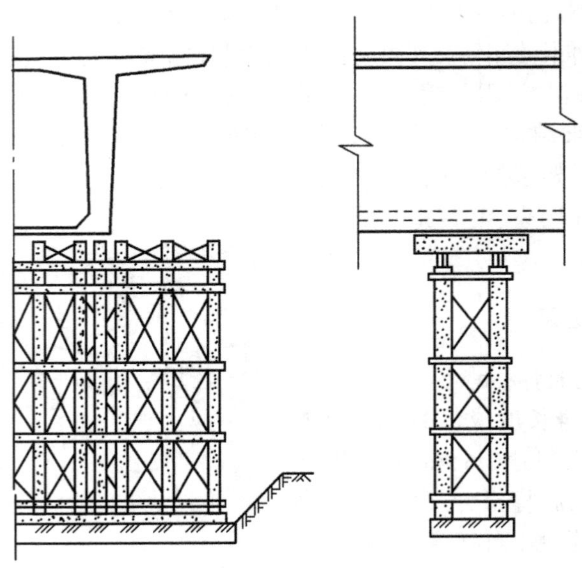

图3-16 轻型钢支架构造

二、支架的基础

为保证现浇梁体不产生过大的变形,除了要保证支架本身的强度、刚度和稳定性外,支架的基础还必须坚实牢靠,并将其沉降控制在容许范围内。桥孔跨径不大且采用满堂式支架时,可将支架基脚设置在枕木上,枕木下设垫层并夯实;对梁式支架或梁柱式支架,因其荷载较集中,故应设置桩基础或混凝土扩大基础,也可支承在墩台身或永久性基础上。

支架的地基与基础应符合现行《公路桥涵地基与基础设计规范》(JTG 3363)的规定。

现浇混凝土支架基础的施工应符合下列规定:

(1)在混凝土浇筑前应先进行基槽验收,轴线、基坑尺寸、基底高程应符合设计要求。基坑内浮土、水、杂物应清除干净。

(2)在基槽验收后应立即浇筑垫层混凝土。

(3)支架基础混凝土浇筑前应对基础高程、轴线及模板安装情况做细致的检查并做自检记录,对钢筋隐蔽工程应进行验收,预埋件应按照设计图纸进行安装。

(4)基础拆模后,应由监理(建设)单位、施工单位对外观质量和尺寸偏差进行检查,做出记录,并应及时按验收标准对缺陷进行处理。

(5)预埋件位置与设计图纸偏差不应超过±5mm,外露的金属预埋件应进行防腐、防锈处理。

(6)在浇筑同一支架基础混凝土时,混凝土浇筑间歇时间不宜超过2h;若超过2h,则应按照施工缝处理。

(7)混凝土浇筑完毕后,应及时采取有效的养护措施。

(8)顶部预埋件与钢支架支腿在焊接前,应确保基础混凝土强度达到设计强度。

思考与练习

1. 工程中常用支架的类型有哪些?
2. 支架的构造要求是什么?
3. 满布式钢管支架适用条件是什么?
4. 简述碗扣式钢管支架碗扣接头构造。

模块四 支架设计与施工技术要求

<table>
<tr><td rowspan="2">学习目标</td><td>● 知识目标</td><td>(1)能描述支架的设计与制作要点;
(2)能归纳常用支架的安装要点;
(3)能归纳支架预压与拆除的技术要点</td></tr>
<tr><td>● 能力目标</td><td>本模块要求学生能描述钢筋混凝土工程中常用支架的设计要求;能概括支架设计、安装、预压及拆除等环节的质量控制要点</td></tr>
</table>

相关知识

一、支架设计、制作及安装要求[资源3.7]

支架的设计、制作及安装应符合以下要求:

(1)支架的设计应根据工程结构形式、荷载情况、地基土类别、施工设备、材料性能等条件进行。

(2)支架宜采用标准化、系列化、通用化的构件拼装。无论使用何种材料的支架,均应进行支架施工图设计,并验算其强度、刚度和稳定性。

(3)钢支架的设计应符合现行《钢结构设计标准》(GB 50017)的规定;木支架的设计应符合现行《木结构设计标准》(GB 50005)、《建筑施工碗扣式钢管脚手架安全技术规范》(JGJ 166)等相关标准规范的规定。采用其他材料的支架的设计应符合其相应的专门技术规定。

(4)支架应按施工图设计的要求进行安装。立柱应垂直,节点连接应可靠。

(5)高支架应设置足够的斜向连接、扣件或缆风绳,横向稳定应有保证措施。

(6)制作木支架时,长杆件接头应尽量减少,两相邻立柱的连接接头应尽量分设在不同的水平面上。主要压力杆的纵向连接,应使用对接法,并用木夹板或铁夹板夹紧。次要构件的连接可用搭接法。

(7)支架的设计应考虑下列各项荷载,并应按照表3-4的规定进行荷载组合:

①支架自重;②新浇筑混凝土、钢筋、预应力筋或其他圬工结构物的重力;③施工人员及施工设备、施工材料等荷载;④设于水中的支架所承受的水流压力、波浪力、流冰压力、船只及其他漂浮物的撞击力;⑤其他可能产生的荷载,如风荷载、雪荷载、冬季保温设施荷载、温度应力等。

(8)验算支架的刚度时,其最大变形值不得超过下列允许值:

①支架受载后挠曲的杆件(横梁、纵梁),其弹性挠度为相应结构计算跨度的1/400。

②验算模板在自重和风荷载等作用下的抗倾覆稳定性时,其抗倾覆稳定系数应不小于1.3。

支架设计计算的荷载组合　　表3-4

支架结构类型	荷载组合	
	强度计算	刚度验算
梁、板以及支撑板支架等	①+②+③+④+⑤	①+②+⑤

(9)支架应稳定、坚固,应能抵抗在施工过程中可能发生的偶然冲撞和振动。安装时应注意以下事项:

①支架立柱必须安装在有足够承载力的地基上,立柱底端应设垫木以分布和传递压力,并保证浇筑混凝土后不发生超过允许的沉降量。

②对位于刚性地基上的刚度较大且非弹性变形可确定控制在一定范围内的支架,在经计算并通过一定审核程序,确认其满足强度、刚度、稳定性等要求的前提下,可不预压;但在施工过程中应对支架的材料和安装施工质量采取严格的管控措施。

③船只或汽车通行孔的两边支架应加设护桩,夜间应采用灯光标明行驶方向。施工中易受漂流物冲撞的河中支架应设坚固的防撞设施。

④对于软土地基或软硬不均地基上的支架,应通过预压的方式消除支架地基的不均匀沉降和支架的非弹性变形并获取弹性变形参数,或检验支架的安全性。预压荷载宜为支架需要承受全部荷载的1.05~1.10倍,预压荷载的分布应模拟需承受的结构荷载及施工荷载。

⑤对采用定型钢管脚手架作为承重杆件的满布式钢管支架进行预压时,可按现行《钢管满堂支架预压技术规程》(JGJ/T 194)的规定执行。

(10)支架在安装完毕后,应对其平面位置、顶部高程、节点连接及纵、横向稳定性进行全面检查,符合要求后,方可进行下一工序。

(11)对安装完成的支架宜采用等载预压消除支架的非弹性变形,并观测支架顶面的沉落量。

(12)支架应结合模板的安装,考虑设置预拱度和卸落装置,并应符合下列规定:

①支架的预拱度值,应包括结构本身需要的预拱度和施工需要的预拱度两部分。

②施工预拱度应考虑下列因素:模板、支架承受施工荷载引起的弹性变形;受载后由于杆件接头的挤压和卸落装置压缩而产生的非弹性变形;支架地基受载后的沉降变形。

③专用支架应按其产品的要求进行模板的卸落;自行设计的普通支架应在适当部位设置相应的木楔、木马、砂筒或千斤顶等卸落模板的装置,并应根据结构形式、承受的荷载大小确定卸落量。

二、钢管满堂支架的预压

1.基本规定

(1)现浇混凝土工程施工的钢管满堂支架的预压应包括支架基础预压与支架预压;支架基础预压与支架预压应根据工程结构形式、荷载大小、支架基础类型、施工工艺等条件进行组织设计;钢管满堂支架搭设所采用的材料应符合国家现行有关标准的规定。

(2)加载的材料应有防水措施,并应防止材料被水浸泡后引起加载重量变化。

(3)预压前,除应加强安全生产教育、制订安全隐患预防应急措施外,尚应采取下列安全措施:

①预压施工前,应进行安全技术交底,并应落实所有安全技术措施和人身防护用品。

②当采用吊装压重物方式预压时,应编制预压荷载吊装方案,且在吊装时,应有专人统一指挥,参与吊装的人员应有明确分工。

③吊装作业前,应检查起重设备的可靠性和安全性,并应进行试吊。

④在吊装时,应防止吊装物撞击支架。

2. 支架基础预压

(1)一般规定。

①支架基础预压前,应查明施工区域内不良地质的分布情况。

②工程施工场区内的支架基础应按类型进行分类。对每一类支架基础应选择代表性区域进行预压。

③支架基础应设置排水、隔水设施,不得被混凝土养护用水和雨水浸泡。

④支架基础预压前,应布置支架基础的沉降监测点;支架基础预压过程中,应对支架基础的沉降进行监测。

⑤在支架基础代表性区域的预压监测过程中,当各监测点最初72h的沉降量平均值小于5mm时,应判定同类支架基础的其余部分预压合格。

⑥在支架基础的预压监测过程中,当满足下列条件之一时,应判定支架基础预压合格:

a. 各监测点连续24h的沉降量平均值小于1mm;

b. 各监测点连续72h的沉降量平均值小于5mm。

⑦在支架基础代表性区域的预压监测过程中,当各监测点最初72h的沉降量平均值大于5mm时,同类支架基础应全部进行处理,处理后的支架基础应重新选择代表性区域进行预压。

⑧支架基础预压后应编写支架基础预压报告,支架基础预压报告应包括下列内容:

a. 工程项目名称;

b. 施工区域内不良地质的分布情况;

c. 支架基础分类以及同类支架基础代表性区域的选择;

d. 支架基础沉降监测;

e. 预压支架基础的合格判定。

(2)预压荷载。

①支架基础预压荷载不应小于支架基础承受的混凝土结构恒载与钢管支架、模板重量之和的1.2倍。

②支架基础预压范围不应小于所施工的混凝土结构物实际投影面宽度加上两侧向外各扩大1m的宽度。

③支架基础预压范围应划分成若干个预压单元,每个预压单元内实际预压荷载强度的最大值不应超过该预压单元内预压荷载强度平均值的120%。预压单元内的预压荷载可采用均

布形式。

(3)加载与卸载。

①预压荷载应按预压单元沿混凝土结构纵横向对称进行加载,加载宜采用一次性加载。

②卸载可采用一次性卸载,并宜沿混凝土结构纵横向对称进行。

3. 支架预压

(1)一般规定。

①支架预压应在支架基础预压合格后进行。

②不同类型的支架应根据支架高度、支架基础情况等选择代表性区域进行预压。

③支架预压加载范围不应小于现浇混凝土结构物的实际投影面。

④支架预压前,应布置支架的沉降监测点;支架预压过程中,应对支架的沉降进行监测。

⑤在全部加载完成后的支架预压监测过程中,当满足下列条件之一时,应判定支架预压合格:a. 各监测点最初24h的沉降量平均值小于1mm;b. 各监测点最初72h的沉降量平均值小于5mm。

⑥在支架代表性区域的预压监测过程中,当不满足第⑤条的规定时,应查明原因后对同类支架全部进行处理,处理后的支架应重新选择代表性区域进行预压,并应满足第⑤条的规定。

⑦支架预压后应编写支架预压报告,支架预压报告应包括下列内容:

a. 工程项目名称;

b. 支架分类以及支架代表性区域的选择;

c. 支架沉降监测;

d. 支架预压的合格判定。

(2)预压荷载。

①支架预压荷载不应小于支架承受的混凝土结构恒载与模板重量之和的1.1倍。

②支架预压区域应划分成若干预压单元,每个预压单元内实际预压荷载强度的最大值不应超过该预压单元内预压荷载强度平均值的110%。预压单元内的预压荷载可采用均布形式。

(3)加载与卸载。

①支架预压应按预压单元进行分级加载,且不应少于3级。3级加载依次宜为预压单元内预压荷载值的60%、80%、100%。

②当纵向加载时,宜从混凝土结构跨中开始向支点处进行对称布载;当横向加载时,应从混凝土结构中心线向两侧进行对称布载。

③每级加载完成后,应先停止下一级加载,并应每间隔12h对支架沉降进行一次监测。当支架顶部监测点12h的沉降量平均值小于2mm时,方可进行下一级加载。

④支架预压可一次性卸载,预压荷载应对称、均衡、同步卸载。

4. 预压监测

(1)监测内容。

①支架基础预压和支架预压的监测应包括下列内容:a. 加载之前监测点高程;b. 每级加载

后监测点高程;c. 加载至 100% 后每间隔 24h 监测点高程;d. 卸载 6h 后监测点高程。

②预压监测应计算沉降量、弹性变形量、非弹性变形量。

③支架基础预压和支架预压应进行监测数据记录,并宜分别按附录 1 中附表 1-1 和附表 1-2进行记录。

(2)监测点布设。

①支架基础和支架的沉降监测点的布置应符合下列规定:a. 沿混凝土结构纵向每隔 1/4 跨径应布置一个监测断面;b. 每个监测断面上的监测点不宜少于 5 个,并应对称布置。

②对于支架基础沉降监测,在支架基础条件变化处应增加监测点。

③支架沉降监测点应分别布置在支架顶部和底部对应位置上。

(3)监测记录。

①预压监测应采用水准仪,水准仪应按现行《水准仪检定规程》(JJG 425)的规定进行检定。

②预压监测宜按三等水准测量要求作业。

③支架基础沉降监测记录与计算应符合下列规定:

a. 预压荷载施加前,应监测并记录各监测点初始高程;

b. 全部预压荷载施加完毕后,应监测并记录各监测点高程;

c. 每间隔 24h 应监测一次,记录各监测点高程并计算沉降量;

d. 判定支架基础沉降达到验收合格要求后,可进行卸载;

e. 卸载 6h 后,应监测各监测点的高程,并计算支架基础各监测点的弹性变形量;

f. 应计算支架基础各监测点的非弹性变形量。

④支架沉降监测记录与计算应符合下列规定:

a. 预压荷载施加前,应监测并记录支架顶部和底部监测点的初始高程;

b. 每级荷载施加完成时,应监测各监测点高程并计算沉降量;

c. 全部预压荷载施加完毕后,每间隔 24h 应监测一次并记录各监测点高程,当支架预压符合规定时,可进行支架卸载;

d. 卸载 6h 后,应监测各监测点高程,并计算支架各监测点的弹性变形量;

e. 应计算支架各监测点的非弹性变形量。

⑤监测工作结束后应提交下列资料:a. 监测点布置图;b. 沉降监测表。

(4)预压验收。

①钢管满堂支架预压验收应在施工单位自检合格的基础上进行,宜由施工单位、监理单位、设计单位、建设单位共同参与验收。

②支架基础预压应符合基础预压的规定。

③钢管满堂支架预压验收合格后应签署附录 2 所示的验收文件。

三、支架的拆除要求[资源 3.8]

支架的拆除期限应根据结构物特点和混凝土所达到的强度来确定,并应严格按照其相应的施工图设计的要求进行。

钢筋混凝土结构的承重模板、支架,在混凝土能承受其自重力及其他可能的叠加荷载时,方可拆除。当构件跨度不大于4m时,混凝土强度达到设计强度的50%后,方可拆除;当构件跨度大于4m时,混凝土强度达到设计强度的75%后,方可拆除。如设计上对拆除承重模板、支架另有规定,应按照设计规定执行。

对预应力混凝土结构,支架在结构建立预应力后方可拆除。

模板拆除应按设计要求的顺序进行,设计无规定时,应遵循先支后拆、后支先拆的顺序进行;拆除时严禁将模板从高处向下抛扔。卸落支架应按拟订的卸落程序进行,分几个循环卸完,卸落量开始宜小,以后逐渐增大。在纵向应对称、均衡卸落,在横向应同时一起卸落。在拟订卸落程序时应注意以下事项:

(1)在卸落前应在卸架设备上画好每次卸落量的标记。

(2)梁式桥上部结构支架宜从跨中向支座依次循环卸落;悬臂梁应先卸挂梁及臂的支架,再卸无铰跨内的支架。

思考与练习

1. 简述工程中支架搭设时对基础的要求。
2. 支架安装时有哪些注意事项?
3. 支架拆除时有哪些注意事项?

钢筋工程

Gangjin Gongcheng

模块一 钢筋的技术要求及试验检验

<table>
<tr><td rowspan="2">学习目标</td><td>● 知识目标</td><td>(1)理解钢筋的技术要求；
(2)能阐述钢筋的试验方法；
(3)掌握钢筋的检验规则</td></tr>
<tr><td>● 能力目标</td><td>本模块要求学生掌握钢筋的技术要求、试验方法及检验规则；能根据钢筋的种类进行各种技术性能试验，能进行钢筋偏差的测量、按照检验规则对钢筋进行检验，指导工程中各种钢筋的施工准备工作及施工操作</td></tr>
</table>

相关知识

一、钢筋的尺寸、外形、重量及允许偏差

1.钢筋表面形状、尺寸、重量及允许偏差

1)热轧带肋钢筋

(1)热轧带肋钢筋横肋设计应符合以下规定：

①横肋与钢筋轴线的夹角β应不小于45°，当该夹角β不大于70°时，钢筋相对两面上横肋的方向应相反；

②横肋公称间距不得大于钢筋公称直径的0.7倍；

③横肋侧面与钢筋表面的夹角α不得小于45°；

④钢筋相邻两面上横肋末端之间的间隙(包括纵肋宽度)总和应不大于钢筋公称周长的20%；

⑤当钢筋公称直径不大于12mm时，相对肋面积应不小于0.055；公称直径为14mm和16mm时，相对肋面积应不小于0.060；公称直径大于16mm时，相对肋面积应不小于0.065。

钢筋相对肋面积可按下式进行计算：

$$f_r=\frac{K\times F_R\times \sin\beta}{\pi\times d\times l}$$

式中：K——横肋排数(两面肋，$K=2$)；

F_R——一个肋的纵向横截面面积，mm^2；

β——横肋与钢筋轴线的夹角,°;

d——钢筋公称直径,mm;

l——横肋间距,mm。

已知钢筋的几何参数,相对肋面积 f_r 也可以近似用下面的公式计算:

$$f_r = \frac{(d \times \pi - \sum f_i) \times (h + 4h_{1/4})}{6 \times d \times \pi \times l}$$

式中:$\sum f_i$——钢筋相邻两面上横肋末端的间隙(包括纵肋宽度)总和,mm;

h——横肋高度,mm;

$h_{1/4}$——横肋长度四分之一处高,mm;

d——钢筋公称直径,mm;

l——横肋间距,mm。

(2)热轧带肋钢筋通常带有纵肋,也可不带纵肋。带有纵肋的月牙肋钢筋尺寸及允许偏差应符合表4-1的规定。

月牙肋钢筋尺寸及允许偏差(mm)　　表4-1

<table>
<tr><th rowspan="2">公称直径 d</th><th colspan="2">内　径 d_1</th><th colspan="2">横肋高度 h</th><th rowspan="2">纵肋高度 h_1 (不大于)</th><th rowspan="2">横肋宽 b</th><th rowspan="2">纵肋宽 a</th><th colspan="2">横肋间距 l</th><th rowspan="2">横肋末端最大间隙(公称周长的10%弦长)</th></tr>
<tr><th>公称尺寸</th><th>允许偏差</th><th>公称尺寸</th><th>允许偏差</th><th>公称尺寸</th><th>允许偏差</th></tr>
<tr><td>6</td><td>5.8</td><td>±0.3</td><td>0.6</td><td>±0.3</td><td>0.8</td><td>0.4</td><td>1.0</td><td>4.0</td><td rowspan="7">±0.5</td><td>1.8</td></tr>
<tr><td>8</td><td>7.7</td><td rowspan="6">±0.4</td><td>0.8</td><td>+0.4
-0.3</td><td>1.1</td><td>0.5</td><td>1.5</td><td>5.5</td><td>2.5</td></tr>
<tr><td>10</td><td>9.6</td><td>1.0</td><td>±0.4</td><td>1.3</td><td>0.6</td><td>1.5</td><td>7.0</td><td>3.1</td></tr>
<tr><td>12</td><td>11.5</td><td>1.2</td><td rowspan="3">+0.4
-0.5</td><td>1.6</td><td>0.7</td><td>1.5</td><td>8.0</td><td>3.7</td></tr>
<tr><td>14</td><td>13.4</td><td>1.4</td><td>1.8</td><td>0.8</td><td>1.8</td><td>9.0</td><td>4.3</td></tr>
<tr><td>16</td><td>15.4</td><td>1.5</td><td>1.9</td><td>0.9</td><td>1.8</td><td>10.0</td><td>5.0</td></tr>
<tr><td>18</td><td>17.3</td><td>1.6</td><td rowspan="2">±0.5</td><td>2.0</td><td>1.0</td><td>2.0</td><td>10.0</td><td>5.6</td></tr>
<tr><td>20</td><td>19.3</td><td rowspan="3">±0.5</td><td>1.7</td><td>2.1</td><td>1.2</td><td>2.0</td><td>10.0</td><td rowspan="3">±0.8</td><td>6.2</td></tr>
<tr><td>22</td><td>21.3</td><td>1.9</td><td rowspan="3">±0.6</td><td>2.4</td><td>1.3</td><td>2.5</td><td>10.5</td><td>6.8</td></tr>
<tr><td>25</td><td>24.2</td><td>2.1</td><td>2.6</td><td>1.5</td><td>2.5</td><td>12.5</td><td>7.7</td></tr>
<tr><td>28</td><td>27.2</td><td rowspan="3">±0.6</td><td>2.2</td><td>2.7</td><td>1.7</td><td>3.0</td><td>12.5</td><td rowspan="5">±1.0</td><td>8.6</td></tr>
<tr><td>32</td><td>31.0</td><td>2.4</td><td>+0.8
-0.7</td><td>3.0</td><td>1.9</td><td>3.0</td><td>14.0</td><td>9.9</td></tr>
<tr><td>36</td><td>35.0</td><td>2.6</td><td>+1.0
-0.8</td><td>3.2</td><td>2.1</td><td>3.5</td><td>15.0</td><td>11.1</td></tr>
<tr><td>40</td><td>38.7</td><td>±0.7</td><td>2.9</td><td>±1.1</td><td>3.5</td><td>2.2</td><td>3.5</td><td>15.0</td><td>12.4</td></tr>
<tr><td>50</td><td>48.5</td><td>±0.8</td><td>3.2</td><td>±1.2</td><td>3.8</td><td>2.5</td><td>4.0</td><td>16.0</td><td>15.5</td></tr>
</table>

注:1. 纵肋斜角 θ 为0°~30°。

2. 尺寸 a、b 为参考数据。

其外形尺寸如图 4-1 所示。

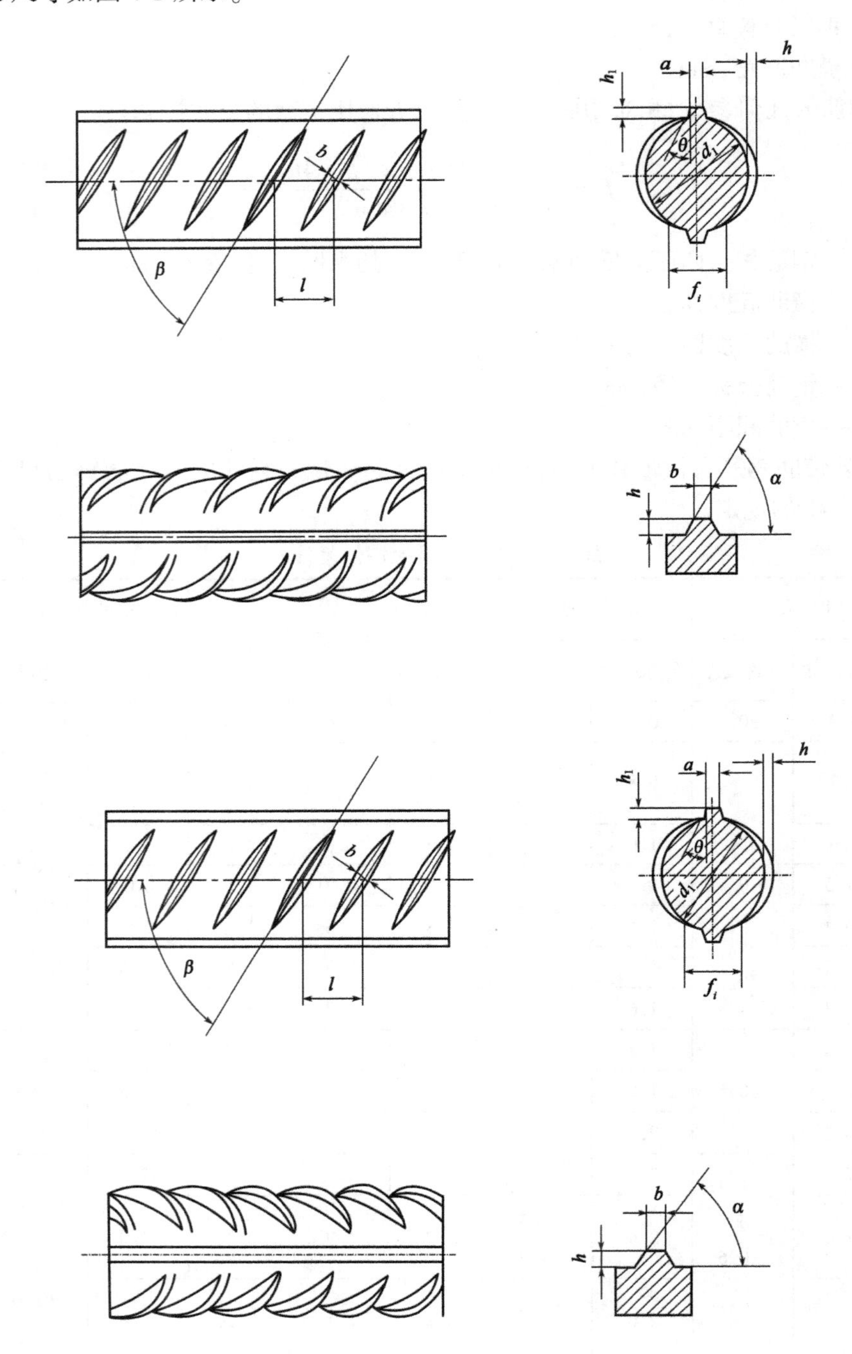

图 4-1　月牙肋钢筋(带纵肋)表面及截面形状

摘自《钢筋混凝土用钢　第 2 部分:热轧带肋钢筋》(GB/T 1499.2—2018)第 6 页

d_1-钢筋内径;α-横肋斜角;h-横肋高度;β-横肋与钢筋轴线夹角;h_1-纵肋高度;θ-纵肋斜角;a-纵肋顶宽;l-横肋间距;b-横肋顶宽;f_i-横肋末端间隙

(3)热轧带肋钢筋实际重量与理论重量的偏差应符合表4-2的规定,钢筋内径偏差不作交货条件。

热轧带肋钢筋实际重量与理论重量的偏差　表4-2

公称直径(mm)	实际重量与理论重量的偏差(%)
6~12	±6.0
14~20	±5.0
22~50	±4.0

(4)不带纵肋的月牙肋钢筋,其内径尺寸可按表4-1的尺寸做适当调整,但重量允许偏差仍应符合表4-2的规定。

2)热轧光圆钢筋

(1)钢筋的公称直径范围为6~22mm,推荐的钢筋公称直径为6mm、8mm、10mm、12mm、16mm、20mm。

(2)热轧光圆钢筋公称横截面面积与理论重量应符合表4-3的规定。

热轧光圆钢筋公称横截面面积与理论重量　表4-3

公称直径(mm)	公称横截面面积(mm^2)	理论重量(kg/m)
6	28.27	0.222
8	50.27	0.395
10	78.54	0.617
12	113.1	0.888
14	153.9	1.21
16	201.1	1.58
18	254.5	2.00
20	314.2	2.47
22	380.1	2.98

注:表中理论重量按密度为7.85g/cm^3计算。

(3)热轧光圆钢筋的直径允许偏差和不圆度应符合表4-4的规定。

热轧光圆钢筋直径允许偏差和不圆度　表4-4

公称直径(mm)	允许偏差(mm)	不圆度(mm)
6	±0.3	≤0.4
8		
10		
12		

续上表

公称直径(mm)	允许偏差(mm)	不圆度(mm)
14	±0.4	≤0.4
16		
18		
20		
22		

2. 钢筋长度、弯曲度和端部、重量及允许偏差

(1)热轧带肋钢筋。

①长度。

a. 钢筋通常按定尺长度交货,具体交货长度应在合同中注明。

b. 钢筋可以盘卷交货,每盘应是一条钢筋,允许每批有5%的盘数(不足两盘时可有两盘)由两条钢筋组成。其盘重由供需双方协商确定。

c. 钢筋按定尺交货时的长度允许偏差为(+50,0)mm。

②弯曲度和端部。

直条钢筋的弯曲度应不影响正常使用,每米弯曲度不大于4mm,总弯曲度不大于钢筋总长度的0.4%。钢筋端部应剪切正直,局部变形应不影响使用。

③重量及允许偏差(表4-5)。

钢筋可按理论重量交货,也可按实际重量交货。按理论重量交货时,理论重量为钢筋长度乘钢筋的每米理论重量。

热轧带肋钢筋实际重量与理论重量允许偏差 表4-5

公称直径(mm)	实际重量与理论重量的偏差(%)
6~12	±7
14~20	±5
22~50	±4

(2)热轧光圆钢筋。

①长度。

钢筋可按直条或盘卷交货;直条钢筋定尺长度应在合同中注明。按定尺长度交货的直条钢筋的长度允许偏差为(+50,0)mm。

②弯曲度和端部。

直条钢筋的弯曲度应不影响正常使用,每米弯曲度不大于4mm,总弯曲度不大于钢筋总长度的0.4%。钢筋端部应剪切正直,局部变形不影响使用。

③重量及允许偏差。

钢筋可按实际重量交货,也可按理论重量交货。按理论重量交货时,理论重量为钢筋长度乘表4-3中钢筋的每米理论重量。

热轧光圆钢筋实际重量与理论重量的允许偏差应符合表4-6的规定。

热轧光圆钢筋实际重量与理论重量的允许偏差　表4-6

公称直径(mm)	实际重量与理论重量的允许偏差(%)
6～12	±6
14～22	±5

二、钢筋的技术要求

1. 冶炼方法

热轧带肋钢筋应采用转炉或电弧炉冶炼,必要时可采用炉外精炼。热轧光圆钢筋以氧气转炉、电炉冶炼。

2. 牌号和化学成分

热轧带肋钢筋牌号及化学成分和碳当量(熔炼分析)应符合表4-7的规定。根据需要,钢筋中还可以加入V、Nb、Ti等元素。

钢筋化学成分和碳当量　表4-7

牌号	化学成分(质量分数)(%)					碳当量 C_{eq}(%)
	C	Si	Mn	P	S	
	不大于					
HRB400 HRBF400 HRB400E HRBF400E	0.25	0.80	1.60	0.045	0.045	0.54
HRB500 HRBF500 HRB500E HRBF500E						0.55
HRB600	0.28					0.58

碳当量 C_{eq}(%)可按下式计算:

$$C_{eq} = C + Mn/6 + (Cr + V + Mo)/5 + (Cu + Ni)/15$$

钢的氮含量应不大于0.012%,供方如能保证可不作分析。钢中如有足够数量的氮结合元素,含氮量的限制可适当放宽。

钢筋的成品化学成分允许偏差应符合《钢的成品化学成分允许偏差》(GB/T 222—2006)的规定,碳当量 C_{eq} 的允许偏差为+0.03%。

钢筋通常按直条交货,直径不大于16mm的钢筋也可按盘卷交货。

3. 钢筋的力学性能

(1)热轧带肋钢筋的下屈服强度 R_{eL}、抗拉强度 R_m、断后伸长率 A、最大力总延伸率 A_{gt} 等力学性能特征值应符合表4-8的规定。表4-8所列各力学性能特征值,除 R^0_{eL}/R_{eL} 可作为交货检验的最大保证值外,其他力学特征值可作为交货检验的最小保证值。

热轧带肋钢筋的力学性能特征值 表4-8

牌号	下屈服强度 R_{eL} (MPa)	抗拉强度 R_m (MPa)	断后伸长率 A (%)	最大力总延伸率 A_{gt} (%)	R^0_m/R^0_{eL}	R^0_{eL}/R_{eL}
	不小于					不大于
HRB400 HRBF400	400	540	16	7.5	—	—
HRB400E HRBF400E			—	9.0	1.25	1.30
HRB500 HRBF500	500	630	15	7.5	—	—
HRB500E HRBF500E			—	9.0	1.25	1.30
HRB600	600	750	14	7.5	—	—

注:R^0_m 为钢筋实测抗拉强度;R^0_{eL} 为钢筋实测下屈服强度。

(2)公称直径28~40mm的各牌号热轧带肋钢筋的断后伸长率 A 可降低1%;公称直径大于40mm的各牌号钢筋的断后伸长率 A 可降低2%。

(3)对于没有明显屈服强度的热轧带肋钢筋,下屈服强度特征值 R_{eL} 应采用规定塑性延伸强度 $R_{p0.2}$。

(4)热轧带肋钢筋伸长率类型可从 A 或 A_{gt} 中选定,但仲裁检验时应采用 A_{gt}。

(5)热轧光圆钢筋的下屈服强度 R_{eL}、抗拉强度 R_m、断后伸长率 A、最大力总延伸率 A_{gt} 等力学性能特征值应符合表4-9的规定。表4-9所列各力学性能特征值,可作为交货检验的最小保证值。

(6)对于没有明显屈服强度的热轧光圆钢筋,下屈服强度特征值 R_{eL} 应采用规定非比例延伸强度 $R_{p0.2}$;伸长率类型可从 A 或 A_{gt} 中选定,但仲裁检验时应采用 A_{gt};按表4-9规定的弯芯直径弯曲180°后,钢筋受弯曲部位表面不得产生裂纹。

热轧光圆钢筋的力学性能特征值 表4-9

牌号	下屈服强度 R_{eL} (MPa)	抗拉强度 R_m (MPa)	断后伸长率 A (%)	最大力总延伸率 A_{gt} (%)	冷弯试验180°
	不小于				
HPB300	300	420	25	10.0	$d=a$

注:d 为弯芯直径;a 为钢筋公称直径。

(7)热轧光圆钢筋表面质量。

①钢筋应无有害的表面缺陷,按盘卷交货的钢筋应将头尾有害缺陷部分切除;

②试样可使用钢丝刷清理,清理后的重量、尺寸、横截面面积和拉伸性能满足相关规范的要求时,锈皮、表面不平整或氧化铁皮不作为拒收的理由。

4. 钢筋的工艺性能

(1)弯曲性能。

钢筋应进行弯曲试验。按表4-10规定的弯曲压头直径弯曲180°后,钢筋受弯曲部位表面不得产生裂纹。

钢筋的弯曲压头直径 表4-10

牌　　号	公称直径 d(mm)	弯曲压头直径
HRB400 HRBF400 HRB400E HRBF400E	6~25	$4d$
	28~40	$5d$
	>40~50	$6d$
HRB500 HRBF500 HRB500E HRBF500E	6~25	$6d$
	28~40	$7d$
	>40~50	$8d$
HRB600	6~25	$6d$
	28~40	$7d$
	>40~50	$8d$

(2)反向弯曲性能。

①对牌号带E的钢筋应进行反向弯曲试验。经反向弯曲试验后,钢筋受弯曲部位表面不得产生裂纹。

②根据需方要求,其他牌号钢筋也可进行反向弯曲试验。

③可用反向弯曲试验代替弯曲试验。

④反向弯曲试验的弯曲压头直径比弯曲试验相应增加一个钢筋公称直径。

⑤根据需方要求,可进行疲劳试验。疲劳试验的技术要求和试验方法应遵守现行《钢筋混凝土用钢材试验方法》(GB/T 28900)的规定。

(3)连接性能。

①钢筋的焊接、机械连接工艺及接头的质量检验与验收应符合现行《钢筋焊接及验收规程》(JGJ 18)、《钢筋机械连接技术规程》(JGJ 107)等相关标准的规定。

②HRBF500、HRBF500E钢筋的焊接工艺应经试验确定。

③HRB600钢筋推荐采用机械连接的方式进行连接。

(4)表面质量。

①钢筋应无有害的表面缺陷。

②当经钢丝刷刷过的试样的重量、尺寸、横截面面积和力学性能不低于前述要求时,锈皮、

表面不平整或氧化铁皮不作为拒收的理由。

③如果带有上述②规定的缺陷以外的表面缺陷的试样不符合力学性能或工艺性能要求，则认为这些缺陷是有害的。

三、钢筋的试验方法及检验规则

1. 钢筋的试验方法

1)热轧带肋钢筋

(1)热轧带肋钢筋检验项目。

①每批钢筋的检验项目、取样数量、取样方法和试验方法应符合表4-11的规定。

热轧带肋钢筋的检验项目、取样数量、取样方法和试验方法　表4-11

序号	检验项目	取样数量(个)	取样方法	试验方法
1	化学成分(熔炼分析)	1	参照《钢和铁　化学成分测定用试样的取样和制样方法》(GB/T 20066—2006)	参照GB/T 223系列规范、《碳素钢和中低合金钢　多元素含量的测定　火花放电原子发射光谱法(常规法)》(GB/T 4336—2016)、《钢铁　总碳硫含量的测定　高频感应炉燃烧后红外吸收法(常规方法)》(GB/T 20123—2006)、《钢铁　氮含量的测定　惰性气体熔融热导法(常规方法)》(GB/T 20124—2006)、《低合金钢　多元素含量的测定　电感耦合等离子体原子发射光谱法》(GB/T 20125—2006)
2	拉伸	2	不同根(盘)钢筋切取	参照《钢筋混凝土用钢材试验方法》(GB/T 28900—2012)
3	弯曲	2	不同根(盘)钢筋切取	参照《钢筋混凝土用钢材试验方法》(GB/T 28900—2012)
4	反向弯曲	1	任一根(盘)钢筋切取	参照《钢筋混凝土用钢材试验方法》(GB/T 28900—2012)
5	尺寸	逐根(盘)	—	尺寸测量
6	表面	逐根(盘)	—	目视
7	重量偏差	8.4%		
8	金相组织	2	不同根(盘)钢筋切取	参照《金属显微组织检验方法》(GB/T 13298—2015)

注:对于化学成分的试验方法优先采用《碳素钢和中低合金钢　多元素含量的测定　火花放电原子发射光谱法(常规法)》(GB/T 4336—2016),对化学分析结果有争议时,仲裁试验应按GB/T 223系列规范相关部分进行。

②疲劳性能、晶粒度、连接性能只进行型式试验,即仅在原料、生产工艺、设备有重大变化及新产品生产时进行试验,型式试验取样数量、取样方法和试验方法应符合表4-12的规定。

(2)热轧带肋钢筋拉伸、弯曲、反向弯曲试验。

①拉伸、弯曲、反向弯曲试验试样不允许进行车削加工。

②计算钢筋强度用横截面面积采用表4-13所列公称横截面面积。

热轧带肋钢筋型式试验取样数量、取样方法和试验方法　表 4-12

序号	检验项目	取样数量（个）	取样方法	试验方法
1	疲劳性能	5	不同根（盘）钢筋切取	参照《钢筋混凝土用钢材试验方法》（GB/T 28900—2012）
2	晶粒度	2	不同根（盘）钢筋切取	参照《金属平均晶粒度测定方法》（GB/T 6394—2017）
3	连接性能	参照《钢筋焊接及验收规程》（JGJ 18—2012）、《钢筋机械连接技术规程》（JGJ 107—2016）		

注：钢筋晶粒度检验应在交货状态下进行。

热轧带肋钢筋的公称横截面面积和理论重量　表 4-13

公称直径（mm）	公称横截面面积（mm^2）	理论重量（kg/m）
6	28.27	0.22
8	50.27	0.40
10	78.54	0.62
12	113.10	0.89
14	153.90	1.21
16	201.10	1.58
18	254.50	2.00
20	314.20	2.47
22	380.10	2.98
25	490.90	3.85
28	615.80	4.83
32	804.20	6.31
36	1018.00	7.99
40	1257.00	9.87
50	1964.00	15.42

注：理论重量按密度为 7.85g/cm^3 计算。

③反向弯曲试验，先正向弯曲 90°，把经正向弯曲后的试样在（100 ± 10）℃温度下保温不少于 30min，经自然冷却后再反向弯曲 20°。两个弯曲角度均应在保持荷载时测量。当供方能保证钢筋的反向弯曲性能时，正向弯曲后的试样亦可在室温下进行反向弯曲。

（3）热轧带肋钢筋尺寸测量。

①钢筋内径的测量应精确到 0.1mm；

②钢筋纵肋、横肋高度的测量，采用测量同一截面两侧横肋中心高度取平均值的方法，即测取钢筋最大外径，减去该处内径，所得数值的一半为该处肋高，应精确到 0.1mm；

③钢筋横肋间距采用测量平均肋距的方法，即测取钢筋一面上第 1 个与第 11 个横肋的中心间距，该数值除以 10 即为横肋间距，应精确到 0.1mm；

④钢筋横肋末端间隙测量产品两相邻横肋在垂直于钢筋轴线平面上投影的两末端之间的

弦长,该测量示意图如图 4-2 所示。

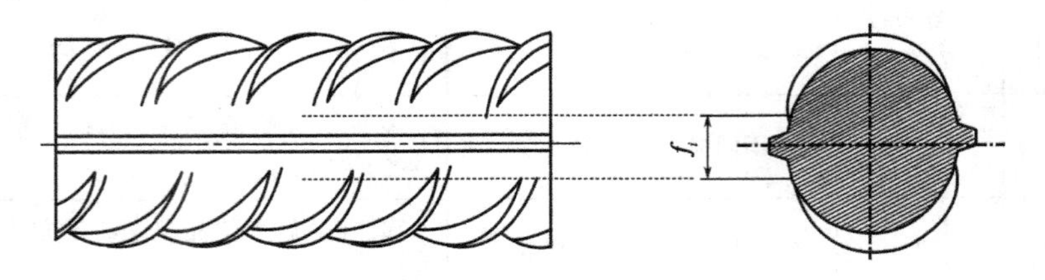

图 4-2 钢筋横肋末端间隙测量示意图

摘自《钢筋混凝土用钢 第 2 部分:热轧带肋钢筋》(GB/T 1499.2—2018)第 11 页

f_i-横肋末端间隙

(4)热轧带肋钢筋重量偏差测量。

①测量钢筋重量偏差时,试样应从不同根钢筋上截取,数量不少于 5 支,每支试样长度不小于 500mm。长度应逐支测量,精确到 1mm。测量试样总重量时,应精确到不大于总重量的 1%。

②钢筋实际重量与理论重量的偏差按下式计算:

$$重量偏差 = \frac{试样实际总重量 - (试样总长度 \times 理论重量)}{试样总长度 \times 理论重量} \times 100\%$$

2)热轧光圆钢筋

(1)热轧光圆钢筋检验项目。

每批热轧光圆钢筋的检验项目、取样数量、取样方法和试验方法应符合表 4-14 的规定。

热轧光圆钢筋的检验项目、取样数量、取样方法和试验方法 表 4-14

序号	检验项目	取样数量(个)	取样方法	试验方法
1	化学成分(熔炼分析)	1	参照《钢和铁 化学成分测定用试样的取样和制样方法》(GB/T 20066—2006)	参照 GB/T 223 系列规范、《碳素钢和中低合金钢 多元素含量的测定 火花放电原子发射光谱法(常规法)》(GB/T 4336—2016)、《钢铁 总碳硫含量的测定 高频感应炉燃烧后红外吸收法(常规方法)》(GB/T 20123—2006)、《低合金钢 多元素含量的测定 电感耦合等离子体原子发射光谱法》(GB/T 20125—2006)
2	拉伸	2	不同根(盘)钢筋切取	参照《钢筋混凝土用钢材试验方法》(GB/T 28900—2012)
3	弯曲	2	不同根(盘)钢筋切取	参照《钢筋混凝土用钢材试验方法》(GB/T 28900—2012)
4	尺寸	逐支(盘)	—	参照《钢筋混凝土用钢材试验方法》(GB/T 28900—2012)
5	表面	逐支(盘)	—	目视
6	重量偏差	8.4%		

注:对于化学成分的试验方法优先采用《碳素钢和中低合金钢 多元素含量的测定 火花放电原子发射光谱法(常规法)》(GB/T 4336—2016),对化学分析结果有争议时,仲裁试验应按 GB/T 223 系列规范相关部分进行。

(2)热轧光圆钢筋力学性能、工艺性能试验。

①拉伸、弯曲试验试样不允许进行车削加工。

②计算钢筋强度用横截面面积采用表4-3所列公称横截面面积。

(3)热轧光圆钢筋的尺寸测量及重量偏差。

①钢筋直径的测量应精确到0.1mm。

②测量钢筋重量偏差时,试样应随机从不同根钢筋上截取,数量不少于5支,每支试样长度不小于500mm。长度应逐支测量,精确到1mm。测量试样总重量时,应精确到不大于总重量的1%。

钢筋实际重量与理论重量的偏差按下式计算:

$$重量偏差=\frac{试样实际总重量-(试样总长度\times理论重量)}{试样总长度\times理论重量}\times100\%$$

2. 钢筋的检验规则

(1)检验分类。

钢筋的检验分为特征值检验和交货检验。

①特征值检验。

特征值检验适用于下列情况:

a. 供方对产品质量控制的检验;

b. 需方提出要求,经供需双方协议一致的检验;

c. 第三方产品认证及仲裁检验。

②交货检验。

a. 适用情况。

交货检验适用于钢筋验收批的检验。

b. 组批规则。

(a)钢筋应按批进行检查和验收,每批由同一牌号、同一炉罐号、同一规格的钢筋组成,每批重量通常不大于60t,超过60t的部分,每增加40t(或不足40t的余额),增加一支拉伸试验试样和一支弯曲试验试样。

(b)允许由同一牌号、同一冶炼方法、同一浇注方法的不同炉罐号钢筋组成混合批,但各炉罐号含碳量之差不大于0.02%,含锰量之差不大于0.15%。混合批的重量不大于60t。

c. 检验项目和取样数量。

对于检验项目和取样数量,热轧带肋钢筋应符合表4-11的规定,热轧光圆钢筋应符合表4-14及组批规则的规定。

(2)复验与判定。

钢筋的复验与判定应符合《钢及钢产品　交货一般技术要求》(GB/T 17505—2016)的规定。钢筋的重量偏差项目不允许复验。

四、钢筋的包装、标志和质量证明书

(1)钢筋的表面标志应符合下列规定:

①钢筋应在其表面轧上牌号标志、生产企业序号(许可证后3位数字)和公称直径毫米数字,还可轧上经注册的厂名或商标。

②钢筋牌号以阿拉伯数字或阿拉伯数字加英文字母表示,HRB400、HRB500、HRB600分别以4、5、6表示,HRBF400、HRBF500分别以C4、C5表示,HRB400E、HRB500E分别以4E、5E表示,HRBF400E、HRBF500E分别以C4E、C5E表示。厂名以汉语拼音字头表示。公称直径毫米数以阿拉伯数字表示。

③标志应清晰明了,标志的尺寸由供方按钢筋直径大小做适当规定,与标志相交的横肋可以取消。

(2)除上述规定外,钢筋的包装、标志和质量说明书应符合《型钢验收、包装、标志及质量证明书的一般规定》(GB/T 2101—2017)的有关规定。

思考与练习

1. 钢筋的检验项目有哪些?分别采用了哪些试验方法?
2. 钢筋有哪些技术要求?
3. 列表说明钢筋的尺寸和重量的允许偏差。

模块二 钢筋工程图识读

<table>
<tr><td rowspan="2">学习目标</td><td>● 知识目标</td><td>(1)能描述钢筋工程图包含的内容;
(2)能阐述钢筋工程图识读要点;
(3)掌握钢筋工程图中钢筋的表示方法</td></tr>
<tr><td>● 能力目标</td><td>本模块要求学生掌握钢筋结构图的表示方法。结合钢筋工程图识读要点,能将钢筋成形图、钢筋工程数量表及钢筋结构图结合起来,识读具体构件或结构的钢筋结构图。分析该构件中配置的钢筋种类及每种钢筋的作用,并通过钢筋混凝土构件的工程数量表,核对图中各编号钢筋</td></tr>
</table>

相关知识

公路桥涵混凝土结构的钢筋应按下列规定采用:

(1)钢筋混凝土及预应力混凝土构件中的普通钢筋宜选用 HPB300、HRB400、HRB500、HRBF400 和 RRB400 钢筋,预应力混凝土构件中的箍筋应选用其中的带肋钢筋;按构造要求配置的钢筋网可采用冷轧带肋钢筋。

桥梁工程中采用的普通钢筋应符合现行《钢筋混凝土用钢　第 1 部分:热轧光圆钢筋》(GB/T 1499.1)、《钢筋混凝土用钢　第 2 部分:热轧带肋钢筋》(GB/T 1499.2)、《钢筋混凝土用余热处理钢筋》(GB 13014)、《冷轧带肋钢筋》(GB/T 13788)的规定;环氧涂层钢筋应符合现行《钢筋混凝土用环氧涂层钢筋》(GB/T 25826)的规定;其他特殊钢筋应符合其他相应产品标准的规定。

(2)预应力混凝土构件中的预应力钢筋应选用钢绞线、钢丝;中、小型构件或竖、横向用预应力钢筋,可选用预应力螺纹钢筋。

公路桥涵预应力混凝土结构主要采用钢绞线和钢丝,预应力螺纹钢筋仅用于中、小型构件或竖、横向钢筋。钢绞线应符合现行《预应力混凝土用钢绞线》(GB/T 5224)的规定;预应力钢丝为消除应力的光面和螺旋肋钢丝,应符合现行《预应力混凝土用钢丝》(GB/T 5223)的规定;预应力螺纹钢筋应符合现行《预应力混凝土用螺纹钢筋》(GB/T 20065)的规定。

钢筋混凝土结构是由钢筋和混凝土两种物理力学性能不同的材料,按一定的方式结合成一个整体共同承受外力的结构物,如钢筋混凝土梁、板、柱、桩、拱圈等。

钢筋混凝土结构图包括两类视图:一类称为构件构造图(或模板图),即对于钢筋混凝土结构,只画出构件的形状和大小,不表示内部钢筋的布置情况;另一类称为钢筋结构图(或钢

筋构造图或钢筋布置图),即主要表示构件内部钢筋的布置情况。[**资源4.1**]

一、钢筋混凝土构件的图示方法

1. 钢筋混凝土构件的传统图示方法

(1)钢筋混凝土构件在结构施工图中有两种表示方法,一是查有关标准图集或通用图集;二是专门绘制,根据计算结果将构件按国家标准绘制成相应的构件图,标注上尺寸并注写必要的文字说明。

(2)工程中常用的钢筋混凝土构件柱、梁、板、框架等,施工图常以结构图和配筋图来表示它们的形状、尺寸、配筋、材料等。

(3)配筋图中的立面图,是假想构件为一透明体而画出的一个纵向正投影图。主要目的是表明钢筋的立面形状及上下排列的位置。

(4)配筋图中的断面图,是构件的横向剖切投影图,表示钢筋的上下和前后的排列、箍筋的形状及其与其他钢筋的连接关系。在构件断面形状或钢筋数量或位置发生变化处,都需画一断面图。

2. 钢筋混凝土结构工程图绘制注意事项

(1)绘制配筋图时,可假设混凝土是透明的,即能够看清楚构件内部的钢筋。图中构件的外形轮廓用细实线表示,钢筋用粗实线表示。当箍筋和分布筋数量较多时,也可画为中实线。钢筋的断面用实心小圆点表示。

(2)通常在配筋图中不画出混凝土的材料符号,当钢筋间距和净距太小时,若严格按比例画,则线条会重叠不清,这时可适当放大绘制。同理,在立面图中遇到钢筋重叠时,亦要放宽尺寸使图面清晰。

(3)钢筋结构图,不一定将三个投影图都画出来,而是根据需要来确定。例如,画钢筋混凝土梁的钢筋图,一般不画平面图,只用立面图和断面图来表示。

(4)为了保护钢筋,防止钢筋锈蚀并加强钢筋与混凝土的黏结力,钢筋必须全部包裹在混凝土中。因此,钢筋边缘至混凝土表面应保持一定的厚度,称为保护层,此厚度称为净距。

二、钢筋的编号和尺寸标注方式

在钢筋结构图中为了区分不同直径、不同长度、不同形状、不同等级的钢筋,要求对不同类型的钢筋加以编号并在引出线上注明其规格和间距。编号用阿拉伯数字表示,钢筋编号和尺寸标注方式如下:

(1)编号标注在引出线右侧的细实线圆圈内。圆圈直径为4~8mm,如图4-3所示。对钢筋编号时,宜先编主、次部位的主钢筋,后编主、次部位的构造筋。在桥梁结构的各构件中,钢筋编号及尺寸标注的一般要求如下:

$$\frac{n\ \Phi\ d}{l@s}m$$

式中：m——钢筋编号，圆圈直径为 4～8mm；

n——钢筋根数；

ϕ——钢筋种类符号，也表示钢筋的等级，ϕ表示 HPB300，⏀表示 HRB400，⏀表示 HRB500；

d——钢筋直径，mm；

l——钢筋总长度，cm；

@——钢筋中心间距符号；

s——相邻钢筋中心距，cm。

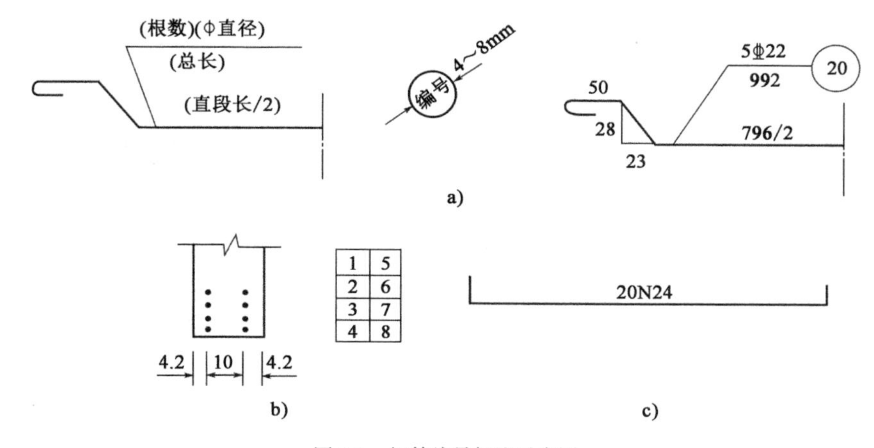

图 4-3　钢筋编号标注示意图

例如：$\frac{15\ \phi\ 8}{70@14}$②。其中，②表示 2 号钢筋，15 ϕ 8 表示直径为 8mm 的 2 号钢筋（Ⅰ级钢筋）共有 15 根，70 表示每根钢筋的总长度为 70cm，@ 14 表示相邻钢筋中心距为 14cm。

(2) 在钢筋断面图中，编号可标注在对应的方格内。钢筋的编号和根数也可采用简略形式标注，根数注在 N 字之前，编号注在 N 字之后，如图 4-3c) 所示，20N24 表示有 20 根 24 号钢筋。

(3) 尺寸单位：在道桥工程图中，钢筋直径的尺寸单位采用毫米（mm），其余尺寸单位均采用厘米（cm）。图中无须注出单位，在建筑制图中，钢筋图中所有尺寸单位为毫米（mm）。

三、钢筋成形图

在钢筋结构图中，为了能充分表示钢筋的形状以便于配料和施工，还必须画出每种钢筋加工成形图（钢筋详图）。在钢筋详图中尺寸可直接注写在各段钢筋旁，还应注明钢筋的编号、数量、间距、类别、直径及各段的长度与总尺寸等。有时为了节省图幅，可把钢筋成形图画成示意略图放在钢筋数量表内。

图 4-4 和图 4-5 为一 20m 钢筋混凝土空心板中板钢筋构造图，图中除立面图、平面图及断面图之外，还单独绘出了每种钢筋加工成形图（钢筋详图）。在钢筋详图中，各段钢筋旁直接注写了总尺寸，还注明了钢筋的编号、数量、直径及各段的长度等。图 4-6 为另一 20m 钢筋混凝土空心板中板钢筋构造图，该图为了节省图幅，把钢筋成形图绘成示意略图放在钢筋数量表内，并注明了钢筋各段的长度。

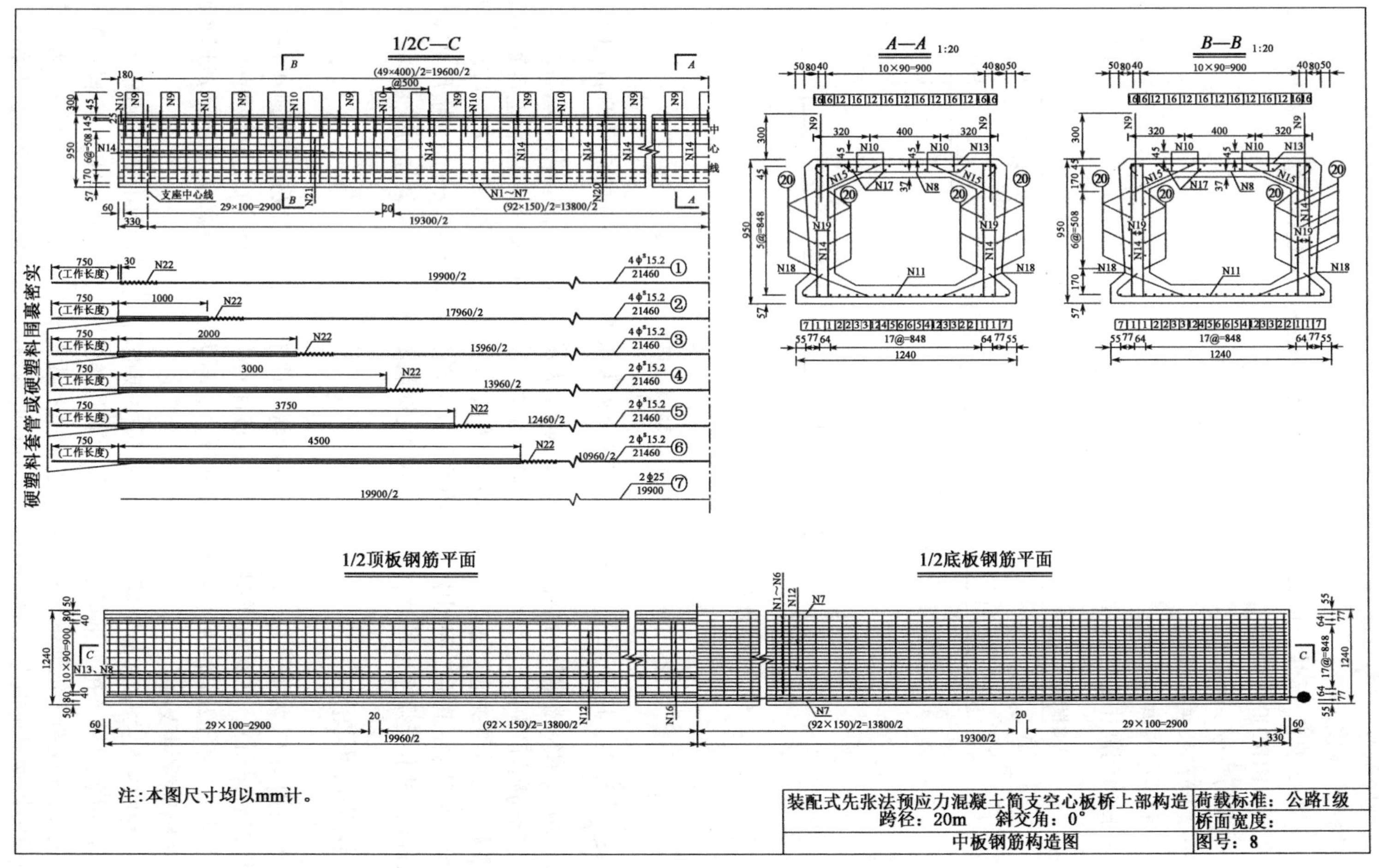

图4-4 混凝土空心板中板钢筋构造图（一）

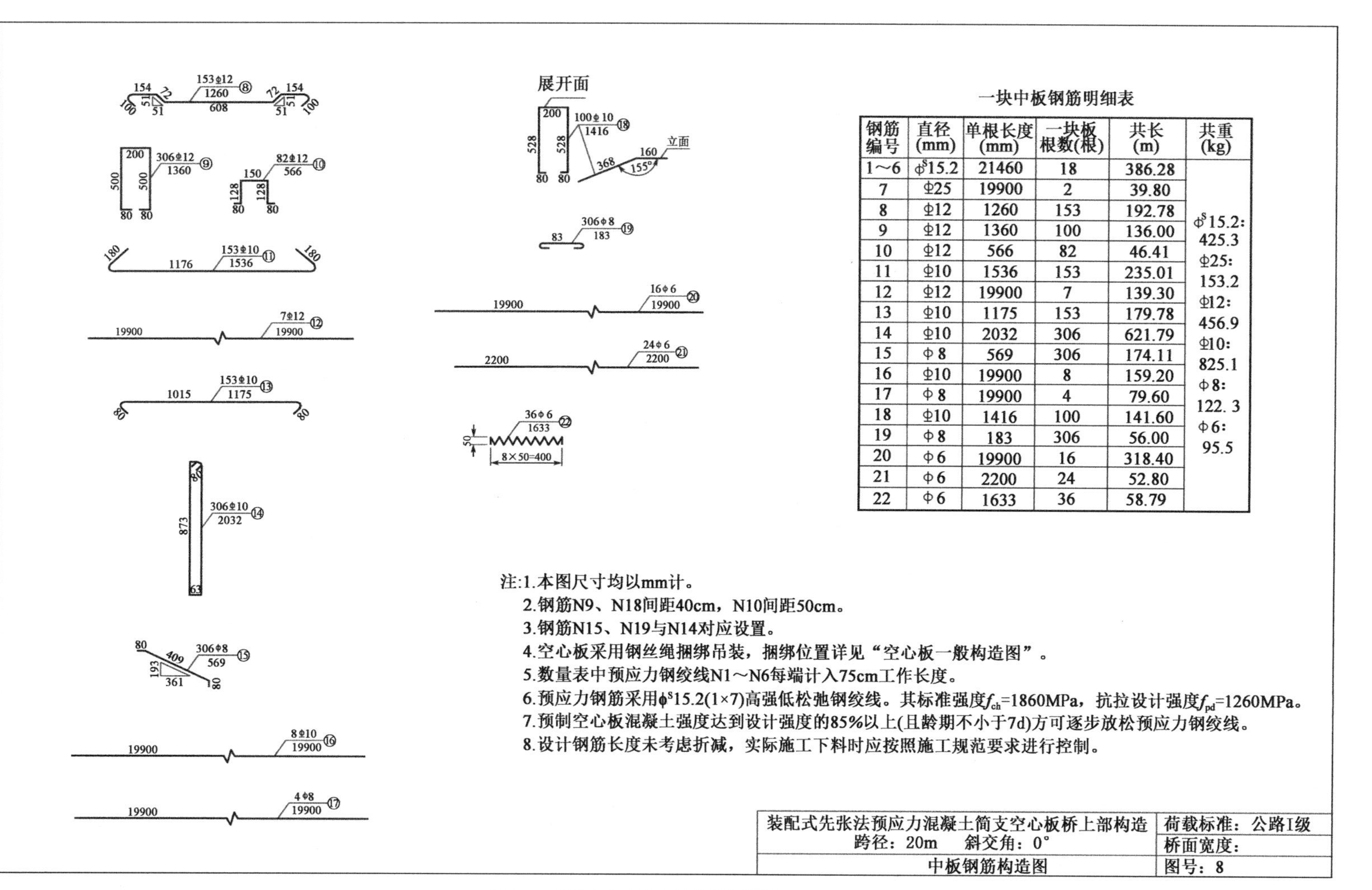

一块中板钢筋明细表

钢筋编号	直径(mm)	单根长度(mm)	一块板根数(根)	共长(m)	共重(kg)
1～6	ϕ^{s}15.2	21460	18	386.28	
7	Φ25	19900	2	39.80	ϕ^{s}15.2: 425.3 Φ25: 153.2 Φ12: 456.9 Φ10: 825.1 ϕ8: 122. 3 ϕ6: 95.5
8	Φ12	1260	153	192.78	
9	Φ12	1360	100	136.00	
10	Φ12	566	82	46.41	
11	Φ10	1536	153	235.01	
12	Φ12	19900	7	139.30	
13	Φ10	1175	153	179.78	
14	Φ10	2032	306	621.79	
15	ϕ8	569	306	174.11	
16	Φ10	19900	8	159.20	
17	ϕ8	19900	4	79.60	
18	Φ10	1416	100	141.60	
19	ϕ8	183	306	56.00	
20	ϕ6	19900	16	318.40	
21	ϕ6	2200	24	52.80	
22	ϕ6	1633	36	58.79	

注:1.本图尺寸均以mm计。
2.钢筋N9、N18间距40cm，N10间距50cm。
3.钢筋N15、N19与N14对应设置。
4.空心板采用钢丝绳捆绑吊装，捆绑位置详见“空心板一般构造图”。
5.数量表中预应力钢绞线N1～N6每端计入75cm工作长度。
6.预应力钢筋采用ϕ^{s}15.2(1×7)高强低松弛钢绞线。其标准强度f_{ch}=1860MPa，抗拉设计强度f_{pd}=1260MPa。
7.预制空心板混凝土强度达到设计强度的85%以上(且龄期不小于7d)方可逐步放松预应力钢绞线。
8.设计钢筋长度未考虑折减，实际施工下料时应按照施工规范要求进行控制。

装配式先张法预应力混凝土简支空心板桥上部构造 跨径：20m　斜交角：0°	荷载标准：公路Ⅰ级 桥面宽度：
中板钢筋构造图	图号：8

图4-5　混凝土空心板中板钢筋构造图(二)

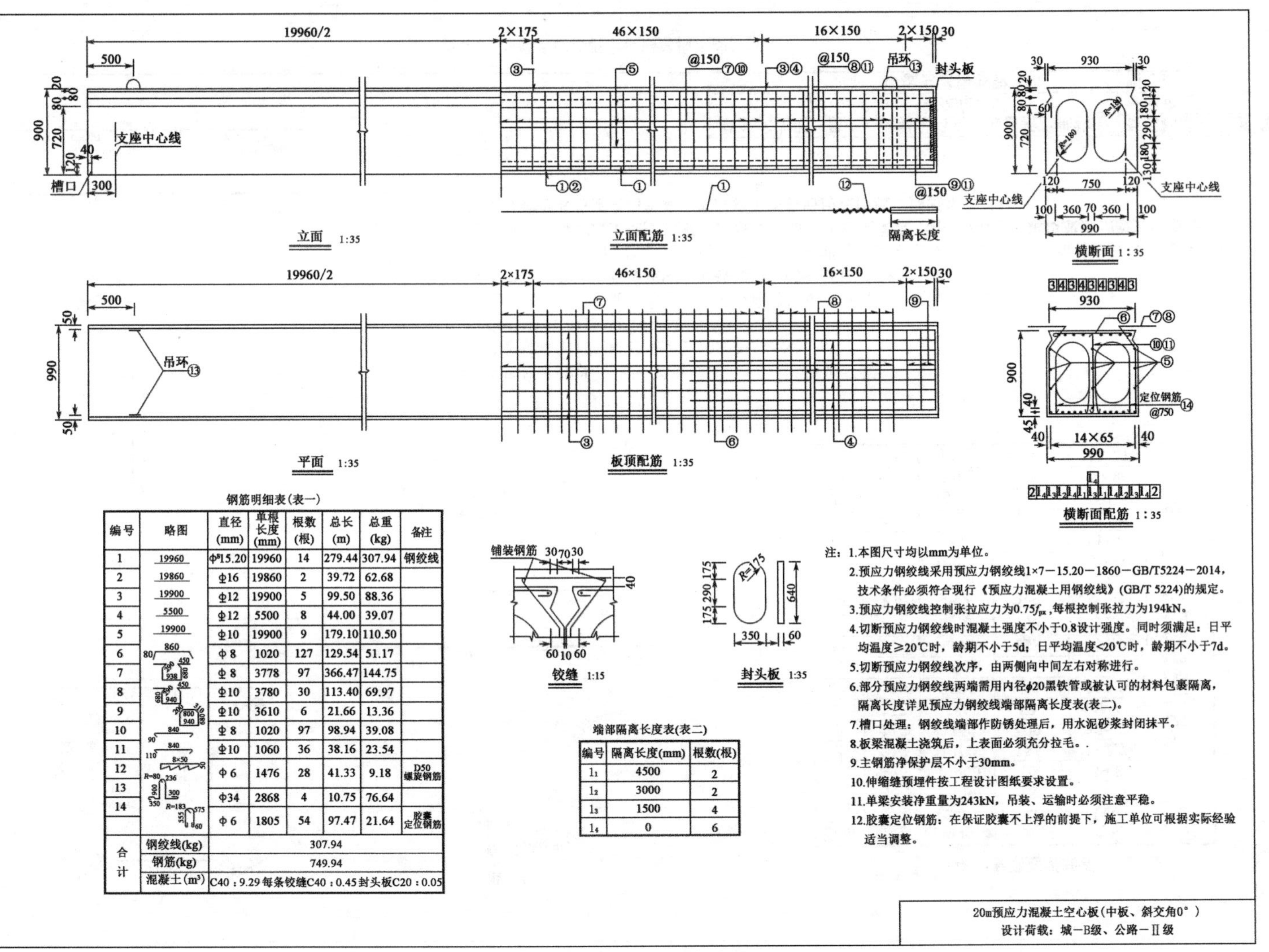

钢筋明细表(表一)

编号	略图	直径(mm)	单根长度(mm)	根数(根)	总长(m)	总重(kg)	备注
1	19960	Φ[S]15.20	19960	14	279.44	307.94	钢绞线
2	19860	Φ16	19860	2	39.72	62.68	
3	19900	Φ12	19900	5	99.50	88.36	
4	5500	Φ12	5500	8	44.00	39.07	
5	19900	Φ10	19900	9	179.10	110.50	
6		Φ8	1020	127	129.54	51.17	
7		Φ8	3778	97	366.47	144.75	
8		Φ10	3780	30	113.40	69.97	
9		Φ10	3610	6	21.66	13.36	
10		Φ8	1020	97	98.94	39.08	
11		Φ10	1060	36	38.16	23.54	
12		Φ6	1476	28	41.33	9.18	D50螺旋钢筋
13		Φ34	2868	4	10.75	76.64	
14		Φ6	1805	54	97.47	21.64	胶囊定位钢筋
合计	钢绞线(kg)	307.94					
	钢筋(kg)	749.94					
	混凝土(m^3)	C40：9.29 每条铰缝C40：0.45 封头板C20：0.05					

端部隔离长度表(表二)

编号	隔离长度(mm)	根数(根)
l_1	4500	2
l_2	3000	2
l_3	1500	4
l_4	0	6

注：1.本图尺寸均以mm为单位。
2.预应力钢绞线采用预应力钢绞线1×7−15.20−1860−GB/T5224−2014，技术条件必须符合现行《预应力混凝土用钢绞线》(GB/T 5224)的规定。
3.预应力钢绞线控制张拉应力为$0.75f_{pk}$，每根控制张拉力为194kN。
4.切断预应力钢绞线时混凝土强度不小于0.8设计强度。同时须满足：日平均温度≥20℃时，龄期不小于5d；日平均温度<20℃时，龄期不小于7d。
5.切断预应力钢绞线次序，由两侧向中间左右对称进行。
6.部分预应力钢绞线两端需用内径ϕ20黑铁管或被认可的材料包裹隔离，隔离长度详见预应力钢绞线端部隔离长度表(表二)。
7.槽口处理：钢绞线端部作防锈处理后，用水泥砂浆封闭抹平。
8.板梁混凝土浇筑后，上表面必须充分拉毛。.
9.主钢筋净保护层不小于30mm。
10.伸缩缝预埋件按工程设计图纸要求设置。
11.单梁安装净重量为243kN，吊装、运输时必须注意平稳。
12.胶囊定位钢筋：在保证胶囊不上浮的前提下，施工单位可根据实际经验适当调整。

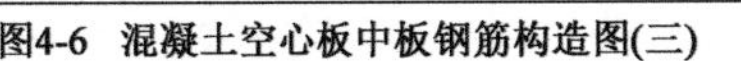
图4-6 混凝土空心板中板钢筋构造图(三)

四、钢筋数量表

在钢筋结构图中,一般会附有对应的构件的钢筋工程数量表。内容包括钢筋的编号、直径、长度、根数、总长及总质量等。

根据《公路钢筋混凝土及预应力混凝土桥涵设计规范》(JTG 3362—2018)的规定,公路桥涵混凝土结构的钢筋品种主要有:

(1)普通钢筋:HPB300、HRB400、HRB500、HRBF400 和 RRB400 钢筋。HPB300 为光圆钢筋强度等级牌号,公称直径 $d=6\sim22$mm,以 2mm 递增;HRB400、HRB500 为热轧带肋钢筋强度等级牌号,HRBF400 为细晶粒带肋钢筋牌号,公称直径 $d=6\sim50$mm,其中 $d<22$mm 的钢筋以 2mm 递减,$d>22$mm 的钢筋公称直径为 25mm、28mm、32mm、36mm、40mm、50mm;RRB400 为余热处理钢筋的强度等级牌号,公称直径 $d=6\sim50$mm,尺寸进级情况与热轧带肋钢筋相同。

上述钢筋的公称横截面面积和理论重量如表 4-13 所示。

(2)预应力钢筋:预应力混凝土构件中的预应力钢筋应选用钢绞线、钢丝;中、小型构件或竖、横向用预应力钢筋,可选用预应力螺纹钢筋。钢绞线、钢丝和预应力螺纹钢筋的公称截面面积和公称质量如表 4-15 所示。

预应力钢筋公称截面面积和公称质量　表 4-15

钢筋种类	公称直径(mm)		公称截面面积(mm^2)	公称质量(kg/m)
钢绞线	1×7	9.5	54.8	0.430
		12.7	98.7	0.775
		15.2	139.0	1.091
		17.8	191.0	1.499
		21.6	285.0	2.237
钢丝	5		19.63	0.154
	7		38.48	0.302
	9		63.62	0.499
预应力螺纹钢筋	18		254.5	1.998
	25		490.9	3.854
	32		804.2	6.313
	40		1256.6	9.86
	50		1963.5	15.413

工程应用

钢筋结构图识读

图 4-7 为某钢筋混凝土 T 形梁钢筋结构图。表 4-16 中所列铅丝是用来绑扎钢筋的,铅丝数量按规定为钢筋总质量的 0.5%。看图回答以下问题:

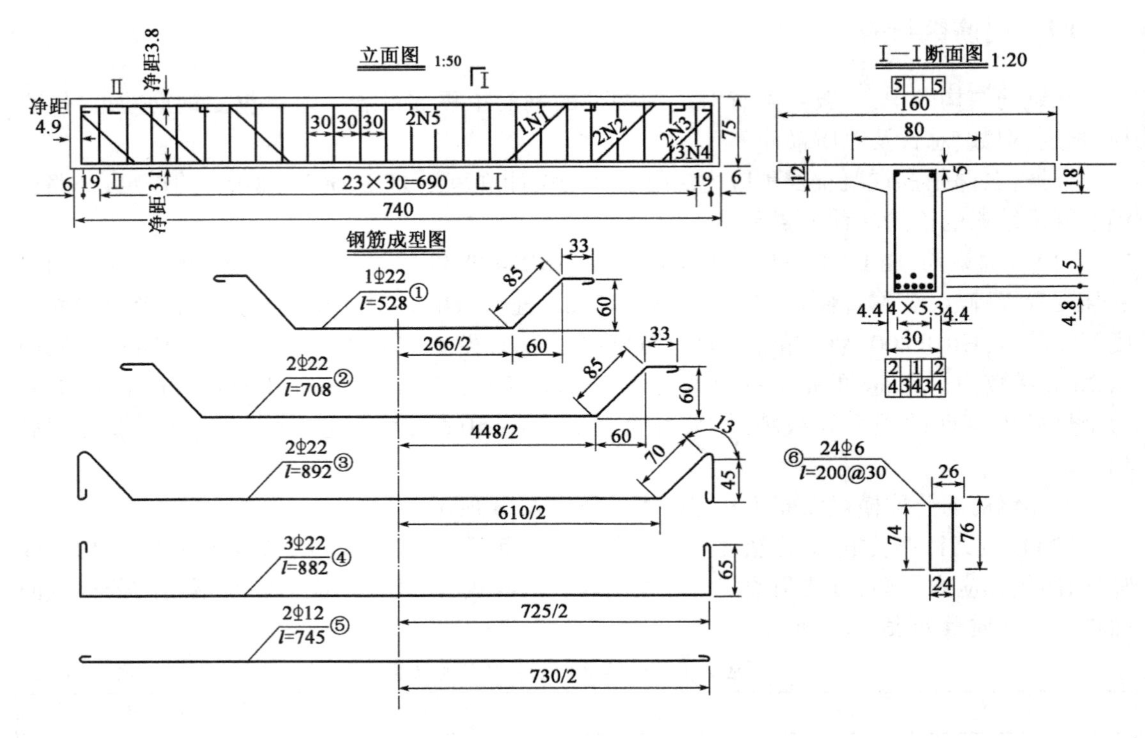

图4-7 钢筋混凝土T形梁钢筋结构图

(1)结合钢筋工程图识读要点,分析该构件中配置了哪些类型的钢筋?每种钢筋的作用是什么?根据表4-16钢筋混凝土梁钢筋工程数量表,核对图中各编号钢筋。

钢筋混凝土梁钢筋工程数量表 表4-16

钢筋编号	直径(mm)	长度(cm)	根数(根)	共长(m)	每米质量(kg/m)	总质量(kg)
1	22	528	1	5.28	2.984	15.8
2	22	708	2	14.16	2.984	42.3
3	22	892	2	17.84	2.984	53.2
4	22	882	3	26.46	2.984	79.0
5	12	745	2	14.90	0.888	13.2
6	6	200	24	48.00	0.222	10.7
总计						214
绑扎用铅丝0.5%						1.1

(2)试说明立面图中1N1、2N2、2N3、3N4的意义。

(3)结构图中画出了Ⅰ—Ⅰ断面图,在立面图中还设有Ⅱ—Ⅱ断面位置线,请画出Ⅱ—Ⅱ断面图。

思考与练习

1. 钢筋结构图的图示特点是什么？
2. 钢筋的尺寸标注方式是怎样的？说明尺寸标注中每个字母的含义。

模块三 钢筋工程图核算及下料长度的计算

<table>
<tr><td rowspan="2">学习目标</td><td>● 知识目标</td><td>(1)掌握钢筋弯钩增长数值表的查阅方法；
(2)掌握钢筋弯折修正值的查阅方法；
(3)掌握钢筋工程图中钢筋下料长度的计算；
(4)能描述钢筋工程数量的核算方法</td></tr>
<tr><td>● 能力目标</td><td>本模块要求学生能按照钢筋工程图核算要求及下料长度的计算规定，完成钢筋混凝土构件钢筋工程数量的核算及下料长度的计算</td></tr>
</table>

相关知识

[**资源 4.2、资源 4.3**]

为了形成稳定的钢筋骨架，增加钢筋混凝土构件中的受力钢筋与混凝土的黏结力，可将钢筋的端部做成弯钩，弯钩的标准形式有半圆弯钩(180°)、直弯钩(90°)和斜弯钩(135°)三种，如图4-8所示。

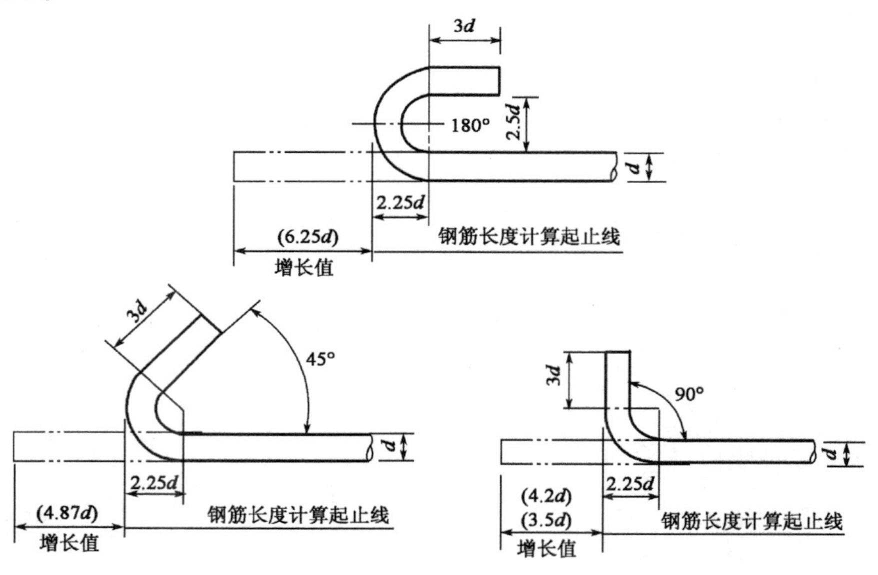

图4-8 钢筋标准弯钩形式

注：图中括号内数字为光圆钢筋的增长值。

带有弯钩的钢筋断料长度应为设计长度加上其相应弯钩的增长数值。在图4-8中用双点画线表示出了弯钩弯曲前下料长度,它是计算钢材用量的依据。如图4-7中的③号钢筋,当弯钩为标准形式时,图中不必标注其详细尺寸;若弯钩或钢筋的弯曲是特殊设计的,则必须在图中另画详图表明其形式和详细尺寸。实际工程中,为了方便画图和计算简便,标准弯钩的增长值如表4-17所示。

钢筋弯钩的增长数值表　　表4-17

钢筋直径 d (mm)	弯钩增长值(mm)				理论质量 (kg/m)	螺纹钢筋外径 (mm)
	光圆钢筋			螺纹钢筋		
	90°	135°	180°	90°		
6	21	29	38	—	0.302	—
8	28	39	50	—	0.415	—
10	35	49	63	42	0.617	11.3
12	42	59	75	51	0.888	13.0
14	49	68	88	59	1.210	15.5
16	56	78	100	67	1.580	17.5
18	63	88	113	76	2.000	20.0
20	70	97	125	84	2.470	22.0
22	77	107	138	93	2.980	24.0
25	88	122	156	105	3.850	27.0
28	98	136	175	118	4.830	30.0
32	112	156	200	135	6.310	34.5
36	126	175	225	152	7.990	39.5
40	140	195	250	168	9.870	43.5

此外,根据受力要求,有时需要弯折部分受力钢筋,这时弧长比两切线之和稍短,其计算长度应减去折减数值(钢筋直径小于10mm时可忽略不计),如图4-9所示。

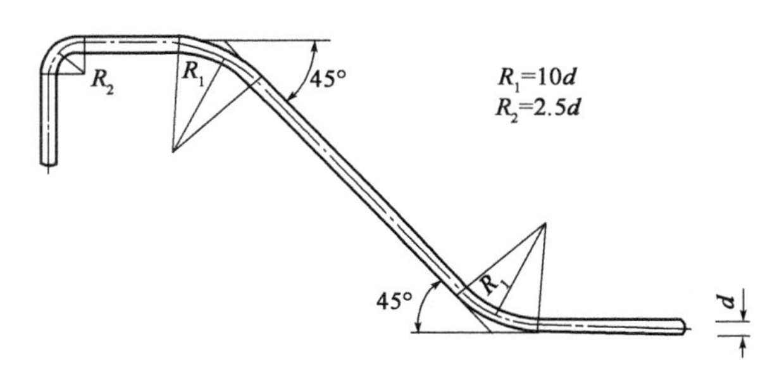

图4-9　标准弯折示意图

45°、90°的弯折为标准弯折,为了计算简便,其修正值如表4-18所示。

钢筋的标准弯折修正值 表4-18

钢筋直径(mm)	弯折修正值(mm)			
	光圆钢筋		螺纹钢筋	
	45°	90°	45°	90°
6	-3	6	—	—
8	-3	9	—	—
10	-4	-8	—	13
12	-5	-9	-5	-15
14	-6	-11	-6	-18
16	-7	-12	-7	-21
18	-8	-14	-8	-23
20	-9	-15	-9	-26
22	-9	-17	-9	-28
25	-11	-19	-11	-32
28	-12	-21	-12	-36
32	-14	-24	-14	-41
36	-15	-27	-15	-46
40	-17	-30	-17	-52

以图4-7中②号钢筋为例,该钢筋为直径22mm的光圆钢筋,左右末端各设置了一个180°的半圆形弯钩,查表4-17得到弯钩增长值为13.8cm,左右两侧四个位置设置了45°的弯折,查表4-18得到弯折修正值为-0.9cm。因此,②号钢筋的下料长度的计算如下:

$$l=448+85\times2+33\times2+13.8\times2-4\times0.9=708(\text{cm})$$

请以②号钢筋的计算为例,核算图4-7中其他钢筋的下料长度。

回 工程应用

钢筋工程图核算及下料长度的计算

图4-10为某桥梁10m边板的钢筋构造图。试按照钢筋工程图核算要求及下料长度的计算规定,完成该边板钢筋工程数量的核算及下料长度的计算。

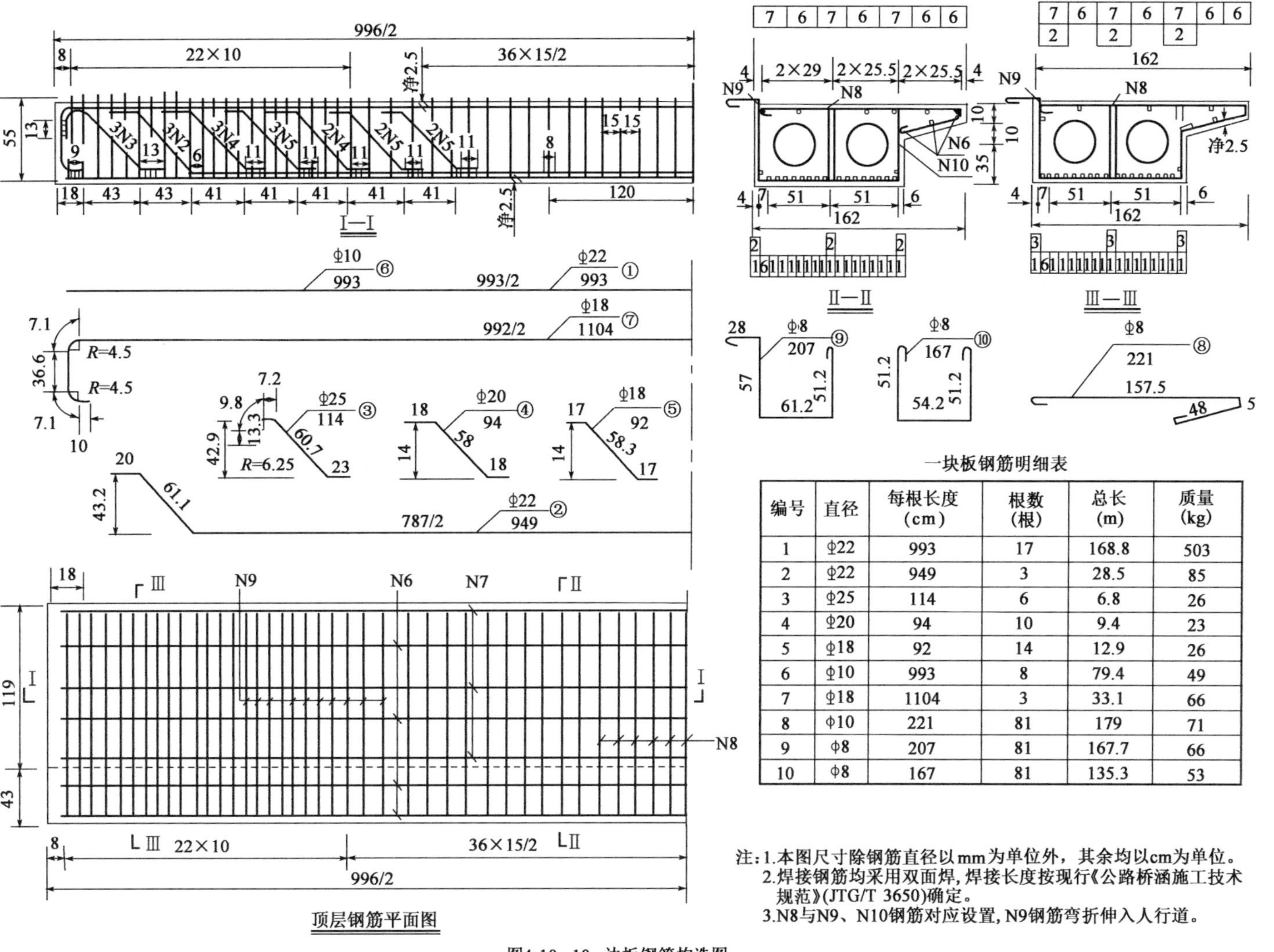

一块板钢筋明细表

编号	直径	每根长度(cm)	根数(根)	总长(m)	质量(kg)
1	Φ22	993	17	168.8	503
2	Φ22	949	3	28.5	85
3	Φ25	114	6	6.8	26
4	Φ20	94	10	9.4	23
5	Φ18	92	14	12.9	26
6	Φ10	993	8	79.4	49
7	Φ18	1104	3	33.1	66
8	Φ10	221	81	179	71
9	Φ8	207	81	167.7	66
10	Φ8	167	81	135.3	53

注：1.本图尺寸除钢筋直径以mm为单位外，其余均以cm为单位。
2.焊接钢筋均采用双面焊，焊接长度按现行《公路桥涵施工技术规范》(JTG/T 3650)确定。
3.N8与N9、N10钢筋对应设置，N9钢筋弯折伸入人行道。

图4-10 10m边板钢筋构造图

思考与练习

1. 受力钢筋设置弯钩的标准形式有哪几种？对带有不同弯钩的钢筋进行下料长度计算时如何考虑其增长数值？

2. 受力钢筋为何要设置弯折？如何考虑钢筋的弯折修正值？

3. 计算钢筋下料长度时，应该考虑哪些因素？

模块四 钢筋加工与连接及验收规定

学习目标		
学习目标	● 知识目标	(1)能描述钢筋加工的基本要求; (2)能阐述钢筋连接的基本要求; (3)能归纳钢筋加工与连接的质量控制要点
	● 能力目标	本模块要求学生掌握钢筋加工之前的基本要求,加工与安装过程中应该注意的事项。对加工完毕的钢筋,会运用相关规范标准进行质量检验。掌握钢筋连接时的基本要求,会对连接好的钢筋骨架进行质量检查与验收

相关知识

[资源 4.4]

一、钢筋加工及基本要求

钢筋应具有出厂质量证明书和试验报告单,进场时除应检查其外观和标志外,还应按不同的钢种、等级、牌号、规格及生产厂家分批抽取试样进行力学性能检验,检验试验方法应符合现行国家标准的规定。钢筋经进场检验合格后方可使用。

钢筋在运输过程中应避免锈蚀、污染或被压弯;在工地存放时,应按不同品种、规格,分批分别堆置整齐,不得混杂,并应设立识别标志,存放的时间宜不超过 6 个月;存放场地应有防排水设施,且钢筋不得直接置于地面,应垫高或堆置在台座上,顶部应采用合适的材料予以覆盖,防止水浸或雨淋。

在工程施工过程中,应采取适当的措施,防止钢筋产生锈蚀。对设置在结构或构件中的预留钢筋的外露部分,当外露时间较长且环境湿度较大时,宜采取包裹、涂刷防锈材料或其他有效方式,进行临时性防护。

钢筋的级别、种类和直径应按设计规定采用,当需要代换时,应得到设计认可。

预制构件的吊环,必须采用未经冷拉的热轧光圆钢筋制作,且其使用时的计算拉应力应不大于 65MPa。

钢筋的表面应洁净、无损伤,使用前应将表面的油渍、漆皮、鳞锈等清除干净,带有颗粒状或片状老锈的钢筋不得使用;当除锈后钢筋表面有严重的麻坑、斑点,已伤蚀截面时,应降级使用或剔除不用。

钢筋应平直、无局部弯折,成盘的钢筋和弯曲的钢筋均应调直。采用冷拉方法调直钢筋时,HPB300 钢筋的冷拉率宜不大于 2%;HRB400 钢筋的冷拉率宜不大于 1%。钢筋宜采用数控化机械设备在专用厂房中集中下料和加工,其形状、尺寸应按照设计的规定进行加工。加工后的钢筋,其表面不应有削弱钢筋截面的伤痕。

钢筋的弯制和端部的弯钩应符合设计要求,设计未要求时,应符合现行《公路桥涵施工技术规范》(JTG/T 3650)的规定。

为了防止弯钩加工时弯钩部分发生裂纹,降低弯钩部分的抗拉强度,该规范中规定了各级钢筋弯钩的最小半径。有些受压截面上的变形钢筋,设计上认为其黏结力已足够,可不设弯钩。有些主钢筋在跨径中弯起,规定其弯曲最小半径是为了防止弯曲处的混凝土被钢筋的合成应力压碎。一般主钢筋末端除应做弯钩外,还应有适当的锚固平直段长度,以便发挥其受力作用。

钢筋的末端弯钩的形状应符合设计规定。弯钩的弯曲直径应大于被箍受力主钢筋的直径,且 HPB300 钢筋直径应不小于箍筋直径的 2.5 倍,HRB400 钢筋直径应不小于箍筋直径的 5 倍。弯钩平直部分的长度,一般结构应不小于箍筋直径的 5 倍;有抗震要求的结构,应不小于箍筋直径的 10 倍。设计对弯钩的形状未作规定或有抗震要求的结构时,弯钩按照现行《公路桥涵施工技术规范》(JTG/T 3650)的规定进行加工。

钢筋加工时,应按照设计要求尺寸进行下料、成型,钢筋安装时控制好间距、位置及数量。要求绑扎的要绑扎牢固,要求焊接的钢筋,可事先焊接的应提前成批次焊接,以提高工效。焊缝长度、饱满度等方面应满足规范要求。

钢筋加工的步骤包括准备工作、调直、除锈、下料切断、接长、弯曲成型等。

(1)准备工作:

①现场弹线,并剔凿、清理接头处表面混凝土浮浆、松动石子、混凝土块等,整理接头处插筋。

②核对需绑钢筋的规格、直径、形状、尺寸、数量等是否与料单、料牌和图纸相符。

③准备绑扎用的钢丝、工具、绑扎架等。

(2)钢筋宜采用无延伸功能的机械设备进行调直,也可采用冷拉调直。当采用冷拉调直时,HPB300 光圆钢筋的冷拉率不宜大于 4%;HRB335、HRB400、HRB500、HRBF400、HRBF500 及 RRB400 带肋钢筋的冷拉率不宜大于 1%。

(3)钢筋除锈:一是在钢筋冷拉或调直过程中除锈,二是可采用机械除锈机除锈、喷砂除锈、酸洗除锈、手工除锈等。

(4)钢筋下料切断可采用钢筋切断机或手动液压切断器进行。钢筋的切断口不得有马蹄形或起弯等现象。

(5)钢筋加工宜在常温状态下进行,加工过程中不应加热钢筋。钢筋弯曲成型可采用钢筋弯曲机、四头弯筋机、手工弯曲工具等进行。钢筋弯折应一次完成,不得反复弯折。

(6)钢筋绑扎:

①钢筋的绑扎应在外模板安装前进行。

②柱钢筋绑扎时,每层柱第一个钢筋接头位置距楼地面高度不宜小于 500mm 及柱截面长边(或直径)中的较大值。

③框架梁、牛腿及柱帽等钢筋,应放在柱子纵向钢筋内侧。

④柱中的竖向钢筋搭接时,角部钢筋的弯钩应与模板成 45°(多边形柱为模板内角的平分

角,圆形柱应与模板切线垂直),中间钢筋的弯钩应与模板成90°。

⑤箍筋的接头(弯钩叠合处)应交错布置在四角纵向钢筋上;箍筋转角与纵向钢筋交叉点均应扎牢(箍筋平直部分与纵向钢筋交叉点可间隔扎牢),绑扎箍筋时绑扣相互间应呈“8”字形。

⑥如设计无特殊要求,当柱中纵向受力钢筋直径大于25mm时,应在搭接接头两个端面外100mm范围内各设置两个箍筋,其间距宜为50mm。

钢筋网和钢筋骨架的加工是把成型好的单独钢筋组合成钢筋网和钢筋骨架。通常采用人工绑扎、电弧焊和点焊三种形式。人工绑扎是用20~22号铁丝在钢筋的各交叉点上绑扎组合而成。当把单片钢筋网组合成钢筋骨架时,可采用电弧焊连接,但最有效的方法是采用点焊工艺进行组合。通常使用的点焊机有固定式和悬挂移动式两种。后者可以焊接较宽的钢筋网或组合钢筋骨架。标准定型的和面积较大的钢筋网宜在多头自动点焊机上进行。

钢筋的冷强加工是在常温下通过强力对热轧钢筋施加荷载,直至超过屈服强度的一定限度,然后卸荷引起钢筋发生强化的过程,称为冷强或冷作硬化。冷强可使钢筋的强度升高,塑性降低。冷强方法有冷拉、冷拔、冷轧三种。

冷拉是对钢筋施加拉力,使其内应力超过屈服强度的1.4倍左右,从而达到提高钢筋的设计强度和节约钢材的目的。冷拉分为应力控制和冷拉率控制两种方法,冷拉率根据试验结果确定。

冷拔是对直径小于10mm的普通碳素钢热轧圆盘条施加强力拉拔,使其通过比原直径小0.5~1.0mm的拔丝模,拔制2~3遍后即可获得直径为3~5mm的冷拔低碳钢丝。冷拔低碳钢丝的抗拉强度比原材料高,是节约钢材的有效措施。

冷轧是在专门的钢筋冷轧机上对光面钢筋的两个相互垂直方向,用轧轮交替压扁,轧制成冷轧变形钢筋。冷轧变形钢筋可以增强钢筋与混凝土的黏结力。

预应力钢筋在预应力混凝土结构中起着对混凝土施加预压应力的作用。其制作工艺主要包括以下几项:

焊接和冷拉采用冷拉钢筋作预应力钢筋时,一般事先对热轧钢筋进行闪光对焊,然后按一定的冷拉率对钢筋进行冷拉。预应力钢筋多采用螺丝端杆或镦粗头锚固的方法。

镦粗是将钢筋端头用冷镦或热镦镦粗,并依靠镦粗头锚固预应力钢筋。冷镦有冷冲镦粗和液压镦粗两种。冷镦常用于冷拔低碳钢丝的镦粗;热镦一般用于热轧钢筋。

刻痕和压波是增强光面钢丝和混凝土之间黏结力的手段,通常用于先张法高强度预应力钢丝。刻痕在专门的刻痕机上进行。钢丝通过刻痕机内的一对轧辊形成压痕。压波在钢丝端部区段内进行,利用千斤顶和一对压块将钢丝局部压成波纹。

下料和编束后张法预应力混凝土构件采用成束的钢丝、钢绞线或钢筋作预应力钢筋时,通常要根据构件长度、锚具形式、张拉设备的种类和预应力钢筋的伸长值计算下料长度。按计算长度下料后,要进行编束。编束工作一般在专用的设备上进行。按每束规定的根数,将钢筋逐根排列理顺,每隔1m左右用18~22号铁丝编束。同时放一只弹簧圈做衬件。

锚具和夹具是把预应力钢筋锚固在台座、模板或已硬化的混凝土上的工具,锚具是在预应力混凝土结构上永久锚固预应力钢筋的工具,一般用于后张法构件。夹具是把预应力钢筋临时固定在张拉台座或模板上的工具,一般在先张法构件施工中使用。锚具和夹具的类型有很多,各有一定的适用范围。选用时,需根据预应力钢筋的种类、张拉设备和施加预应力的方法加以选择。

钢筋加工应注意以下事项:

①钢筋在场内必须按不同钢种、等级、规格、牌号及生产厂家分别挂牌堆放。钢筋存放采用下垫上盖的方式避免钢筋受潮生锈。

②钢筋在加工厂内集中制作,运至现场安装。

③混凝土保护层的厚度要符合设计要求。

④钢筋骨架焊接采用分层跳焊法,即从骨架中心向两端对称、错开焊接,先焊骨架下部,后焊骨架上部。钢筋焊接要调整好电焊机的电流量,防止电流量过大或操作不当造成咬筋现象。钢筋焊接优先采用双面焊,当双面焊不具备施工条件时,采用单面焊。钢筋焊接完毕后,需将焊渣全部敲除。

钢筋加工与安装完毕,经自检合格报请监理工程师抽检合格后,方可进行下道工序施工。

钢筋的加工质量应符合表4-19的规定。

钢筋加工的质量标准　　表4-19

项　　目	允许偏差(mm)
受力钢筋顺长度方向加工后的全长	±10
弯起钢筋各部分尺寸	±20
箍筋、螺旋筋各部分尺寸	±5

二、钢筋连接及基本要求

钢筋的连接宜采用焊接接头或机械连接接头。绑扎接头仅在钢筋构造复杂、施工困难时方可采用,绑扎接头的钢筋直径不宜大于28mm,对轴心受压和偏心受压构件中的受压钢筋直径可不大于32mm;轴心受拉和小偏心受拉构件不应采用绑扎接头。

(1)钢筋连接方式的确定。

①钢筋连接方式可分为绑扎搭接、机械连接和焊接。机械连接可采用径向冷挤压、镦粗直螺纹和剥肋滚压直螺纹;热轧钢筋的对接焊接可采用闪光焊、电弧焊、电渣压力焊;钢筋骨架和钢筋网片的交叉焊接宜采用电阻点焊;钢筋与钢板的T形连接宜采用埋弧压力焊或电弧焊。

②钢筋连接接头的选用应符合设计要求,当设计无规定时,应符合表4-20的规定。

受力钢筋连接接头设置规定　　表4-20

项　　目	要　　求
连接接头设置原则	受力钢筋的连接接头宜设置在受力较小处,在同一根钢筋上宜少设接头; 钢筋的接头宜采用机械连接接头,也可采用焊接接头和绑扎接头; 钢筋的机械连接接头应符合现行《钢筋机械连接技术规程》(JGJ 107)、《钢筋机械连接用套筒》(JG/T 163)的规定; 钢筋的焊接接头应符合现行《钢筋焊接及验收规程》(JGJ 18)的规定

续上表

项　目	要　求
不得采用绑扎接头	轴心受拉及小偏心受拉杆件(如桁架和拱的拉杆)的纵向受力钢筋不得采用绑扎接头; 双面配置受力钢筋的焊接骨架不得采用绑扎接头; 需进行疲劳试验的构件,其纵向受力钢筋不得采用绑扎接头; 当受拉钢筋直径大于22mm及受压钢筋直径大于32mm时,不宜采用绑扎接头
可采用绑扎搭接的接头	偏心受压构件中的受拉钢筋; 受弯构件、偏心受压构件、大偏心受拉构件和轴心受压构件中的受压钢筋; 单面配置受力钢筋的焊接骨架在受力方向上的连接接头
宜采用机械连接的接头	直径大于22mm的受拉钢筋和直径大于32mm的受压钢筋宜采用机械连接接头,应根据钢筋在构件中的受力情况选用不同等级的机械连接接头; 机械连接接头连接件的混凝土保护层厚度宜满足受力钢筋最小保护层厚度的要求,连接件之间的横向净距不宜小于25mm
需进行疲劳试验的构件	需进行疲劳试验的构件,其纵向受拉钢筋不宜采用焊接接头,且不得在钢筋上焊有任何附件(端部锚固除外)。 当钢筋长度不够时,直接承受吊车荷载的钢筋混凝土屋面梁及屋架下弦的纵向受力筋必须采用焊接接头。此时,尚应符合下列规定: (1)必须采用闪光接触对焊,并去掉接头的毛刺及卷边。 (2)在同一连接区段内有焊接接头的受拉钢筋截面面积占受拉钢筋总截面面积的百分率不应大于25%。 (3)在进行疲劳试验时,应按有关规定对焊接接头的疲劳应力幅限值进行折减

(2)钢筋焊接主要有以下三种方式:

①闪光对焊。其是把短钢筋接长的最有效、最经济的方法。它借助钢筋本身的电阻和焊接端面的接触电阻引起的金属烧熔进行焊接。焊接时,须根据所焊钢筋的品种、直径和使用的对焊机的功率选择不同的焊接工艺,如连续闪光焊、预热闪光焊、闪光-预热闪光焊等。

②电弧焊。其是借助焊条引弧,利用电弧放电时产生的热量,熔化焊条和焊件,达到焊接的目的。电弧焊的应用范围很广,用于连接钢筋时主要有帮条焊、搭接焊和坡口焊三种形式。

③点焊。其是搭接电阻焊的一种,是利用电流通过焊件时产生的电阻热作为热源,使重叠的钢筋局部加热至熔化温度,同时施加一定压力,使焊接点熔为一体。点焊主要用于焊接钢筋网和钢筋骨架。

除以上三种焊接方式外,钢筋还可以采用电阻电焊、电渣压力焊、气压焊等,焊接过程中应注意:

①电阻电焊:用于钢筋焊接骨架和钢筋焊接网。焊接骨架较小钢筋直径不大于10mm时,大、小钢筋直径之比不宜大于3;较小钢筋直径为12~16mm时,大、小钢筋直径之比不宜大于2。焊接网较小钢筋直径不得小于较大钢筋直径的60%。

②闪光焊:钢筋直径较小的400级以下钢筋可采用连续闪光焊,钢筋直径较大,端面较平整时,宜采用预热闪光焊,钢筋直径较大,端面不平整时,应采用闪光-预热闪光焊。连续闪光焊所能焊接的钢筋直径上限应根据焊接容量、钢筋牌号等具体情况而定,具体要求见现行《钢

筋焊接及验收规程》(JGJ 18)。不同直径钢筋焊接时径差不得超过4mm。

③电渣压力焊:仅用于柱、墙等构件中竖向或斜向(倾斜度不大于10°)钢筋。不同直径钢筋焊接时径差不得超过7mm。

④气压焊:可用于钢筋在垂直位置、水平位置或倾斜位置的对接焊接。不同直径钢筋焊接时径差不得超过7mm。

⑤电弧焊:包括帮条焊、搭接焊、坡口焊、窄间隙焊和熔槽帮条焊等。帮条焊、熔槽帮条焊使用时应注意钢筋间隙的要求。窄间隙焊用于直径大于或等于16mm钢筋的现场水平连接。熔槽帮条焊用于直径大于或等于20mm钢筋的现场安装焊接。

⑥细晶粒热轧带肋钢筋(HRBF)焊接应经过试验确定;热轧带肋钢筋(HRB)直径大于28mm时焊接应经过试验确定;余热处理钢筋(RRB)不宜焊接。

(3)受力钢筋的连接接头应设置在内力较小区段,并应错开布置。对焊接接头和机械连接接头,在接头长度区段内,同一根钢筋不得有两个接头;对绑扎接头,两接头间的距离应不小于1.3倍搭接长度。配置在接头长度区段内的受力钢筋,其接头的截面面积占总截面面积的百分率,应符合表4-21的规定。

接头长度区段内受力钢筋接头截面面积的最大百分率 表4-21

接头形式	接头截面面积最大百分率(%)	
	受拉区	受压区
主钢筋绑扎接头	25	50
主钢筋焊接接头	50	不限制

具体要求如下:

①接头应尽量设置在受力较小处,应避开结构受力较大的关键部位。抗震设计时应避开梁端、柱端箍筋加密范围,如必须在该区域连接,则应采用机械连接或焊接。

②在同一跨度或同一层高内的同一受力钢筋上宜少设连接接头,不宜设置2个或2个以上接头。

③接头位置宜互相错开,在连接范围内,钢筋接头截面面积百分率应限制在一定范围内。

④在钢筋连接区域应采取必要的构造措施,在纵向受力钢筋搭接长度范围内应配置横向构造钢筋或箍筋。

⑤轴心受拉及小偏心受拉杆件(如桁架和拱的拉杆)的纵向受力钢筋不得采用绑扎接头。

⑥当受拉钢筋的直径 $d>25$mm 及受压钢筋的直径 $d>28$mm 时,不宜采用绑扎接头,宜采用机械连接接头或焊接接头。

随着施工技术的发展,对钢筋笼制作的要求越来越高,新的要求靠手工是无法完成的,比如:采用的主钢筋直径越来越大,最大直径可达50mm;箍筋采用冷拉带肋高强度螺纹钢,最大直径可达16mm;一个12m长的笼子重量可达8t;径向或周向并排使用两根主钢筋;根据承载要求,同一圆周上使用不同直径的主钢筋等。这些对笼子的连接都提出了新的要求,在生产施工中要不断实践,以求生产成本低、施工速度快、施工质量高。

⑦位于同一搭接区段内的受拉钢筋搭接接头面积百分率:

a. 梁类、板类及墙类构件,不宜大于25%。

b. 柱类构件，不宜大于50%。

c. 当工程中需要增大受拉钢筋搭接接头截面面积百分率时，梁类构件不宜大于50%；板类、墙类及柱类构件，可根据实际情况放宽。

d. 梁、板受弯构件，按一侧纵向受拉钢筋面积计算搭接接头截面面积百分率，即上部、下部钢筋分别计算；柱、剪力墙按全截面钢筋面积计算搭接接头截面面积百分率。

e. 搭接钢筋接头除应满足接头截面面积百分率的要求外，宜间隔式布置，不应相邻连续布置，如钢筋直径相同，接头截面面积百分率为50%时隔一搭一，接头截面面积百分率为25%时隔三搭一。

f. 直径不相同钢筋搭接时，不应因直径不同钢筋搭接而使构件截面配筋面积减小；需按较小钢筋直径计算搭接长度及接头截面面积百分率。同一构件纵向受力钢筋直径不同时，各自的搭接长度也不同，此时搭接区段长度应取相邻搭接钢筋中较大的搭接长度计算。

⑧钢筋机械连接的搭接区段长度为$35d$，d为搭接钢筋的较小直径。同一搭接区段内纵向受拉钢筋接头截面面积百分率不宜大于50%，受压时接头截面面积百分率可不受限制。纵向受力钢筋的机械连接接头宜相互错开。

a. 通常情况下，工程设计优先选用Ⅱ级接头，且控制接头截面面积百分率不应大于50%。

b. 实际施工过程中如必须采用接头截面面积百分率为100%的连接时，应采用Ⅰ级接头。

c. 延性要求不高部位可采用Ⅲ级接头，其接头截面面积百分率不应大于25%。

d. 抗震设计的框架梁端、柱端头、箍筋加密区，不宜设置接头。当无法避开时，应采用Ⅱ级接头或Ⅰ级接头，接头截面面积百分率均不应大于50%。

e. 对直接承受动力荷载的结构构件，接头截面面积百分率不应大于50%，应满足抗疲劳性能的要求。

⑨纵向受力钢筋机械连接接头保护层：条件允许时，钢筋连接件的混凝土保护层厚度应符合《混凝土结构设计规范(2015年版)》(GB 50010—2010)有关钢筋的最小保护层厚度要求；条件不允许时，连接件保护层厚度不得小于15mm。连接件之间的横向净距不宜小于25mm。

⑩不同直径钢筋机械连接时，接头截面面积百分率按较小直径计算。同一构件纵向受力钢筋直径不同，搭接区段长度按较大直径计算。

(4)钢筋的连接材料。

①焊条。电弧焊所采用的焊条，其性能应符合现行《焊接用钢盘条》(GB/T 3429)或《热强钢焊条》(GB/T 5118)的规定，其型号应根据设计确定；设计无规定时，可按表4-22选用。焊条应有合格证。

钢筋电弧焊使用的焊条牌号　　表4-22

钢筋牌号	搭接焊、帮条焊	坡口焊、熔槽帮条焊、预埋件穿孔塞焊	钢筋与钢板搭接焊、预埋件T形角焊
HRB335	E4303	E5003	E4303
HRB400	E5003	E5003	—
RRB400	E5003	E5003	—

当采用低氢型碱性焊条时,应按使用说明书的要求烘培,且宜放入保温筒内保温使用。焊条质量应符合以下要求:

a. 药皮应无裂缝、气孔、凹凸不平等缺陷,并不得有肉眼看得出的偏心度;

b. 焊接过程中,电弧应燃烧稳定,药皮熔化均匀,无成块脱落现象;

c. 焊条必须根据焊条说明书的要求烘干后才能使用。

②焊剂。焊剂应有合格证,电渣压力焊所用的焊剂可采用 HJ431 焊剂。焊剂应存放在干燥的库房中,当受潮时,在使用前应经 250~300℃烘焙 2h。

③凡施焊的各种钢筋、钢板均应有材质证明书或试验报告单。钢板和型钢宜采用低碳钢或低合金钢,预埋件的钢材不得有裂缝、锈蚀、斑痕、变形,其性能应符合现行《碳素结构钢》(GB/T 700)、《低合金高强度结构钢》(GB/T 1591)的规定。

④机械连接接头套筒。套筒进场时必须有产品合格证;套筒的几何尺寸应满足产品设计图纸要求,与机械连接工艺技术配套选用,套筒表面不得有裂缝、折叠、结疤等缺陷。套筒应有保护盖,有明显的规格标记;并应分类包装存放,不得混淆。

a. 径向挤压钢套筒(管)。

钢套筒的材料宜选用强度适中、延性好的优质钢材,其实测力学性能应符合下列要求:屈服强度 $\sigma_s = 225 \sim 350 N/mm^2$,抗拉强度 $\sigma_b = 375 \sim 500 N/mm^2$,延伸率 $\delta_5 \geq 20\%$,硬度 HRB = 60~80 或 HB = 102~133。钢套筒的屈服承载力和抗拉承载力的标准值不应小于被连接钢筋的屈服承载力和抗拉承载力标准值的 1.10 倍。套筒的尺寸偏差应符合表 4-23 的要求。

套筒的尺寸偏差(mm) 表 4-23

套筒外径 D	外径允许偏差	壁厚(t)允许偏差	长度允许偏差
≤50	±0.5	$+0.12t$ $-0.10t$	±2
>50	$\pm 0.01D$	$+0.12t$ $-0.10t$	±2

b. 钢套筒的规格和尺寸如表 4-24 所示。

钢套筒的规格和尺寸 表 4-24

钢套筒型号	钢套筒尺寸(mm)			压接标志道数
	外径	壁厚	长度	
G40	70	12	240	8×2
G36	63	11	216	7×2
G32	56	10	192	6×2
G28	50	8	168	5×2
G25	45	7.5	150	4×2
G22	40	6.5	132	3×2
G20	36	6	120	3×2

镦粗直螺纹接头的套筒材质要求:对 HRB335 钢筋,采用 45 号优质碳素钢;对 HRB400 钢筋,采用 45 号经调质处理,或用性能不低于 HRB400 钢筋性能的其他钢材。

c. 滚压直螺纹接头套筒。

滚压直螺纹接头套筒,采用优质碳素钢。套筒的类型有:标准型、正反丝型、变径型、可调节连接套筒等,与镦粗直螺纹接头套筒类型基本相同。标准型滚压直螺纹接头套筒的规格、尺寸应符合表4-25的规定。

标准型滚压直螺纹接头套筒规格、尺寸(mm)　　表4-25

规格	螺纹直径	套筒外径	套筒长度	规格	螺纹直径	套筒外径	套筒长度
16	M16.5×2	25	45	28	M29×3	44	80
18	M19×2.5	29	55	32	M33×3	49	90
20	M21×2.5	31	60	36	M37×3.5	54	98
22	M23×2.5	33	65	40	M41×3.5	59	105
25	M26×3	39	70				

(5)施工机具。

①电渣压力焊设备:焊接电源、控制箱、焊接机头(夹具)、焊剂盒等。

a. 焊接电源。竖向电渣压力焊的电源,可采用一般的BX3-500型或BX2-1000型交流弧焊机,也可采用专用电源JSD-600型、JSD-1000型。一台焊接电源可供数个焊接机头交替使用。

b. 焊接机头。焊接机头有杠杆单柱式、丝杆传动双柱式等。LDZ型为杠杆单柱式焊接机头,由单导柱、夹具、手柄、监控仪表、操作把等组成,下夹具固定在钢筋上,上夹具利用手动杠杆可沿单柱上、下滑动,以控制上钢筋的运动和位置;MH型为丝杆传动双柱式焊接机头,由伞形齿轮箱、手柄、升降丝杆、夹具、夹紧装置、双导柱等组成,上夹具在双导柱上滑动,利用丝杆螺母的自锁特性使上钢筋容易定位,夹具定位精度高,卡住钢筋后无须调整对中度,宜优先选用。

c. 焊剂盒。焊剂盒呈圆形,由两个半圆形铁皮组成,内径为80~100mm,与所焊钢筋的直径相适应。

②闪光对焊机具设备。

常用闪光对焊机有UN1-75、UN1-100、UN2-150、UN17-150-1等型号,根据钢筋直径和需用功率选用。

③电弧焊机具设备。

电弧焊机具设备主要有弧焊机、焊接电缆、电焊钳等。弧焊机可分为交流弧焊机和直流弧焊机两类。交流弧焊机(焊接变压器)具有结构简单、价格低廉、保养和维护方便等优点,常用的型号有BX3-120-1、BX3-300-2、BX3-500-2、BX2-1000等;直流弧焊机(焊接发电机)具有焊接电流稳定、焊接质量高等优点,常用的型号有AX1-165、AX4-300-1、AX-320、AX5-500、AX3-500等。

④冷挤压机械连接设备。

冷挤压机械连接设备主要有钢筋挤压设备(超高压电动油泵、挤压连接钳、超高压油管)、挤压机、悬挂平衡器(手动葫芦)、吊挂小车、划标志用工具以及检查压痕卡板等。

⑤镦粗直螺纹机具设备。

a. 钢筋液压冷镦机,是钢筋端头镦粗的专用设备。其型号有:HJC200型,适用于ϕ18~40

的钢筋端头镦粗;HJC250 型,适用于 ϕ20 ~ 40 的钢筋端头镦粗;另外还有 GZD40 型、CDJ-50 型等。

b. 钢筋直螺纹套丝机,是将已镦粗或未镦粗的钢筋端头切削成直螺纹的专用设备。其型号有 GZL-40、HZS-40、GTS-50 等。

c. 扭力扳手、量规(通规、止规)等。

⑥滚压直螺纹连接设备。

滚压直螺纹根据螺纹成型方式不同可分为直接滚压直螺纹、挤压肋滚压直螺纹、剥肋滚压直螺纹三种。

a. 主要机械有钢筋滚丝机(型号:GZL-32、GYZL-40、GSJ-40、HGS40 等),钢筋端头专用挤压机,钢筋剥肋滚丝机等。

b. 主要工具有卡尺、量规、通端环规、止端环规、管钳、力矩扳手等。

⑦钢筋安装设备。

钢筋安装设备包括钢筋钩子、撬棍、扳手、钢丝刷子、粉笔、尺子等。

(6)钢筋的焊接接头应符合下列规定:

①钢筋的焊接接头宜采用闪光对焊,或采用电弧焊、电渣压力焊或气压焊,但电渣压力焊仅可用于竖向钢筋的连接,不得用作水平钢筋和斜筋的连接。钢筋焊接的接头形式、焊接方法和焊接材料应符合现行《钢筋焊接及验收规程》(JGJ 18)的规定,质量验收标准应按《公路桥涵施工技术规范》(JTG/T 3650—2020)的附录 1 执行。

②每批钢筋焊接前,应先选定焊接工艺和焊接参数,按实际条件进行试焊,并检验接头外观质量及规定的力学性能,试焊质量经检验合格后方可正式施焊。焊接时,对施焊场地应有适当的防风、雨、雪、严寒的设施。

③电弧焊宜采用双面焊,仅在双面焊无法施焊时,方可采用单面焊。采用搭接电弧焊时,两钢筋搭接端部应预先折向一侧,两接合钢筋的轴线应保持一致;采用帮条电弧焊时,帮条应采用与主钢筋相同强度等级的钢筋,其总截面面积应不小于被焊接钢筋的截面面积。电弧焊接头的焊缝长度,对双面焊应不小于 $5d$,单面焊应不小于 $10d$(d 为钢筋直径)。电弧焊接接头与钢筋弯曲处的距离应不小于 $10d$,且不宜位于构件的最大弯矩处。

④焊接的钢筋骨架和钢筋网不得有变形、松脱和开焊。

⑤钢筋骨架的焊接拼装应在坚固的工作台上进行,操作时应符合下列规定:

a. 拼装前应按设计图纸放样,放样时应考虑焊接变形的预留拱度。拼装时,在需要焊接的位置宜采用楔形卡卡紧,防止焊接时局部变形。

b. 骨架焊接时,不同直径钢筋的中心线应在同一平面上,较小直径的钢筋在焊接时,下面宜垫以厚度适当的钢板。施焊时宜由中到边对称地向两端进行,先焊骨架下部,后焊骨架上部。相邻的焊缝应采用分区对称跳焊,不得顺方向一次焊成。

(7)钢筋网的焊点应符合设计规定,当设计未规定时,应按下列要求进行焊接:

①在焊接网的受力钢筋为 HPB300 或冷拉 HPB300 钢筋的情况下,当焊接网只有一个方向为受力钢筋时,网两端边缘的两根锚固横向钢筋与受力钢筋的全部交叉点必须焊接;当焊接网的两个方向均为受力钢筋时,沿网四周边缘的两根钢筋的全部交叉点均应焊接;其余的交叉点可焊接或绑扎搭接一半,或根据运输和安装条件决定。

②当焊接网的受力钢筋为冷拔低碳钢丝,而另一方向的钢筋间距小于 100mm 时,网两端边缘的两根钢筋的全部交叉点必须焊接,中间部分的焊点距离可增大至 250mm。

(8)钢筋的机械连接宜采用镦粗直螺纹接头、滚压直螺纹接头或套筒挤压连接接头,且适用于 HRB400、HRBF400、HRB500 和 RRB400 热轧带肋钢筋。各类接头的性能应符合现行《钢筋机械连接技术规程》(JGJ 107)的规定,并应符合下列规定:

①钢筋机械连接接头的等级应选用Ⅰ级或Ⅱ级,接头的性能指标应符合《公路桥涵施工技术规范》(JTG/T 3650—2020)附录 2 的规定。

②钢筋机械连接接头的材料、制作、安装施工及质量检验和验收,应符合现行《钢筋机械连接用套筒》(JG/T 163)和《钢筋机械连接技术规程》(JGJ 107)的规定。

③钢筋机械连接件的最小混凝土保护层厚度,应符合设计受力主钢筋混凝土保护层厚度的规定,且不得小于 20mm;连接件之间或连接件与钢筋之间的横向净距应不小于 25mm。

④连接套筒、螺母、丝头等在运输和储存过程中应采取防护措施,防止雨淋、沾污和损伤。

(9)钢筋机械连接接头在施工现场的检验与验收应符合下列规定:

①应提交有效的型式检验报告,以及连接件产品合格证、接头加工安装要求等相关技术文件。

②钢筋连接工程开始前及施工过程中,应对第一批进场钢筋进行接头工艺试验。进行工艺试验时,每种规格钢筋的接头试件不应少于 3 个。3 个接头试件的抗拉强度和残余变形均应满足《公路桥涵施工技术规范》(JTG/T 3650—2020)附录 2 的要求。

③现场检验应进行外观质量检查和单项拉伸强度试验。

④接头的现场检验应按验收批进行。同一施工条件下采用同一批材料的同等级、同形式、同规格接头,以 500 个为一个验收批进行检验与验收,不足 500 个时亦作为一个验收批。

⑤对接头的每一个验收批,应在工程结构中随机截取 3 个试件做抗拉强度试验,当 3 个接头试件的抗拉强度符合相应等级要求时,该验收批评为合格。如有 1 个试件的抗拉强度不合格,应再取 6 个试件进行复检,复检中如仍有一个试件试验结果不合格,则该验收批评为不合格。

⑥在现场连续检验 10 个验收批,其全部试件抗拉强度试验一次抽样均合格时,验收批接头数量可扩大 1 倍。

(10)钢筋直螺纹接头的连接应符合下列规定:

①连接时可采用管钳扳手施拧紧固,被连接钢筋的端头应在套筒中心位置相互顶紧,标准型、正反丝型、异径型接头在安装后其单侧外露螺纹长度宜不超过 $2p$(p 为螺纹的螺距);对无法对顶的其他螺纹连接接头,应附加锁紧螺母、顶紧凸台等措施紧固。

②连接完成后,应采用扭力扳手校核其拧紧扭矩,最小拧紧扭矩应符合表 4-26 的规定。

直螺纹接头连接最小拧紧扭矩值　　表 4-26

钢筋直径(mm)	≤16	18～20	22～25	28～32	36～40	50
拧紧扭矩(N·m)	100	200	260	320	360	460

(11)钢筋套筒挤压接头的连接应符合下列规定:

①被连接钢筋的端部不得有局部弯曲、严重锈蚀和附着物。

②钢筋端部应有挤压套筒后可检查钢筋插入深度的明显标记,钢筋端头与套筒长度中点

的距离宜不超过10mm。

③应从套筒中心开始依次向两端挤压;挤压后,对压痕直径或套筒长度的波动范围应采用专用量规进行检验。

④挤压连接后,压痕处的套筒外径应为原套筒外径的80%~90%,套筒长度应为原套筒长度的1.10~1.15倍,且套筒不应有可见裂纹,出现纵向或横向裂纹都是不允许的。

套筒挤压钢筋接头依靠套筒与钢筋表面的机械咬合和摩擦传递拉力或压力,钢筋表面的杂物和严重锈蚀对接头强度有不利影响,故应清除杂物和锈蚀。

(12)作业条件。

①钢筋已加工成型,并运输至施工现场,且钢筋的品种、级别、规格和数量均符合设计要求。焊条、焊剂应有合格证及复试报告单。进口钢筋还应有化学复试单,其化学成分应满足焊接要求,可焊性试验要满足施工要求。

②墙、柱、梁等定位线及标高控制线均已完成,下层预留搭接钢筋的位置、数量、长度等均符合要求,锈蚀、水泥砂浆等污垢清除干净。

③制订安全技术和防护措施,对施工人员进行安全交底。按要求搭好脚手架,并通过检查验收。

④焊工和机械连接工人必须持有有效的考试合格证,持证上岗。

⑤在工程开工或每批钢筋正式焊接和机械连接前,应进行现场条件下的焊接性能试验。合格后,方可正式生产。试件数量与要求,应与质量检查和验收时相同。

⑥模板安装完并办理预检,将模板内杂物清理干净。

⑦根据设计图纸及工艺标准要求,向班组进行技术交底。绑扎形式复杂的结构部位时,应先确定逐根钢筋穿插就位的顺序,并充分考虑支模和绑扎钢筋的先后次序,以减少绑扎困难。

(13)钢筋焊接缺陷、消除措施及质量检验要求。

钢筋焊接缺陷、消除措施及质量检验要求等如表4-27~表4-33所示。

电渣压力焊接头焊接缺陷及消除措施 表4-27

焊接缺陷	措施	焊接缺陷	措施
轴线偏移	(1)矫直钢筋端部; (2)正确安装夹具和钢筋; (3)避免过大的顶压力; (4)及时修理或更换夹具	焊包不匀	(1)钢筋端面力求平整; (2)填装焊剂尽量均匀; (3)延长焊接时间,适当增加熔化量
弯折	(1)矫直钢筋端部; (2)注意安装和扶持上钢筋; (3)避免焊后过快卸夹具; (4)修理或更换夹具	气孔	(1)按规定要求烘焙焊剂; (2)清除钢筋焊接部位的铁锈; (3)确保接缝在焊剂中埋入深度合适
咬边	(1)减小焊接电流; (2)缩短焊接时间; (3)注意上钳口起点和止点,确保上钢筋顶压到位	烧伤	(1)钢筋导电部位除净铁锈; (2)尽量夹紧钢筋
未焊合	(1)增大焊接电流; (2)避免焊接时间过短; (3)检修夹具,确保上钢筋下送自如	焊包下淌	(1)彻底封堵焊剂筒的漏孔; (2)避免焊后过快回收焊剂

电渣压力焊接头的质量检验要求 表 4-28

检查项目		要求
验收批数量		(1)在一般构筑物中,每 300 个同牌号钢筋接头作为一批; (2)在房屋结构中,应将不超过二楼层中的 300 个同牌号钢筋接头作为一批,不足 300 个时,仍应作为一批
外观检查	检查数量	应逐个进行外观检查
	质量标准	(1)四周焊包应均匀,凸出钢筋表面的高度不应小于 4mm; (2)钢筋与电极接触处,应无烧伤缺陷; (3)接头处钢筋轴线的偏移不得超过钢筋直径的 10%,且不得大于 2mm; (4)接头处的弯折角不得大于 3°
力学性能	取样数量	从每批接头中随机切取 3 个试样进行拉伸试验
	性能试验	(1)3 个试样抗拉强度均不得小于该级别钢筋规定的抗拉强度;RRB400 钢筋接头试件抗拉强度均不得小于 570MPa。 (2)至少有 2 个试件断于焊缝之外,并应呈延性断裂。 当达到上述 2 项要求时,应评定该批接头为抗拉强度合格; 当试验结果为 2 个试件抗拉强度小于钢筋规定的抗拉强度,或 3 个试件均在焊缝或热影响区发生脆性断裂时,则一次判定该批接头为不合格品; 当试验结果为 1 个试件的抗拉强度小于规定值,或 2 个试件在焊缝或热影响区发生脆性断裂,其抗拉强度小于钢筋规定抗拉强度的 1.1 倍时,应进行复验。 复验时,应再切取 6 个试件,复验结果,如仍有 1 个试件的强度小于规定值,或有 3 个试件断于焊缝或热影响区,呈脆性断裂,其抗拉强度小于钢筋规定抗拉强度的 1.1 倍,应判定该批接头为不合格品。 注:当接头试件虽断于焊缝或热影响区,呈脆性断裂,但其抗拉强度大于钢筋规定抗拉强度的 1.1倍时,可按断于焊缝或热影响区之外,呈延性断裂同等对待

闪光对焊异常现象、焊接缺陷及消除措施 表 4-29

异常现象、焊接缺陷	措施
烧化过分剧烈并产生强烈的爆炸声	(1)降低变压器级数; (2)减慢烧化速度
闪光不稳定	(1)清除电极底部和表面的氧化物; (2)提高变压器级数; (3)加快烧化速度
接头中有氧化膜、未焊透或夹渣	(1)增加预热程度; (2)加快临近顶锻时的烧化程度; (3)确保带电顶锻过程; (4)加快顶锻速度; (5)增大顶锻压力

续上表

异常现象、焊接缺陷	措　施
接头中有缩孔	(1)降低变压器级数; (2)避免烧化过程过分强烈; (3)适当增大顶锻留量及顶锻压力
焊缝金属过烧	(1)减小预热程度; (2)加快烧化速度,缩短焊接时间; (3)避免过多带电顶锻
接头区域裂纹	(1)检验钢筋的碳、硫、磷含量,若不符合规定应更换钢筋; (2)采取低频预热方法,增加预热程度
钢筋表面微熔及烧伤	(1)清除钢筋被夹紧部位的铁锈和油污; (2)清除电极内表面的氧化物; (3)改进电极槽口形状,增大接触面积; (4)夹紧钢筋
接头弯折或轴线偏移	(1)正确调整电极位置; (2)修整电极钳口或更换已变形的电极; (3)切除或矫直钢筋的弯头

闪光对焊接头的质量检验要求　　表4-30

验收批数量		在同一台班内,由同一焊工完成的300个同牌号、同直径钢筋焊接接头应作为一批。当同一台班内焊接的接头数量较少时,可在一周之内累计计算;累计仍不足300个接头时,应按一批计算
外观检查	检查数量	从每批中抽查10%,且不得少于10个
	质量标准	(1)接头处不得有横向裂纹; (2)与电极接触处的钢筋表面,不得有明显烧伤; (3)接头处的弯折角不得大于3°; (4)接头处的轴线偏移,不得大于钢筋直径的10%,且不得大于2mm
性能试验	取样数量	(1)从每批接头中随机切取6个试件,其中3个做拉伸试验,3个做弯曲试验; (2)焊接等长的预应力钢筋(包括螺丝端杆与钢筋)时,可按施工时间等条件制作模拟试件; (3)螺丝端杆接头可只做拉伸试验; (4)封闭环式箍筋闪光对焊接头,以600个同牌号、同规格的接头作为一批,只做拉伸试验
	弯曲试验	(1)焊缝应处于弯曲中心点,弯芯直径和弯曲角应符合规范规定,若弯至90°,2个或3个试件外侧(含焊缝和热影响区)未发生破裂,则应评定该批接头弯曲试验合格;若3个试件均发生破裂,则一次判定该批接头为不合格品;若有2个试件发生破裂,则应进行复验。 (2)复验时,应再切取6个试件。复验结果,若仍有3个试件发生破裂,则应判定该批接头为不合格品。 注:当试件外侧横向裂纹宽度达到0.5mm时,应认定已经破裂

电弧焊接接头的质量检验要求 表 4-31

<table>
<tr><td colspan="2">验收批</td><td>(1)在现浇混凝土结构中,应以 300 个同牌号钢筋、同形式接头为一批;在房屋结构中,应将不超过二楼层中的 300 个同牌号钢筋、同形式接头作为一批。每批随机切取 3 个接头,做拉伸试验。
(2)在装配式结构中,可按生产条件制作模拟试件,每批 3 个接头,做拉伸试验。
(3)钢筋与钢板电弧搭接焊接头可只进行外观检查。
注:在同一批中若有几种不同直径的钢筋焊接接头,应在最大直径钢筋接头中切取 3 个试件</td></tr>
<tr><td rowspan="2">外观检查</td><td>检查数量</td><td>在接头清渣后逐个检查</td></tr>
<tr><td>质量标准</td><td>(1)焊接表面平整,不得有凹陷或焊瘤;
(2)焊接接头区域内不得有肉眼可见的裂纹;
(3)坡口焊接头的焊缝余高不得大于 3mm;
(4)外观检查不合格的接头,经修整或补强后可提交二次验收</td></tr>
<tr><td>力学性能</td><td>取样数量</td><td>(1)在一般构件中,应从成品中每批随机切取 3 个接头进行抗拉试验;
(2)装配式结构中,可按生产条件制作模拟试件</td></tr>
</table>

钢筋电弧焊接头尺寸偏差及缺陷允许值 表 4-32

<table>
<tr><td colspan="2" rowspan="3">项　目</td><td rowspan="3">单　位</td><td colspan="3">接头形式</td></tr>
<tr><td>帮条焊</td><td>搭接焊、钢筋与钢板搭接焊</td><td>坡口焊、熔槽帮条焊</td></tr>
<tr><td colspan="3">缺陷允许值</td></tr>
<tr><td colspan="2">帮条沿接头中心线的纵向偏移</td><td>mm</td><td>$0.3d$</td><td>—</td><td>—</td></tr>
<tr><td colspan="2">接头处弯折角</td><td>°</td><td>3</td><td>3</td><td>3</td></tr>
<tr><td colspan="2">接头处钢筋轴线的偏移</td><td>mm</td><td>$0.1d$</td><td>$0.1d$</td><td>$0.1d$</td></tr>
<tr><td colspan="2">焊缝厚度</td><td>mm</td><td>$+0.05d$</td><td>$+0.05d$</td><td>—</td></tr>
<tr><td colspan="2">焊缝宽度</td><td>mm</td><td>$+0.1d$</td><td>$+0.1d$</td><td>—</td></tr>
<tr><td colspan="2">焊缝长度</td><td>mm</td><td>$-0.3d$</td><td>$-0.3d$</td><td>—</td></tr>
<tr><td colspan="2">横向咬边深度</td><td>mm</td><td>0.5</td><td>0.5</td><td>0.5</td></tr>
<tr><td rowspan="2">在长 $2d$ 焊缝表面上的气孔及夹渣</td><td>数量</td><td>个</td><td>2</td><td>2</td><td>—</td></tr>
<tr><td>面积</td><td>mm^2</td><td>6</td><td>6</td><td>—</td></tr>
<tr><td rowspan="2">在全部焊缝表面上的气孔及夹渣</td><td>数量</td><td>个</td><td>—</td><td>—</td><td>2</td></tr>
<tr><td>面积</td><td>mm^2</td><td>—</td><td>—</td><td>6</td></tr>
</table>

注:d 为钢筋直径。

剥肋滚压直螺纹连接套筒的质量检验要求 表4-33

序号	检验项目	量具名称	检验要求
1	外观质量	目测	表面无裂纹和影响接头质量的其他缺陷
2	外形尺寸	卡尺或专用量具	长度及外径尺寸符合设计要求
3	螺纹尺寸	通端螺纹塞规	能顺利旋入连接套筒两端并达到旋合长度
		止端螺纹塞规	塞规允许从套筒两端部分旋合,旋入量不应超过 $3p$(p 为螺距)

思考与练习

1. 钢筋加工的基本要求是什么?
2. 钢筋连接的基本要求是什么?

模块五 钢筋安装与绑扎规定

<table>
<tr><td rowspan="2">学习目标</td><td>● 知识目标</td><td>(1)能描述钢筋安装基本规定；
(2)能描述钢筋绑扎基本规定；
(3)理解钢筋安装与绑扎质量标准</td></tr>
<tr><td>● 能力目标</td><td>本模块要求学生掌握钢筋安装、绑扎的基本规定。对安装与绑扎完毕的钢筋，会运用相关规范标准进行质量检验，会运用钢筋安装质量标准对钢筋骨架进行质量检查与验收</td></tr>
</table>

相关知识

[资源 4.5]

一、钢筋安装及基本规定

(1)钢筋安装时应符合下列规定：

①钢筋的级别、直径、根数、间距等应符合设计规定。

②对多层多排钢筋，宜根据安装需要，在其间隔处设立一定数量的架立钢筋或短钢筋，但架立钢筋或短钢筋的端头不得伸入混凝土保护层内。

③半成品钢筋和钢筋骨架采用整体方式安装时，宜设置专用胎架或卡具等进行辅助定位，安装过程中应采取保证整体刚度及防止变形的措施。

④当钢筋过密，将会影响到混凝土浇筑质量时，应及时与设计协商解决。

⑤在钢筋安装过程中，及时对设计的预留孔道及预埋件进行设置，设置位置要正确、固定牢固。

⑥钢筋安装位置与预应力管道或锚件位置发生冲突时，应适当调整钢筋位置，确保预应力构件位置符合设计要求。焊接钢筋时应避免钢绞线和金属波纹管道被电焊烧伤，防止造成张拉断裂和管道被混凝土堵塞而无法进行压浆。

(2)灌注桩钢筋骨架的安装应符合下列规定：

①主钢筋的接头应错开布置。大直径长桩的钢筋骨架安装时应按编号顺序连接。

②应在骨架外侧设置控制混凝土保护层厚度的垫块，垫块的间距在竖向不大于 2m，在横向圆周应不少于 4 处。

③钢筋骨架在安装时，其顶端应设置吊环。

钢筋安装质量应符合表 4-34 的规定。

钢筋安装质量标准 表4-34

项　目			允许偏差(mm)
受力钢筋间距	两排以上排距		±5
	同排	梁、板、拱肋	±10
		基础、锚碇、墩台、柱	±20
箍筋、横向水平钢筋、螺旋筋间距			±10
钢筋骨架尺寸	长		±10
	宽、高或直径		±5
绑扎钢筋网尺寸	长、宽		±10
	网眼尺寸		±20
弯起钢筋位置			±20
保护层厚度	柱、梁、拱肋		±5
	基础、锚碇、墩台		±10
	板		±3

二、钢筋绑扎及基本规定

(1)钢筋的绑扎应符合下列规定：

①钢筋的交叉点宜采用直径0.7～2.0mm的铁丝扎牢,必要时可采用点焊焊牢。绑扎宜采取逐点改变绕丝方向的“8”字形方式交错扎结,对直径25mm及以上的钢筋,宜采取双对角线的“十”字形方式扎结。

②结构或构件拐角处的钢筋交叉点应全部绑扎;中间平直部分的交叉点可交错绑扎,但绑扎的交叉点宜占全部交叉点的40%以上。

③钢筋绑扎时,除设计有特殊规定外,箍筋应与主钢筋垂直。

④绑扎钢筋的铁丝头不应进入混凝土保护层内。

⑤绑扎的钢筋骨架和钢筋网不得有变形、松脱和开焊。

对集中加工、整体安装的半成品钢筋和钢筋骨架,在运输时应采用适宜的装载工具,并应采取增加刚度、防止其扭曲变形的措施。

(2)钢筋与模板之间应设置垫块,垫块的制作、设置和固定应符合下列规定：

①混凝土垫块应具有不低于结构本体混凝土的强度,并应有足够的密实性;采用其他材料制作垫块时,除应满足使用强度的要求外,其材料中不应含有对混凝土产生不利影响的成分。垫块的制作厚度不应出现负误差,正误差应不大于1mm。

②用于重要工程或有防腐蚀要求的混凝土结构或构件中的垫块,宜采用专门制作的定型产品,且该类产品的质量同样应符合《公路桥涵施工技术规范》(JTG/T 3650—2020)的要求。

③垫块应相互错开、分散设置在钢筋与模板之间,但不应横贯混凝土保护层的全部截面进行设置。垫块布设在结构或构件侧面和底面的数量应不少于4个/m^2,重要部位适当加密。

④垫块应与钢筋绑扎牢固,且其绑扎的铁丝头不应进入保护层内。

⑤混凝土浇筑前,应对垫块的位置、数量和紧固程度进行检查,不符合要求时应及时处理。

应保证钢筋的混凝土保护层厚度满足设计要求，当设计对钢筋的混凝土保护层厚度未提出明确要求时，应按表4-35的规定进行控制。

普通钢筋和预应力直线形钢筋最小混凝土保护层厚度(mm)　　表4-35

序号	构件类别		环境条件		
			Ⅰ	Ⅱ	Ⅲ
1	基础、桩基承台	基坑底面有垫层或侧面有模板(受力主钢筋)	40	50	60
		基坑底面无垫层或侧面无模板(受力主钢筋)	60	75	85
2	墩台身、挡土结构、涵洞、梁、板、拱圈、拱上建筑(受力主钢筋)		30	40	45
3	人行道构件、栏杆(受力主钢筋)		20	25	30
4	箍筋		20	25	30
5	缘石、中央分隔带、护栏等行车道构件		30	40	45
6	收缩、温度、分布、防裂等表层钢筋		15	20	25

(3)钢筋的绑扎接头应符合下列规定：

①对于绑扎钢筋，绑扎接头的末端至钢筋弯折处的距离，不应小于钢筋直径的10倍，接头不宜位于构件的最大弯矩处。

②受拉钢筋绑扎接头的搭接长度，应符合表4-36的规定。受压钢筋绑扎接头的搭接长度，应取受拉钢筋绑扎接头搭接长度的70%。

受拉钢筋绑扎接头的搭接长度　　表4-36

钢筋类型	HPB300		HRB400、HRBF400、RRB400	HRB500
混凝土强度等级	C25	≥C30	≥C30	≥C30
搭接长度(mm)	$40d$	$35d$	$45d$	$50d$

表4-36中，d 为钢筋直径；当带肋钢筋直径 d 大于25mm时，其受拉钢筋的搭接长度应按表中值增加 $5d$ 采用；当带肋钢筋直径 d 小于或等于25mm时，其受拉钢筋的搭接长度按表中值减少 $5d$ 采用；当受力钢筋在混凝土凝固过程中易受扰动时，其搭接长度应增加 $5d$；任何情况下，纵向受拉钢筋的搭接长度不应小于300mm，受压钢筋搭接长度均不应小于200mm；环氧树脂涂层钢筋的绑扎接头搭接长度，受拉钢筋按表中值的1.5倍采用；两根不同直径的钢筋搭接长度，以较细钢筋的直径计算。

③受拉区内HPB300钢筋绑扎接头的末端应做成弯钩；HRB400、HRBF400、HRB500和RRB400钢筋的绑扎接头末端可不做弯钩；直径不大于12mm的受压HPB300钢筋的末端可不做弯钩，但搭接长度应不小于钢筋直径的30倍。钢筋搭接处，应在其中心和两端用铁丝扎牢。

④束筋施工时，其规格、数量、位置及锚固长度应符合设计要求。束筋的搭接接头应先由单根钢筋错开搭接，接头中距为表4-36规定的单根钢筋搭接长度的1.3倍；再用一根长度为 $1.3(n+1)l_s$ 的通长钢筋进行绑扎搭接，其中 n 为组成束筋的单根钢筋根数，l_s 为单根钢筋搭接长度。

(4)绑扎网和绑扎骨架外形尺寸的允许偏差，应符合表4-37的规定：

绑扎网和绑扎骨架的允许偏差(mm) 表4-37

项目		允许偏差
网的长、宽		±10
网眼尺寸		±20
骨架的宽及高		±5
骨架的长		±10
箍筋间距		±20
受力钢筋	间距	±10
	排距	±5

工程应用

灌注桩钢筋骨架的安装

灌注桩钢筋骨架的吊装就位应符合下列技术要求:钢筋骨架的吊放允许偏差为主钢筋间距±10mm;箍筋间距±20mm;骨架外径±10mm;骨架倾斜度±0.5%;骨架保护层厚度±20mm;骨架中心平面位置±20mm;骨架顶端高程±20mm,骨架底面高程±50mm。

制作时应采取必要措施,保证骨架的刚度,主钢筋的接头应错开布置。大直径长桩骨架宜在胎架上分段制作,且宜编号,分段长度应根据吊装条件确定,安装时应按编号顺序连接。应在骨架外侧设置控制保护层厚度的垫块,其间距竖向为2m,横向圆周不得少于4处。钢筋骨架在运输过程中,应采取适当的措施防止其变形。骨架顶端应设置吊环。钢筋骨架入孔一般用起重机,无起重机时,可采用钻机钻架、灌注塔架。起吊应按骨架长度的编号入孔。

思考与练习

1. 钢筋安装的基本要求是什么?
2. 钢筋绑扎的基本要求是什么?
3. 描述钢筋安装的质量标准。

混凝土工程

Hunningtu Gongcheng

模块一 混凝土施工配合比计算和检查

<table>
<tr><td rowspan="2">学习目标</td><td>● 知识目标</td><td>(1)了解混凝土配合比设计步骤;
(2)理解混凝土施工配合比调整原则;
(3)掌握混凝土施工配合比调整方法;
(4)掌握调整混凝土施工配合比的注意事项</td></tr>
<tr><td>● 能力目标</td><td>本模块要求学生能根据某工程混凝土试验室配合比为水泥：砂：石 = 1：2.28：4.47，水胶比为0.55，1m³混凝土水泥用量 285kg，现场实测砂含水率 3%，石含水率 1%，求出施工配合比及 1m³混凝土各种材料用量</td></tr>
</table>

相关知识

普通混凝土的配合比是指混凝土的各组成材料之间的质量比例。确定比例关系的过程叫配合比设计。普通混凝土配合比,应根据原材料性能及对混凝土的技术要求进行计算,并经试验室试配、调整后确定。普通混凝土的组成材料主要包括水泥、粗集料、细集料和水,随着混凝土技术的发展,外加剂和掺合料的应用日益广泛,因此,其掺量也是进行配合比设计时需选定的。而在实际施工现场往往因为混凝土的原材料和施工环境等不可能与试验室相同,需对试验室配合比进行调整,所以水泥、砂、石、水、外加剂产生了一个新的比例关系,这种新的比例称为施工配合比。通过施工配合比的调整可使混凝土的质量接近或达到试验室配合比下所应满足的设计和施工要求,从而最终达到混凝土标准质量要求。反之,如果现场施工配合比调整不当,会使试验室配合比不能被有效使用,从而使混凝土达不到应有的质量标准,所以施工配合比的调整是混凝土质量控制的重要措施之一。[**资源 5.1**]

混凝土配合比常用的表示方法有两种:一种是以 $1m^3$混凝土中各类材料的质量表示,混凝土中的水泥、水、粗集料、细集料的实际用量按顺序表达,如水泥 300kg、水 182kg、砂 680kg、石 1310kg;另一种是以水泥、水、砂、石之间的相对质量比及水灰比表示,如前例可表示为 1:2.27:4.37,W/C = 0.61,我国目前采用的是相对质量比。

一、配合比设计步骤

混凝土的配合比设计应满足混凝土配制强度、拌合物性能、力学性能和耐久性能的设计要求。混凝土的配合比设计是一个计算、试配、调整的复杂过程,大致可分为计算配合比、试拌配合比、试验室配合比、施工配合比 4 个设计阶段。首先根据已选择的原材料性能及对混凝土的技术要求进行计算,得出计算配合比。试拌配合比是在初步计算配合比的基础上,通过试配、检测和进行工作性的调整、修正得到的;试验室配合比是根据混凝土强度试验结果,绘制强度与水胶比的线性关系图,在试拌配合比的基础上,根据水胶比调整用水量、外加剂用量以及粗集料用量、细集料用量得到的;而施工配合比考虑砂、石的实际含水率对配合比的影响,对配合比做最后的修正,是实际应用的配合比。配合比设计的过程是逐一满足混凝土的强度、工作性、耐久性、节约水泥等要求的过程。

混凝土的配合比应以相对质量比表示,并通过计算和试配选定。试配时应采用施工实际使用的材料,配制的混凝土拌合物应满足和易性、凝结时间等施工技术条件;制成的混凝土应满足配制强度、力学性能和耐久性能的设计要求。

二、试验室配合比设计步骤

混凝土配合比设计应采用工程实际使用的原材料,并应满足国家现行标准的有关要求;配合比设计应以干燥状态集料为基准,细集料含水率应小于0.5%,粗集料含水率应小于0.2%。

制作混凝土强度试验试件时,应检验混凝土拌合物的坍落度、维勃稠度、黏聚性、保水性及体积密度,并以此结果表示相应配合比的混凝土拌合物的性能。进行混凝土强度试验时,每种配合比至少应制作一组(三块)试件,标准养护28d时试压。需要时可同时制作几组试件,供快速检验或早龄试压,以便提前定出混凝土配合比供施工使用,但应以标准养护28d的强度的检验结果为依据调整配合比。

试验室混凝土配合比设计步骤如下:

1.计算水胶比

混凝土强度等级不大于C60时,混凝土水胶比宜按下式计算:

$$W/B = \frac{\alpha_a f_b}{f_{cu,0} + \alpha_a \alpha_b f_b}$$

式中:W/B——混凝土水胶比;

α_a、α_b——回归系数,取值应根据工程所使用的原材料,通过试验建立的水胶比与混凝土强度关系来确定,当不具备试验统计资料时,应满足表5-1的规定;

f_b——胶凝材料(水泥与矿物掺合料按使用比例混合)28d胶砂强度,MPa,试验应采用现行《水泥胶砂强度检验方法(ISO法)》(GB/T 17671)规定的方法;

$f_{cu,0}$——混凝土配制强度,MPa。

回归系数α_a、α_b选用表　　表5-1

系　数	粗集料品种	
	碎石	卵石
α_a	0.53	0.49
α_b	0.20	0.13

2.确定用水量和外加剂用量

每立方米干硬性或塑性混凝土的用水量应符合以下规定:

混凝土水胶比在0.40～0.80范围时,可按表5-2和表5-3选取;

混凝土水胶比小于0.40时,可通过试验确定。

干硬性混凝土的用水量(kg/m³) 表5-2

拌合物稠度		卵石最大公称粒径(mm)			碎石最大公称粒径(mm)		
项目	指标	10.0	20.0	40.0	16.0	20.0	40.0
维勃稠度(s)	16～20	175	160	145	180	170	155
	11～15	180	165	150	185	175	160
	5～10	185	170	155	190	180	165

塑性混凝土的用水量(kg/m³) 表5-3

拌合物稠度		卵石最大公称粒径(mm)				碎石最大公称粒径(mm)			
项目	指标	10.0	20.0	31.5	40.0	16.0	20.0	31.5	40.0
坍落度(mm)	10～30	190	170	160	150	200	185	175	165
	35～50	200	180	170	160	210	195	185	175
	55～70	210	190	180	170	220	205	195	185
	75～90	215	195	185	175	230	215	205	195

注:本表用水量是采用中砂时的取值。采用细砂时,每立方米混凝土用水量可增加5～10kg;采用粗砂时,可减少5～10kg。掺用矿物掺合料和外加剂时,用水量应相应调整。

掺外加剂时,每立方米流动性或大流动性混凝土的用水量(m_{w0})可按下式计算:

$$m_{w0} = m'_{w0}(1 - 0.01\beta)$$

式中:m_{w0}——满足实际坍落度要求的每立方米混凝土用水量,kg/m³。

m'_{w0}——未掺外加剂时推定的满足实际坍落度要求的每立方米混凝土用水量,kg/m³。以90mm坍落度的用水量为基础,按每增大20mm坍落度相应增加5kg/m³用水量来计算;当坍落度增大到180mm以上时,随坍落度相应增加的用水量可减少。

β——外加剂的减水率,%,应经混凝土试验确定。

每立方米混凝土中外加剂用量应按下式计算:

$$m_{a0} = m_{b0}\beta_a/100$$

式中:m_{a0}——每立方米混凝土中外加剂用量,kg/m³;

m_{b0}——计算配合比下每立方米混凝土中胶凝材料用量,kg/m³;

β_a——外加剂掺量,%,应经混凝土试验确定。

3. 计算胶凝材料、矿物掺合料和水泥用量

每立方米混凝土的胶凝材料用量(m_{b0})应按下式计算:

$$m_{b0} = \frac{m_{w0}}{W/B}$$

式中:m_{b0}——计算配合比下每立方米混凝土的胶凝材料用量,kg/m³;

m_{w0}——计算配合比下每立方米混凝土的用水量,kg/m³;

W/B——混凝土水胶比。

每立方米混凝土的矿物掺合料用量(m_{f0})应按下式计算：

$$m_{f0} = m_{b0}\beta_f/100$$

式中：m_{f0}——计算配合比下每立方米混凝土矿物掺合料用量，kg/m³；

β_f——矿物掺合料掺量，%。

每立方米混凝土的水泥用量(m_{c0})应按下式计算：

$$m_{c0} = m_{b0} - m_{f0}$$

式中：m_{c0}——每立方米混凝土中水泥用量，kg/m³。

4. 确定砂率

砂率 β_s 应根据集料的技术指标、混凝土拌合物性能和施工要求，参考既有历史资料确定。当缺乏砂率历史资料时，混凝土砂率的确定应符合下列规定：

(1)坍落度小于10mm的混凝土，其砂率应经试验确定。

(2)坍落度为10～60mm的混凝土，其砂率可根据粗集料品种、最大公称粒径及水灰比按规定选取。

(3)坍落度大于60mm的混凝土，其砂率可经试验确定，也可在表5-4的基础上按坍落度每增大20mm、砂率增大1%的幅度予以调整。

混凝土的砂率(%)　　表5-4

水胶比 W/B	卵石最大公称粒径(mm)			碎石最大公称粒径(mm)		
	10.0	20.0	40.0	16.0	20.0	40.0
0.40	26～32	25～31	24～30	30～35	29～34	27～32
0.50	30～35	29～34	28～33	33～38	32～37	30～35
0.60	33～38	32～37	31～36	36～41	35～40	33～38
0.70	36～41	35～40	34～39	39～44	38～43	36～41

5. 计算粗集料与细集料用量

采用质量法计算混凝土配合比时，粗集料用量、细集料用量和砂率应按下式计算：

$$m_{f0} + m_{c0} + m_{g0} + m_{s0} + m_{w0} = m_{cp}$$

$$\beta_s = \frac{m_{s0}}{m_{g0} + m_{s0}} \times 100$$

式中：m_{g0}——每立方米混凝土的粗集料用量，kg/m³；

m_{s0}——每立方米混凝土的细集料用量，kg/m³；

m_{w0}——每立方米混凝土的用水量，kg/m³；

β_s——砂率,%；

m_{cp}——每立方米混凝土拌合物的假定质量,kg,可取2350～2450kg。

采用体积法计算混凝土配合比时,粗集料用量、细集料用量应按下式计算:

$$\frac{m_{c0}}{\rho_c}+\frac{m_{f0}}{\rho_f}+\frac{m_{g0}}{\rho_g}+\frac{m_{s0}}{\rho_s}+\frac{m_{w0}}{\rho_w}+0.01\alpha=1$$

式中:ρ_c——水泥密度,kg/m^3；

ρ_f——矿物掺合料密度,kg/m^3；

ρ_g——粗集料的表观密度,kg/m^3；

ρ_s——细集料的表观密度,kg/m^3；

ρ_w——水的密度,kg/m^3；

α——混凝土的含气量百分数,在不使用引气剂或引气型外加剂时,α可取1。

6. 混凝土配合比的试配、调整

混凝土试配时应采用强制式搅拌机进行搅拌,搅拌方法宜采用与施工相同的方法。

每盘混凝土试配的最小搅拌量应符合表5-5的规定,并应不小于搅拌机公称容量的1/4,且不应大于搅拌机公称容量。

混凝土试配的最小搅拌量 表5-5

粗集料最大公称粒径(mm)	拌合物数量(L)
≤31.5	20
40.0	25

在计算配合比的基础上进行试拌。计算水胶比宜保持不变,并应通过调整配合比其他参数使混凝土拌合物性能符合设计和施工要求,提出试拌配合比,在试拌配合比的基础上进行混凝土强度试验,并应符合以下规定:

(1)采用三个不同的配合比,其中一个是试拌配合比,另外两个配合比的水胶比宜较试拌配合比分别增加和减少0.05,用水量应与试拌配合比相同,砂率可分别增加和减少1%；

(2)进行混凝土强度试验时,拌合物性能应符合设计和施工要求；

(3)进行混凝土强度试验时,每个配合比应至少制作一组试件,并应标准养护到28d或设计规定龄期时试压。

混凝土配合比调整应符合以下规定:

(1)根据混凝土强度试验结果,宜绘制强度和水胶比的线性关系图或用插值法确定略大于配制强度对应的水胶比；

(2)在试拌配合比的基础上,用水量和外加剂用量应根据确定的水胶比作调整；

(3)胶凝材料用量应以用水量乘确定的水胶比计算得出；

(4)粗集料和细集料用量应根据用水量和胶凝材料用量进行调整。

对耐久性有设计要求的混凝土应进行相关耐久性试验验证。

生产单位可根据常用材料设计出常用的混凝土配合比备用,并在启用过程中予以验证或调整。遇到下列情况之一时，应重新进行配合比设计：

(1)对混凝土性能指标有特殊要求；

(2)水泥、外加剂或矿物掺合料品种等原材料品种、质量有显著变化时。

三、施工配合比调整的原则

施工配合比的调整首先要考虑保证试验室配合比混凝土所能达到的所有性能。第一是混凝土的水胶比，水胶比是决定混凝土性能的最重要的一项指标，在实际施工中因为原材料的变化差异，如集料的级配、形状等有可能使混凝土的和易性、坍落度难以满足施工要求，所以需调整配合比。第二是含气量，有耐久性要求的混凝土一般要保证混凝土有一定的含气量，所以含气量同样是混凝土的重要指标，配合比的调整要保证混凝土的含气量在要求范围内。第三是施工要求，调整后的混凝土拌合物需满足施工的坍落度、和易性要求。以上三条是混凝土施工配合比调整必须遵循的原则。根据现场测定数据调整引气剂用量可控制混凝土的含气量，而水灰比的控制则必须同时考虑砂、石、水比例的调整。

四、施工配合比调整方法

试验室配合比是以干燥材料为基准的，而工地存放的砂、石都含有一定的水分，且随着气候的变化而经常变化，所以，现场材料的实际称量应按施工现场砂、石的含水情况进行修正，修正后的配合比称为施工配合比。

假定工地存放的砂的含水率为 $a\%$，石的含水率为 $b\%$，则将上述试验室配合比换算为施工配合比，其材料称量为：

水泥用量： $m_c = m_{c0}$

砂用量： $m_s = m_{s0}(1 + a\%)$

石用量： $m_g = m_{g0}(1 + b\%)$

用水量： $m_w = m_{w0} - m_{s0} \times a\% - m_{g0} \times b\%$

m_{c0}、m_{s0}、m_{g0}、m_{w0}分别为调整后的试验室配合比下每立方米混凝土中的水泥、砂、石和水的用量(kg)。应注意，进行混凝土配合比计算时，其计算公式中有关参数和表格中的数值均应以干燥状态集料(含水率小于0.5%的粗集料或含水率小于0.2%的粗集料)为基准。当以饱和面干集料为基准进行计算时，应做相应的调整，即施工配合比公式中的 a、b 分别表示现场砂、石含水率与其饱和面干含水率之差。

五、调整施工配合比的注意事项

调整混凝土施工配合比，直接关系混凝土的强度，是保证工程质量的重要环节，所以必须认真、细致地做好这一工作。按规范要求，在进行混凝土施工时，应根据现场的砂、石集料的实际含水率，将试验室配合比换算调整成施工配合比。但如果仅仅受限于此，而不考虑其他多变因素，反而不利于满足混凝土性能、质量的要求，也不符合配合比设计的宗旨。当原材料发生变化时，正确的做法是重新取样，另做配合比试验。但在实际中，往往原材料的产地、厂家、规格、种类虽没有改变，其粒径、级配、密度等却会发生一定的波动。我国的砂、石料大多由小规模料场生产,常常波动多变。若每次都重新做配合比试验,固然正确,但需要大量的时间,且有一定的滞后性。每做一次配合比试验都要先做原材料试验,配合比报告出来后还需经监理试验室验证,取样、运输也都需要时间。有时配合比还未确定,原材料又发生了变化。显然,实际中不可能对每一次小范围的波动都重新做配合比试验。但我们应对每种变动及时采取对策,在一定程度上正确调整相应的施工配合比。这样才能更有利于施工,有效地保证工程质量。因此,正确调整施工配合比,除规范规定按含水率调整外,还应抓住以下几个方面的要点。

1. 浇筑环境气温高

在低温条件下施工,水分蒸发、散失不大,可不予考虑。但在高温条件下,如炎热夏季、高温干燥棚内施工等,水分会大量蒸发、散失。这时,就应适当增加拌和用水量,以弥补这一部分损失,保证混凝土的正常用水量。

2. 砂中的含石量

一般做配合比试验时,大都把砂中9.5mm以上的颗粒筛除,再进行试配,有些试验室还把4.75mm以上的颗粒筛除,其所出的配合比报告中的砂用量不包含上述颗粒砂的用量。但在实际中,有些砂确实存在着这一部分的含量。如果不考虑这个含量,按原配合比执行,就等于减少了砂用量,而增加了碎石用量,违背了原配合比。这会导致混凝土孔隙率增大,和易性降低,结构整体强度下降。如果采用人工过筛,工作量大,不切合实际,因此,应根据砂中实测9.5mm(如配合比报告是筛除4.75mm以上颗粒,则相应改为4.75mm)以上颗粒含量进行换算,把砂用量相应调大,碎石用量相应调低,才能满足原配合比要求。

3. 碎石级配的变动

现在工程大都采用连续级配,用几种不同粒径碎石按比例掺配,试验配合比会注明碎石的掺配比例。但实际中碎石级配会经常波动,不正视这一多变性,只坚持按原掺配比例执行,有时可能会不符合连续级配要求,出现级配不合理的现象,直接影响到混凝土质量。如果能按实际筛分结果,根据级配变化情况,选出相应的最佳掺配比例进行施工,反而对工程质量更有利,同时也符合混凝土配合比设计的目的。

4. 集料密度的变化

集料密度如果发生较大变化,则会引起超方或亏方现象。亏方会造成经济损失,增加工程成本;超方等于实际水泥用量比原配合比用量少,会使混凝土强度降低。配合比设计规程规定,当混凝土表观密度实测值与设计值偏差超过2%时,应进行调整。施工过程中要注意掌握集料密度变化,当发生较大变动时,应根据实测数据,及时进行一定幅度的调整,合理地应用试验室配合比。

思考与练习

1. 简述混凝土配合比的设计步骤。
2. 混凝土施工配合比如何计算?
3. 混凝土的试验室配合比和施工配合比有什么区别?
4. 调整施工配合比的注意事项有哪些?

模块二 混凝土的施工流程

学习目标	● 知识目标	(1)能描述混凝土的施工工艺流程； (2)能归纳混凝土的拌制、运输、浇筑、振捣和养护的技术要求
	● 能力目标	本模块要求学生能根据桥梁工程背景资料完成桥梁的混凝土工程施工方案的编制

相关知识

混凝土的施工是将水泥、粗集料、细集料及外加剂按照一定配合比，搅拌均匀后，浇筑到预先设置的模型中，经振捣密实，养护硬化形成混凝土的过程，具体流程如图5-1所示。

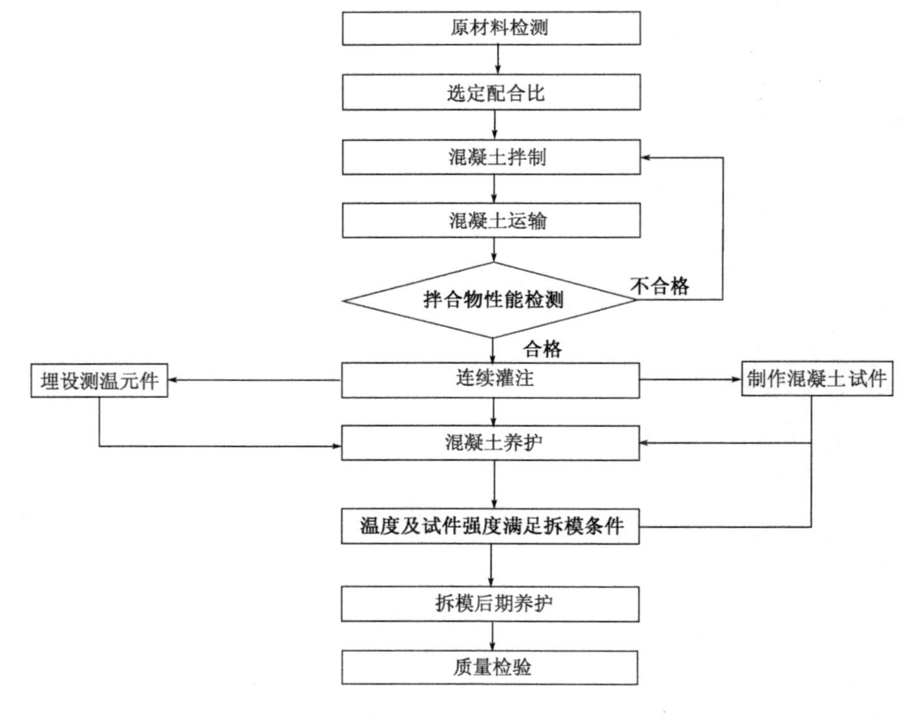

图5-1 混凝土的施工工艺流程

一、混凝土的拌制[资源5.2]

混凝土的拌制是将配制的原料分别投入拌和机械进行拌和,使各种材料充分混合,形成均匀的拌合料。混凝土的拌制过程主要有配料、投料、搅拌和出料四大步骤。

1. 配料

混凝土的配料宜采用自动计量装置,各种衡器的精度应符合要求,计量应准确。计量器应定期标定,迁移后应重新标定。拌制混凝土所用的各项材料应按质量投料,配料允许质量偏差应符合表5-6的规定。

配料允许质量偏差 表5-6

材料类别	允许偏差(%)	
	现场拌制	制梁场或集中拌和站拌制
水泥、干燥状态的掺合料	±2	±1
粗集料、细集料	±3	±2
水、外加剂	±2	±1

2. 投料

放入拌和机械的第一盘混凝土材料应含有适量的水泥、砂和水,以覆盖拌和筒的内壁而不降低拌合物所需的含浆量。每一工作班正式称量前,应对计量设备进行重点校核。计量器应定期检定,经大修、中修或迁移至新的地点后,也应进行检定。

拌和混凝土时,为减少水泥黏附在搅拌机筒内或水泥飞扬造成的损失,投料时宜先投入集料、水泥和矿物掺合料,搅拌均匀后,加水和液体外加剂,直至搅拌均匀为止。

3. 搅拌

混凝土应采用机械拌制,拌制时,自全部材料装入搅拌筒开始搅拌至开始出料的最短搅拌时间应符合表5-7的规定。混凝土的搅拌时间是影响混凝土质量的重要因素之一。搅拌时间过短,混凝土不能被充分拌和,会降低混凝土的和易性与强度;搅拌时间过长,会影响生产效率,降低和易性,造成分层离析。

混凝土最短搅拌时间(min) 表5-7

搅拌机类型	搅拌机容量(L)	混凝土坍落度(mm)		
		<30	30~70	>70
自落式	≤400	2.0	1.5	1.0
	≤800	2.3	2.0	1.5
	≤1200	—	2.5	1.5

续上表

搅拌机类型	搅拌机容量(L)	混凝土坍落度(mm)		
		<30	30~70	>70
强制式	≤400	1.5	1.0	1.0
	≤1500	2.5	1.5	1.5

混凝土的拌合物应搅拌均匀,颜色一致,不得有离析和泌水现象,对在施工现场集中拌制的混凝土,应检测其拌合物的均匀性。检测时,应在搅拌机的卸料过程中从卸料流的1/4~3/4之间部位取样进行试验,试验结果应符合混凝土砂浆密度两次测值的相对误差不应大于0.8%,单位体积混凝土粗集料含量两次测值的相对误差不应大于5%。

混凝土搅拌完毕后,还应检测混凝土拌合物的坍落度,在搅拌地点和浇筑地点分别取样检测,每一工作班或每一单元结构物不应少于两次。评定时应以浇筑地点的测值为准。

4. 出料

混凝土拌合物从搅拌机出料起至浇筑入模的时间不超过15min时,其坍落度试验可仅在搅拌地点取样检测。如有必要,还应观察、检查混凝土拌合物的均匀性、黏聚性和保水性。

二、混凝土的运输[资源5.3]

混凝土运输是整个混凝土施工中的一个重要环节,对工程质量和施工进度影响较大。由于混凝土材料拌和后不能久存,而且在运输过程中对外界的影响敏感,运输方法不当或疏忽大意,都会降低混凝土质量,甚至造成废品。如供料不及时或混凝土品种错误,会使正在浇筑的钢筋混凝土构件中断浇筑。因此要解决好混凝土拌和、浇筑、水平运输和垂直运输之间的协调配合问题,必须采取适当的措施,以保证运输混凝土的质量。

(1)混凝土宜采用内壁平整、光滑,不吸水,不渗漏的运输设备进行运输。长距离运输混凝土时,宜采用搅拌车运输;近距离运输混凝土时,宜采用混凝土泵、混凝土料斗或皮带运输。在装运混凝土前,应认真检查运输设备内是否存留有积水,或内壁黏附的混凝土是否清除干净。每天工作后或浇筑中断30min及以上时间再行搅拌混凝土时,必须再次清洗搅拌筒。

(2)混凝土运输设备的运输能力应适应混凝土凝结速度和浇筑速度的需要,保证浇筑过程连续进行。运输过程中,应确保混凝土不发生离析、漏浆、严重泌水及坍落度损失过多等现象,运至浇筑地点的混凝土应仍保持均匀和规定的坍落度。当运至现场的混凝土发生离析现象时,应在浇筑前对混凝土进行二次搅拌,但不得加水。

(3)采用机动车运输混凝土时,运输道路、车道板或行车轨道等设备应平顺、牢固。

(4)用手推车运输混凝土时,道路或车道板的纵坡不宜大于15%。用机动车运输混凝土时,混凝土的装载厚度不应小于40cm。用轻轨斗车运输混凝土时,轻轨应铺设平整,以免混凝土拌合物因斗车振动而发生离析。

(5)用吊斗(罐)运输混凝土时,吊斗(罐)出口到承接面间的高度不得大于2m。吊斗(罐)底部的卸料活门应开启方便,并不得漏浆。

(6)用搅拌运输车运输混凝土时,途中应以2~4rad/min的慢速进行搅拌,卸料前应采用快挡旋转搅拌罐不少于20s。混凝土运至浇筑地点后发生离析、泌水或坍落度不符合要求的现象,应进行二次搅拌,二次搅拌时不宜任意加水,确有必要时,可同时掺加水、相应的胶凝材料和外加剂,并保持其原水胶比不变;二次搅拌仍不符合要求时,则不得使用。

(7)用混凝土泵运送混凝土时,除应按现行《混凝土泵送施工技术规程》(JGJ/T 10)的规定进行施工外,还应符合下列规定:

①泵送施工应根据施工进度安排,加强组织和调度安排,确保连续均匀供料。

②混凝土泵的运输能力应与搅拌机械的供应能力相适应。

③混凝土泵的型号可根据工程情况、最大泵送距离、最大输出量等选定。优先选用泵送能力强的大型泵送设备,以便尽量减小泵送混凝土的坍落度。

④混凝土泵的位置应靠近浇筑地点。泵送下料口应能移动。当泵送下料口固定时,固定的间距不宜过大,一般不大于3m。不得用插入式振捣棒平拖混凝土或将下料口处堆积的混凝土推向远处。

⑤配置输送管时,应缩短管线长度,少用弯头。输送管应平顺,内壁光滑,接口不得漏浆。

⑥泵送混凝土时,输送管路起始水平管段长度不应小于15m。除出口处可采用软管外,输送管路的其他部位均不得采用软管。输送管路应用支架、吊具等加以固定,不应与模板和钢筋接触。

⑦向下泵送混凝土时,管路与垂线的夹角不宜小于12°。

⑧混凝土宜在搅拌后60min内泵送完毕,且在1/2初凝时间内入泵,并在初凝前浇筑完毕。在交通拥堵和气候炎热等情况下,应采取特殊措施,防止混凝土坍落度损失过大。

⑨泵送混凝土前,应先用水泥浆或与泵送混凝土配合比相同,但粗集料减少50%的混凝土通过管道。当用活塞泵泵送混凝土时,泵的受料斗内应具有足够的混凝土,并不得吸入空气。

⑩应保持连续泵送混凝土,必要时可降低泵送速度以维持泵送的连续性。如停泵时间超过15min,应每隔4～5min开泵一次,正转和反转两个冲程,同时开动料斗搅拌器,防止料斗中混凝土离析。如停泵时间超过45min,或混凝土出现离析现象,则宜将管中混凝土清除,并清洗泵机。

⑪冬季施工时,应对输送管采取保温措施。夏季施工时,应将输送管遮盖、洒水、垫高或涂成白色。

(8)用带式运输机运送混凝土时,传送带的最大倾斜角度不应超过表5-8的规定;混凝土卸于传送带上和由传送带卸下时,应通过漏斗等设施,保持垂直下料;传送带上应设置刮刀等设备;传送带运转速度不应超过1.2m/s;开始搅拌混凝土时,应考虑有2%～3%的砂浆损失。

传送带最大倾斜角度　　表5-8

混凝土坍落度(mm)	最大倾斜角度(°)	
	向上运送	向下运送
<40	18	12
40～80	15	10
>80	通过工艺试验确定	

(9)运输混凝土过程中,应尽量减少混凝土的转载次数和运输时间。混凝土从加水拌和到入模的最长时间,应由试验室根据水泥初凝时间及施工气温确定,并宜符合表5-9的规定。

混凝土拌合物运输时间限值 表5-9

气温 T(℃)	无搅拌运输(min)	有搅拌运输(min)
$20<T\leq30$	30	60
$10<T\leq20$	45	75
$5\leq T\leq10$	60	90

(10)为了避免日晒、雨淋和寒冷气候对混凝土质量造成影响,防止局部混凝土温度升高(夏季)或受冻(冬季),需要时应给运输混凝土的容器加上遮盖物或保温隔热材料。

三、混凝土的浇筑[资源5.4]

混凝土浇筑是施工关键而复杂的工序,对混凝土质量起着十分重要的作用。它必须保证混凝土具有良好的完整性和密实性,以满足混凝土设计所确定的强度和耐久性等各项要求。

1. 混凝土浇筑前的准备工作

(1)制定浇筑工艺,明确结构分段分块的间隔浇筑顺序和钢筋的混凝土保护层厚度的控制措施。

(2)根据结构截面尺寸研究确定必要的降温防裂措施。

(3)将基础上松动的岩块及杂物、泥块清除干净,并采取防排水措施,按有关规定填写检查记录。对干燥的非黏性土基面,应用水湿润;对未风化的岩石,应用水清洗,但其表面不得积水。

(4)仔细检查模板、支架、钢筋、预埋件的紧固程度和保护层垫块的位置、数量等,并指定专人做重复性检查,以提高钢筋的混凝土保护层厚度尺寸的质量保证率。

(5)应对混凝土的均匀性和坍落度等性能进行检测。

2. 混凝土浇筑时应满足的要求

(1)在炎热气候下,混凝土入模时的温度不宜超过30℃。应避免模板和新浇混凝土受阳光直射,控制混凝土入模前模板和钢筋的温度以及附近的局部气温不超过40℃。宜尽可能避开炎热的白天,安排在傍晚浇筑,也不宜在早上浇筑,以免气温升到最高时加快混凝土内部升温。

(2)当昼夜平均气温低于5℃或最低气温低于-3℃时,应按冬季施工处理,混凝土的入模温度不应低于5℃。

(3)在相对湿度较小、风速较大的环境条件下,可采取场地洒水、喷雾、挡风等措施,或避免在此时浇筑有较大暴露面积的构件。

(4)浇筑重要工程的混凝土时,应定时测定混凝土温度以及环境气温、相对湿度、风速等参数,并根据环境参数变化及时调整养护方式。

(5)混凝土应分层浇筑,不得随意留置施工缝。其分层厚度(指捣实后厚度)应根据搅拌机的搅拌能力、运输条件、浇筑速度、振捣能力、结构要求等条件确定,表5-10中的数值可供参考,但混凝土最大摊铺厚度不宜大于400mm,泵送混凝土的最大摊铺厚度不宜小于600mm。

混凝土的浇筑层厚度　　表5-10

振捣方式		浇筑层厚度(mm)
采用插入式振捣器		300
采用附着式振捣器		300
采用表面振动器	无筋或配筋稀疏时	250
	配筋较密时	150

(6)混凝土浇筑应连续进行。当因故间歇时,其间歇时间应小于前层混凝土的初凝时间或能重塑的时间。对不同混凝土的允许间歇时间应根据环境温度、水泥性能、水胶比、外加剂类型等条件通过试验确定。

当超过允许间歇时间时,应按浇筑中断处理,同时应留置施工缝,并进行记录。施工缝的平面应与结构的轴线相垂直,施工缝处应埋入适量的接茬片石、钢筋或型钢,并使其体积露出前层混凝土外一半左右。

(7)新浇混凝土与邻接的已硬化混凝土或岩土介质间的温差不得大于20℃。

(8)在浇筑混凝土过程中或浇筑完成时,如混凝土表面泌水较多,应在不扰动已浇筑混凝土的条件下,采取措施将水排除。继续浇筑混凝土时,应查明原因,采取措施,减少泌水。

(9)浇筑混凝土期间,应设专人检查支架、模板、钢筋、预埋件等的稳固情况,当发现有松动、变形、移位时,应及时处理。

3.混凝土拌合物倾落高度的控制

混凝土拌合物自高处倾落时,其倾落高度不宜超过2m。当倾落高度超过2m时,应通过串筒、溜管或振动溜管等设施辅助下落;当倾落高度超过10m时,除设串筒、溜管等设施外,还应设减速装置;串筒、溜管等距出料口下面的拌合物自由下落高度不宜超过1m,串筒侧向横拉距离不宜超过2m,且最下面的两节串筒应保持垂直。

4.混凝土施工缝处接续浇筑新混凝土

(1)施工缝处混凝土表面的光滑表层、松弱层应予凿毛,凿毛的最小深度应不小于8mm。对施工缝处混凝土的强度,采用水冲洗凿毛时,应达到0.5MPa;用人工凿毛时,应达到2.5MPa;用风动机凿毛时,应达到10MPa。

(2)经凿毛处理的混凝土面应用水冲洗干净,但不得存有积水。在浇筑新混凝土前,对垂直施工缝宜在旧混凝土面上刷一层水泥净浆,对水平施工缝宜在旧混凝土面上铺一层厚10~20mm、水胶比比混凝土略小的1:2水泥砂浆,或铺一层厚约30mm的混凝土,其粗集料质量宜比新浇筑混凝土减少10%。

(3)对于混凝土结构或钢筋稀疏的钢筋混凝土结构,应在施工缝处补插锚固钢筋。钢筋直径不小于16mm,间距不大于20cm。有抗渗要求的混凝土结构,施工缝宜做成凹形、凸形或设置止水带。

(4)施工缝为斜面时,旧混凝土应浇筑或凿成台阶状。

(5)施工缝处理后,须待处理层混凝土强度达到1.2MPa后才能继续浇筑混凝土。当结构物为钢筋混凝土时,处理层混凝土强度不得低于2.5MPa。混凝土达到上述抗压强度的时间宜通过试验确定。

(6)对重要部位及有抗震要求的混凝土结构或钢筋稀疏的钢筋混凝土结构,宜在施工缝处补插适量的锚固钢筋,补插的锚固钢筋直径可比结构主钢筋小一个规格,间距宜不小于150mm,插入和外露的长度均不宜小于300mm。

四、混凝土的振捣[资源5.5]

混凝土的振捣方法分为人工振捣和机械振捣两种,除少量塑性混凝土可用人工捣实外,一般应采用振捣器机械振捣。振捣的目的是使混凝土充填到模型内的每个角落,并减少混凝土集料的间隙,且使混凝土与钢筋有良好的黏结,满足结构受力的要求。

(1)混凝土浇筑过程中,应随时对混凝土进行振捣并使其均匀、密实。振捣宜采用插入式振捣器垂直点振,也可采用插入式振捣器和附着式振捣器联合振捣。混凝土较黏稠时(如采用斗送法浇筑的混凝土),应加密振点。

(2)混凝土振捣过程中,应避免重复振捣,防止过振。应加强检查模板支撑的稳定性和接缝的密合情况,防止在振捣混凝土过程中产生漏浆。

(3)采用振捣器振捣混凝土时,插入式振捣器的移位间距应不超过振捣器作用半径的1.5倍,与侧模应保持50~100mm的距离,且插入下层混凝土中的深度宜为50~100mm;表面振捣器的移位间距应使振捣器平板能覆盖已振实部分不小于100mm;附着式振捣器的布置距离,应根据结构物形状和振捣器的性能通过试验确定;每一振点的振捣延续时间宜为20~30s,以混凝土停止下沉、不出现气泡、表面呈现浮浆为度。

(4)混凝土振捣完成后,应及时修整、抹平混凝土暴露面,待定浆后再抹第二遍并压光或拉毛。抹面时严禁洒水,并应防止过度操作影响表层混凝土的质量。寒冷地区受冻融作用的混凝土和干旱地区暴露的混凝土,尤其要注意施工抹面工序的质量。

五、混凝土的养护[资源5.6]

在混凝土的凝结硬化过程中采取的保护和促进硬化的措施称为混凝土养护。混凝土的养护效果对其质量影响很大,常见的养护方法有自然养护法和蒸汽养护法。对于新浇筑的混凝土,应根据施工对象、环境条件、水泥品种、外加剂或掺合料以及混凝土性能等因素,制订具体的养护方案,并严格实施。

(1)混凝土养护期间,应重点加强混凝土的湿度和温度控制,尽量减少表面混凝土的暴露时间,及时对混凝土暴露面进行紧密覆盖(可采用篷布、塑料布等进行覆盖),防止表面水分蒸发。暴露面保护层混凝土初凝前,应卷起覆盖物,用抹子搓压表面至少两遍,使之平整后再次覆盖,此时应注意覆盖物不要直接接触混凝土表面,直至混凝土终凝为止。

(2)混凝土的蒸汽养护可分为静停、升温、恒温、降温四个阶段。静停期间应保持环境温度不低于5℃，灌注结束4～6h且混凝土终凝后方可升温，升温速度不宜大于10℃/h，恒温期间混凝土内部温度不宜超过60℃，最大不得超过65℃。恒温养护时间应根据构件脱模强度要求、混凝土配合比情况以及环境条件等通过试验确定，降温速度不宜大于10℃/h。

（3）混凝土带模养护期间，应采取带模包裹、浇水、喷淋洒水或通蒸汽等措施进行保湿、潮湿养护，保证模板接缝处不致失水干燥。为了保证顺利拆模，可在混凝土浇筑24～48h后略微松开模板，并继续浇水养护至拆模后再按规范要求继续保湿养护至规定龄期。

（4）混凝土去除表面覆盖物或拆模后，应对混凝土采用蓄水、浇水或覆盖洒水等措施进行潮湿养护，也可在混凝土表面处于潮湿状态时，迅速采用麻布、草帘等材料将暴露面混凝土覆盖或包裹，再用塑料布或帆布等将麻布、草帘等保湿材料包覆（裹）。包覆（裹）期间，包覆（裹）物应完好无损，彼此搭接完整，内表面应有凝结水珠。有条件地段应尽量延长混凝土的包覆（裹）保湿养护时间。

（5）混凝土采用喷涂养护液养护时，应确保不漏喷。

（6）混凝土终凝后的持续保湿养护时间应满足表5-11的要求。

不同混凝土潮湿养护的最低期限　　表5-11

混凝土类型	水胶比	大气潮湿（50%＜RH＜75%），无风，无阳光直射		大气干燥（RH＜50%），有风，或阳光直射	
		日平均气温 T（℃）	潮湿养护期限（d）	日平均气温 T（℃）	潮湿养护期限（d）
胶凝材料中掺有矿物掺合料	≥0.45	5≤T＜10	21	5≤T＜10	28
		10≤T＜20	14	10≤T＜20	21
		20≤T	10	20≤T	14
	＜0.45	5≤T＜10	14	5≤T＜10	21
		10≤T＜20	10	10≤T＜20	14
		20≤T	7	20≤T	10
胶凝材料中未掺矿物掺合料	≥0.45	5≤T＜10	14	5≤T＜10	21
		10≤T＜20	10	10≤T＜20	14
		20≤T	7	20≤T	10
	＜0.45	5≤T＜10	10	5≤T＜10	14
		10≤T＜20	7	10≤T＜20	10
		20≤T	7	20≤T	7

（7）在任意养护时间，若淋注于混凝土表面的养护水温度低于混凝土表面温度，则二者间的温差不得大于15℃。

（8）混凝土养护期间应注意采取保温措施，防止混凝土表面温度受环境因素影响（如暴晒、气温骤降等）而发生剧烈变化。养护期间混凝土的芯部与表层、表层与环境之间的温差不宜超过20℃（预应力箱梁宜超过15℃）。大体积混凝土施工前应制订严格的养护方案，控制混凝土内外温差以满足设计要求。

（9）混凝土在冬季和炎热季节拆模后，若天气发生骤然变化，则应采取适当的保温（冬季）

隔热(夏季)措施,防止混凝土产生过大的温差应力。

(10)混凝土拆模后可能与流动水接触时,应在混凝土与流动的地表水或地下水接触前采取有效的保温、保湿养护措施,养护时间应比表5-11规定的时间有所延长(至少14d),且混凝土的强度应达到75%以上的设计强度。养护结束后应及时回填。

(11)直接与海水或盐渍土接触的混凝土,应保证混凝土在强度达到设计强度等级以前不受侵蚀。并尽可能推迟新浇混凝土与海水或盐渍土直接接触的龄期,一般不宜小于6周。

(12)当昼夜平均气温低于5℃或最低气温低于-3℃时,应按冬季施工处理。当环境温度低于5℃时,禁止对混凝土表面进行洒水养护。此时,可在混凝土表面喷涂养护液,并采取适当保温措施。

(13)对于严重腐蚀环境下采用大掺量粉煤灰的混凝土结构或构件,在完成规定的养护期限后,如条件许可,在上述养护措施基础上仍应进一步适当延长潮湿养护时间。

(14)在混凝土养护期间,应对有代表性的结构进行温度监控,定时测定混凝土芯部温度、表层温度以及环境温度、相对湿度、风速等参数,并根据混凝土温度和环境参数的变化情况及时调整养护制度,严格控制混凝土的内外温差以满足要求。

(15)混凝土的养护严禁采用海水。混凝土的洒水保湿养护时间应不少于7d,对重要工程或有特殊要求的混凝土,应根据环境温度、湿度、水泥品种以及掺用的外加剂和掺合料等,酌情延长养护时间,并应使混凝土表面始终保持湿润状态。

(16)新浇筑的混凝土与流动的地表水或地下水接触时,应采取临时防护措施,保证混凝土在7d以内且强度达到设计强度的50%以前,不受水的冲刷侵袭;当环境水具有侵蚀作用时,应保证混凝土在10d以内且强度达到设计强度的70%以前,不受水的侵袭。混凝土处于冻融循环作用的环境时,宜在结冰期到来4周前完成浇筑施工,且在混凝土强度达到设计强度的80%前不得受冻,否则应采取技术措施,防止发生冻害。

思考与练习

1. 绘制混凝土的施工流程图。
2. 混凝土的拌制分为几个步骤?分别有哪些技术要求?
3. 混凝土的运输方式有哪些?
4. 混凝土浇筑时有哪些注意事项?浇筑时间如何控制?
5. 混凝土的养护方式有几种?分别有哪些技术要求?

模块三 特殊混凝土及施工技术要求

<table>
<tr><td rowspan="2">学习目标</td><td>● 知识目标</td><td>(1)能描述大体积混凝土的配合比设计和施工技术要求;
(2)能阐述抗冻混凝土和抗渗混凝土施工技术要求;
(3)能归纳高强度混凝土的施工技术要点;
(4)能归纳高性能混凝土的施工技术要点</td></tr>
<tr><td>● 能力目标</td><td>本模块要求学生通过学习大体积混凝土、抗冻混凝土、抗渗混凝土、高强度混凝土和高性能混凝土的相关知识，能掌握对应的施工技术要点，完成施工方案的编制</td></tr>
</table>

相关知识

一、大体积混凝土[资源5.7]

大体积混凝土是指现场浇筑的最小边尺寸大于或等于1m,且必须采取措施以避免水化热引起的内表温差过大导致裂缝的混凝土。它与普通混凝土表面上的区别是结构的尺寸不同;实质上的区别是混凝土中水泥的水化要产生热量,而大体积混凝土内部的热量不如表面的热量散失得快,造成内表温差较大,由此产生的温度应力可能会使混凝土开裂。比较准确的方法是通过计算水泥水化热引起的混凝土温升值与环境温度的差值大小来判断某混凝土是否为大体积混凝土。一般情况下,当差值小于25℃时,其所产生的温度应力小于混凝土本身容许的抗拉强度,不会造成混凝土的开裂;当差值大于或等于25℃时,其所产生的温度应力有可能大于混凝土本身容许的抗拉强度,造成混凝土的开裂,此时就可判定该混凝土为大体积混凝土。

1.原材料和配合比设计要求

大体积混凝土在选用原材料和进行配合比设计时,应按照降低水化热温升的原则进行,并满足以下要求:

(1)宜选用低水化热和凝结时间长的水泥品种。粗集料宜采用连续级配,细集料宜采用中砂。宜掺用可降低混凝土早期水化热的外加剂和掺合料,外加剂宜采用缓凝剂、减水剂;掺合料宜采用粉煤灰、矿粉等。

(2)进行配合比设计时,在满足混凝土强度、和易性及坍落度要求的前提下,宜采取改善粗集料级配、提高掺合料和粗集料的含量、降低水胶比等措施,减少混凝土的水泥用量。

(3)大体积混凝土进行配合比设计及质量评定时,可按60d龄期的抗压强度控制。

2.施工技术要求

大体积混凝土的施工应提前制订专项施工技术方案,并应对混凝土采取温度控制措施。大体积混凝土的浇筑、养护和温度控制应满足以下要求:

(1)施工前应根据原材料、配合比、环境条件、施工方案、施工工艺等因素,进行温控设计和温控监测设计,并应在浇筑后按该设计要求对混凝土内部和表面的温度实施控制和监测。对大体积混凝土进行温度控制时,应使其内部最高温度不大于75℃,内表温差不大于25℃,混凝土表面与大气温差不大于20℃。

(2)大体积混凝土可分层、分块浇筑,分层、分块的尺寸宜根据温控设计的要求及浇筑能力合理确定,当结构尺寸相对较小或能满足温控要求时,可全断面一次浇筑。

(3)分层浇筑时,在上层混凝土浇筑之前应对下层混凝土的顶面作凿毛处理,且新浇混凝土与下层已浇筑混凝土的温差宜小于20℃,并应采取措施将各层间的浇筑间歇期控制在7d以内。

(4)分块浇筑时,块与块之间的横向接缝面应平行于结构物的短边,并应在浇筑完成拆模后按施工缝的要求进行凿毛处理。分块施工所形成的后浇段,应在对大体积混凝土实施温度控制且其温度趋于稳定后,方可采用微膨胀混凝土浇筑后浇段,并应二次浇筑完成。

(5)大体积混凝土的浇筑宜在气温较低时进行,但混凝土的入模温度应不低于5℃。炎热季节施工时,宜采取措施降低混凝土的入模温度,且其入模温度不宜高于28℃。

(6)大体积混凝土的温度控制宜按照"内降外保"的原则,对混凝土内部采取设置冷却水管通循环水冷却,对混凝土外部采取覆盖蓄热或蓄水保温等措施。在混凝土内部通水降温时,进出口水的温差宜小于或等于10℃,且水温与内部混凝土的温差宜不大于20℃,降温速率宜不大于2℃/d;利用冷却水管中排出的降温用水在混凝土顶面蓄水保温养护时,养护水温度与混凝土表面温度的差值应不大于15℃。

(7)大体积混凝土采用硅酸盐水泥或普通硅酸盐水泥时,其浇筑后的养护时间不宜少于14d,采用其他品种水泥时不宜少于21d。在寒冷天气或气温骤降天气时浇筑的混凝土,除应对其外部加强覆盖保温外,尚应适当延长养护时间。

二、抗冻混凝土与抗渗混凝土[资源5.8、资源5.9]

混凝土抗冻性一般以抗冻等级表示。抗冻等级是根据龄期28d的试块在吸水饱和后,抗压强度下降不超过25%,而且质量损失不超过5%时所能承受的最大冻融循环次数来确定的。有抗冻性要求的混凝土,应满足以下要求:

(1)宜选用硅酸盐水泥或普通硅酸盐水泥,不宜使用火山灰质硅酸盐水泥。粗集料宜选用连续级配,其最大粒径不宜大于37.5mm,含泥量应不大于1%,细集料的含泥量应不大于2%。集料的坚固性5次循环试验质量损失应不大于3%,并不得含有泥块。

(2)抗冻混凝土的配合比设计除应符合普通混凝土配合比设计的规定外,最大水胶比还应小于0.50,同时应进行抗冻融性能试验。

(3)位于水位变动区有抗冻要求的混凝土,其抗冻等级指标不应低于表5-12的规定。

水位变动区混凝土抗冻等级选定标准 表 5-12

桥梁所在地区	海水环境	淡水环境
严重受冻地区(最冷月平均气温低于 -8℃)	F350	F250
受冻地区(最冷月平均气温在 -8 ~ -4℃之间)	F300	F200
微冻地区(最冷月平均气温在 -4 ~0℃之间)	F250	F150

注:1. 试验过程中试件所接触的介质应与结构物实际接触的介质相近。
2. 墩、台身等结构物的混凝土应选用比同一地区高一级的抗冻等级。

(4)有抗冻性要求的混凝土宜掺入适量引气剂,其拌合物的适宜含气量应满足表 5-13 的规定。

有抗冻性要求的混凝土拌合物含气量控制范围 表 5-13

集料最大粒径(mm)	含气量范围(%)	集料最大粒径(mm)	含气量范围(%)
9.5	5.0 ~8.0	31.5	3.5 ~6.5
19.0	4.0 ~7.0	37.5	3.0 ~6.0

抗渗等级是根据 28d 龄期的标准试件,按标准试验方法进行试验时所能承受的最大水压力来确定的。有抗渗要求的混凝土,应满足以下要求:

①混凝土的抗渗等级应符合设计规定。

②水泥宜采用普通硅酸盐水泥;粗集料宜选用连续级配,其最大粒径不宜大于 40.0mm;细集料宜采用中砂。抗渗混凝土宜掺用外加剂和矿物掺合料;粉煤灰应采用 F 类,并不应低于Ⅱ级。

③胶凝材料总量不宜小于 320kg/m^3,砂率宜为 35% ~45%,最大水胶比应符合表 5-14 的规定。

抗渗混凝土最大水胶比 表 5-14

抗渗等级	最大水胶比	
	C20 ~ C30 混凝土	C30 以上混凝土
P6	0.60	0.55
P8 ~ P12	0.55	0.50
P12 以上	0.50	0.45

④掺引气剂的抗渗混凝土,应做含气量试验,其含气量宜控制在 3% ~5% 之间。

⑤混凝土抗渗性试验方法应符合现行《公路工程水泥及水泥混凝土试验规程》(JTG 3420)的规定,试配时要求的抗渗水压值应比设计值提高 0.2MPa。

三、高强度混凝土[资源 5.10]

1. 原材料

按常规工艺生产的 C60 及以上强度等级的混凝土称为高强度混凝土,其原材料选用应满足以下要求:

(1)水泥宜选用硅酸盐水泥或普通硅酸盐水泥。

(2)细集料除应符合普通细集料的规定外,尚宜选用质地坚硬、级配良好的中砂,细度模数应为2.6~3.0,含泥量应不大于2.0%;配制C70及以上强度等级的混凝土时,含泥量应不大于1.5%,且不应有泥块存在,必要时应冲洗后使用。

(3)粗集料宜选用质地坚硬、级配良好、无风化颗粒的碎石,其质量指标除应满足普通粗集料的规定外,粗集料的最大粒径还不应大于25.0mm,含泥量应不大于0.5%,泥块含量应不大于0.2%,针片状颗粒含量不宜大于5.0%;配制C80及以上强度等级的混凝土时,最大粒径不宜大于20.0mm。

(4)所采用的减水剂应为高效减水剂或缓凝高效减水剂,其掺量应根据试验确定。

(5)掺合料可选用粉煤灰、粒化高炉矿渣粉、硅灰等,粉煤灰等级应不低于Ⅱ级,其技术条件应符合前述规定,掺量应根据试验确定。

(6)拌和与养护用水应符合前述规定。

2. 配合比设计

高强度混凝土的配合比,应根据施工技术要求的拌合物工作性和结构设计要求的强度,充分考虑施工运输和环境温度等条件进行设计,通过试配和现场试验确认满足要求后方可正式使用。高强度混凝土的优点是可以在满足结构强度要求的前提下,显著减少截面尺寸,减轻结构自重。由于高强度混凝土的抗压强度标准值大于普通混凝土,对其组成材料的单位质量要求更严,因此高强度混凝土的配合比设计有别于普通混凝土。

高强度混凝土的配合比应有利于减少温度收缩、干燥收缩和自身收缩引起的体积变形,避免早期开裂,配合比设计除应符合前述规定外,尚应满足以下要求:

(1)配制高强度混凝土所用砂及所采用的外加剂和矿物掺合料的品种、掺量等,均应通过试验确定。

(2)高强度混凝土的水泥用量不宜大于500kg/m^3,胶凝材料总量不宜大于600kg/m^3。

(3)当采用3个不同的配合比进行混凝土强度试验时,其中一个应为基准配合比,另外两个配合比的水胶比宜较基准配合比分别增加0.02~0.03和减少0.02~0.03。

(4)高强度混凝土的配合比设计确定后,尚应采用该配合比进行不少于6次的重复试验进行验证,其平均值应不低于配制强度。

3. 施工技术要求

高强度混凝土的施工除应满足普通混凝土的技术要求外,还应满足以下要求:

(1)混凝土应采用强制式搅拌机拌制,不得采用自落式搅拌机搅拌。

(2)应准确控制用水量,及时测定粗集料、细集料的含水率,并按测值调整用水量和集料用量,不得在拌合物出机后再加水。

(3)搅拌混凝土时,高效减水剂宜采用后掺法,且宜制成溶液后再加入,并应在混凝土用水量中扣除渗液用水量。加入减水剂后,混凝土拌合料在搅拌机中继续搅拌的时间不宜少于30s。

(4)高强度混凝土的入模温度应根据环境条件和结构所受的内、外约束程度加以限制。保湿养护的时间应不少于7d。

四、高性能混凝土[资源5.11]

高性能混凝土是采用混凝土的常规材料、常规工艺,在常温下,以低水胶比、大掺量优质掺合料和严格的质量控制措施制作的,具有良好的施工工作性能,且硬化后具有高耐久性、高尺寸稳定性及较高强度的混凝土。高性能混凝土以耐久性作为设计的主要指标。区别于传统混凝土,高性能混凝土具有高耐久性、高工作性、较高强度、高体积稳定性等许多优良特性。高性能混凝土的配制特点是水胶比低,选用优质原材料,掺加优质掺合料和高效外加剂。

1. 高性能混凝土对原材料的技术要求

(1)水泥。

水泥宜选用品质稳定、标准稠度需水量低、强度等级不低于42.5的硅酸盐水泥或普通硅酸盐水泥,不宜采用矿渣硅酸盐水泥、火山灰质硅酸盐水泥、粉煤灰硅酸盐水泥或复合硅酸盐水泥,亦不宜采用早强水泥。水泥的技术要求除应符合现行《通用硅酸盐水泥》(GB 175)的规定外,尚应符合表5-15的规定。

水泥技术要求　　表5-15

项　目	技术要求	检验标准
比表面积(m^2/kg)	≤350(硅酸盐水泥、抗硫酸盐硅酸盐水泥)	《水泥比表面积测定方法　勃氏法》(GB/T 8074—2008)
游离氧化钙含量(%)	≤1.5	《水泥化学分析方法》(GB/T 176—2017)
碱含量(%)	≤0.60	按《水泥化学分析方法》(GB/T 176—2017)检验后计算求得
熟料中C_3A含量	≤8;海水环境≤5	
氯离子含量(%)	≤0.03	《水泥化学分析方法》(GB/T 176—2017)

(2)细集料。

细集料应选用级配合理、质地均匀坚固、吸水率低、孔隙率小、细度模数为2.6~3.2的洁净天然中粗河砂或符合要求的机制砂,不得使用山砂和海砂。细集料中有害物质含量限值应符合表5-16的规定。

细集料中有害物质含量限值　　表5-16

项　目	有害物质含量限值		
	混凝土强度等级		
	<C30	C30~C50	≥C50
含泥量(%)	≤0.5		
泥块含量(%)	≤0.5		
云母含量(%)	≤0.5		
轻物质含量(%)	≤0.5		
氯离子含量(%)	<0.02		

续上表

项　　目	有害物质含量限值		
	混凝土强度等级		
	< C30	C30 ~ C50	≥C50
有机物含量(比色法)	合格		
硫化物及硫酸盐含量(按 SO_3 质量计,%)	≤0.5		

注:对可能处于干湿循环、冻融循环下的混凝土,细集料的含泥量应小于1.0%。

(3)粗集料。

粗集料应选用级配合理、粒形良好、质地均匀坚固、线膨胀系数小的洁净碎石或卵石,不宜采用砂岩加工成的碎石,且应采用连续两级配或连续多级配。粗集料的压碎指标应不大于10%;坚固性试验结果失重率对钢筋混凝土结构应小于8%,对预应力混凝土结构应小于5%。粗集料的吸水率应小于2%,当用于干湿循环、冻融循环下的混凝土时应小于1%。粗集料的最大粒径宜不超过26.5mm(大体积混凝土除外),且不得超过保护层厚度的2/3。粗集料中有害物质含量的限值应符合表5-17的规定。

粗集料中有害物质含量限值　　表5-17

项　　目	有害物质含量限值		
	混凝土强度等级		
	< C30	C30 ~ C50	≥C50
含泥量(%)	≤1.0		≤0.5
泥块含量(%)	≤0.25		
针片状颗粒含量(%)	≤7		
硫化物及硫酸盐含量(按 SO_3 质量计,%)	≤0.5		
氯离子含量(%)	<0.02		
有机物含量(比色法)	合格		

(4)外加剂。

外加剂应选用高性能减水剂、高效减水剂或复合减水剂,并应选择减水率高、坍落度损失小、引气适量、与水泥之间具有良好的相容性、能明显改善或提高混凝土耐久性能且质量稳定的产品。引气剂或引气型外加剂应有良好的气泡稳定性。用于提高混凝土抗冻性的引气剂、减水剂和复合外加剂中均不得掺有木质硫酸盐组分,并不得采用含有氯盐的防冻剂。

(5)矿物掺合料。

矿物掺合料是为改善混凝土耐久性能而加入的磨细的各种矿物材料。矿物掺合料应选用品质稳定、来源均匀的粉煤灰、粒化高炉矿渣粉、硅灰等。

强度等级不大于C50的钢筋混凝土宜选用国标Ⅰ级或Ⅱ级粉煤灰,但应控制粉煤灰的烧失量不大于5.0%,细度不大于20%;强度等级不小于C50的预应力混凝土宜选用国标Ⅰ级粉煤灰,但应控制粉煤灰的烧失量不大于3.0%。粉煤灰常与矿粉双掺,掺量不得小于20%。

(6)水。

拌和用水可采用饮用水。当采用其他来源的水时,水的品质应符合相关规范的要求。不得使用海水拌和与养护。

2. 高性能混凝土对施工技术的要求

(1)称量。

混凝土原材料应严格按照施工配合比要求进行准确称量,所有混凝土原材料,除水可按体积计外,其余均应按质量进行称量,集料称量的允许偏差为 ±2%,其他原材料称量的允许偏差为 ±1%。

(2)运输。

运输混凝土的道路应保持平坦畅通,保证混凝土在运输过程中保持均匀性,运到浇筑地点时不分层、不离析、不漏浆,并具有要求的坍落度和含气量等工作性能。混凝土宜在搅拌后60min 内泵送完毕,且在1/2 初凝时间前入泵。全部混凝土应在初凝前浇筑完毕。在交通拥堵和气候炎热等情况下,应采取特殊措施以防止混凝土坍落度损失过大。

(3)浇筑。

①浇筑混凝土前,应针对工程特点、施工环境条件与施工条件事先设计浇筑方案,包括浇筑起点、浇筑进展方向、浇筑厚度等。混凝土浇筑过程中,不得无故更改事先确定的浇筑方案。

②浇筑混凝土前,应仔细检查钢筋保护层垫块的位置、数量及紧固程度,构件侧面和底面的垫块至少应为 4 个/m^2,绑扎垫块和钢筋的铁丝头不得伸入保护层内。当采用细石混凝土垫块时,其抗腐蚀能力和抗压强度应高于构件本体混凝土,且水胶比不大于 0.4。钢筋的净混凝土保护层厚度的施工允许误差应为正偏差,对现浇结构,其最大允许误差应不大于 10mm;对预制构件,其最大允许误差应不大于 5mm。

③混凝土入模前,应采用专用设备测定混凝土的温度、坍落度、含气量、水胶比、泌水率等工作性能;只有拌合物性能符合设计或配合比要求的混凝土方可入模浇筑。高性能混凝土的入模温度宜不超过 28℃,新浇筑混凝土与已浇并硬化的混凝土或岩土介质之间的温差应不大于 20℃,混凝土表面的接触物与混凝土表面温度之差应不大于 15℃。高性能混凝土的浇筑应连续进行,在振捣过程中应控制混凝土的均匀性和密实性,同时应在浇筑及静置过程中采取有效的防裂措施,对混凝土的沉降及塑性干缩导致的表面裂纹,应及时予以处理。

④混凝土浇筑时的自由倾落高度不得大于 2m;当大于 2m 时,应采用滑槽、串筒、漏斗等器具辅助输送混凝土,保证混凝土不出现分层离析现象。

⑤混凝土的浇筑应采用分层连续推移的方式进行,间隙时间不得超过 90min,不得随意留置施工缝。混凝土的一次摊铺厚度不宜大于600mm(当采用泵送混凝土时)或400mm(当采用非泵送混凝土时)。浇筑竖向结构的混凝土前,底部应先浇入 50 ~ 100mm 厚的水泥砂浆(水灰比略小于混凝土)。

⑥混凝土的初凝时间不得小于 40min,终凝时间不得大于 600min。

(4)振捣。

①混凝土浇筑过程中,应随时对混凝土进行振捣并使其均匀、密实。振捣宜采用插入式振捣棒垂直点振,也可采用插入式振捣棒和附着式振捣器联合振捣。混凝土较黏稠时(如采用

斗送法浇筑的混凝土)应加密振点。

②混凝土一般均应使用插入式振捣棒振捣。混凝土构件顶面部分、预应力混凝土构件或其他薄层部位可用平板振捣器振捣。

③混凝土振捣密实的一般标志是:混凝土液化泛浆后其表面基本不再下沉、气泡不持续涌出,泛浆、表面平坦。

④不得在模板内利用振捣棒使混凝土长距离流动或运送混凝土,以致引起离析。混凝土捣实后1.5~24h之内,不得受到振动。

⑤高性能混凝土的振捣应采用高频振捣器,且宜采用二次振捣及二次抹面的方式施工,每点的振捣时间宜不超过30s,并应防止过振和过度抹面,严禁通过洒水辅助抹面。混凝土振捣过程中,应避免重复振捣,防止过振。加强检查模板支撑的稳定性和接缝的密合情况,防止在振捣混凝土过程中产生漏浆。

⑥应根据结构尺寸和钢筋间距情况,合理选择振捣工艺和振捣工具的型号。为确保钢筋保护层混凝土质量,应选用小直径的振捣棒或采用人工铲对保护层混凝土进行专门振捣和铲实。

⑦表层混凝土振捣完成后,应及时修整、抹平混凝土暴露面,待定浆后再抹第二遍并压光或拉毛。抹面时严禁洒水,并防止过度操作影响表层混凝土的质量,尤其是寒冷地区受冻融作用的混凝土和干旱地区暴露的混凝土。

(5)养护。

按照本项目模块二中的养护措施进行养护。

思考与练习

1. 简述大体积混凝土的配合比设计和施工技术要求。
2. 抗冻混凝土和抗渗混凝土的施工注意事项有哪些?
3. 高强度混凝土对原材料有何要求?
4. 绘制高性能混凝土的施工流程图,并说明施工要点。

模块四　混凝土施工质量检验

学习目标		
学习目标	● 知识目标	(1)理解混凝土施工质量检验的分类; (2)能阐述混凝土施工前的检验项目; (3)能描述混凝土施工过程的检验项目; (4)能阐述混凝土施工后的检验项目
	● 能力目标	本模块要求学生通过学习混凝土施工质量检验相关知识，掌握施工前、施工过程和施工后检验的项目，完成混凝土施工质量的评定，达到知识目标的要求

相关知识

混凝土施工质量检验分为施工前检验、施工过程检验、施工后检验。施工前检验项目全部合格后方可施工;施工过程检验项目出现不合格时,应分析原因,及时调整,待合格后方可继续施工;施工后检验项目应和施工前、施工过程检验项目共同作为质量评定和验收的依据。[**资源 5.12**]

一、施工前检验项目

混凝土施工前的检验项目应包括以下内容:

(1)施工设备和场地。

(2)混凝土的原材料和各种组成材料的质量。

(3)混凝土配合比及混凝土拌合物的工作性能、力学性能、抗裂性能等,对耐久性混凝土,还应包括耐久性。

(4)基础、钢筋、预埋件等隐蔽工程及支架、模板。

(5)混凝土的运输、浇筑、养护方法及设施,安全设施。

二、施工过程检验项目

混凝土施工过程的检验项目应包括下列内容:

(1)混凝土组成材料的外观及配料、拌制,每一工作班应检验不少于 2 次,必要时应随时抽样试验。

(2)混凝土的和易性、坍落度及扩展度等工作性能,每一工作班应检验不少于 2 次。

(3)砂、石材料的含水率每日开工前应检测 1 次,天气有较大变化时应随时检测;当含水率变化较大并将使配料偏差超过规定时,应及时调整。

(4)钢筋、预应力管道、模板、支架等的安装位置和稳固性。

(5)混凝土的浇筑质量。

(6)外加剂的使用效果。

三、施工后检验项目

混凝土拆模且养护结束后,应对实体混凝土进行下列检验:

(1)养护情况。

(2)混凝土强度,拆模时间。

(3)混凝土外露面质量。

(4)结构的外形尺寸、位置、裂缝、变形、沉降等。

思考与练习

1. 简述混凝土施工质量检验的分类。

2. 混凝土施工前的检验项目有哪些内容?

3. 混凝土拆模且养护结束后,应对实体混凝土进行哪些检验?

预应力混凝土工程

Yunyingli Hunningtu Gongcheng

模块一 预应力混凝土结构简介

学习目标	● 知识目标	(1)能说出预应力混凝土结构的基本原理; (2)能描述预应力混凝土结构的特点; (3)了解预应力混凝土结构的分类; (4)能描述预应力度的概念
	● 能力目标	本模块要求学生通过学习预应力混凝土结构组成及相关知识，能描述预应力混凝土构件的受力过程；区分预应力混凝土结构的类型；说明预应力度的意义

相关知识

对于钢筋混凝土构件,由于混凝土的抗拉强度低,因而采用钢筋来代替混凝土承受拉力。但是,混凝土的极限拉应变也很小,每米仅能伸长0.10~0.15mm,混凝土伸长值超过该极限值就会出现裂缝。如果要求构件在使用时混凝土不开裂,则钢筋的拉应力只能达到20~30MPa;即使允许开裂,为了保证构件的耐久性,常需将裂缝宽度限制在0.20~0.25mm的范围内,此时钢筋拉应力也只能达到150~250MPa,远远低于钢筋的抗拉强度。由此可见,高强度钢筋是无法在钢筋混凝土结构中充分发挥其抗拉作用的。

由上可知,钢筋混凝土结构在使用中存在如下两个问题:一是需要带裂缝工作,但裂缝的存在不仅使构件刚度下降,而且使得钢筋混凝土构件不能应用于不允许开裂的场合;二是无法充分利用高强钢材。当荷载增加时,靠增加钢筋混凝土构件的截面尺寸或增加钢筋用量的方法来控制构件的裂缝和变形是不经济的,因为这必然会使构件自重(恒载)增加。特别是对于桥梁结构,随着跨度的增大,自重作用占总荷载的比例也增大,这使得钢筋混凝土结构在桥梁工程中的使用范围受到很大限制。要使钢筋混凝土结构得到进一步的发展,就必须克服混凝土抗拉强度低这一缺点,通过长期的工程实践及研究,预应力混凝土结构应运而生。

预应力混凝土结构没有承受荷载时,预应力钢筋就已经承受了一定程度的拉应力;承受荷载后,拉应力在此基础上进一步提高。在预应力构件中一般使用高强度的预应力钢筋,构件受荷后预应力钢筋的应力仍可以较大幅度增高。因此可以说,预应力构件在利用混凝土抗压能力的同时,也利用了高强度钢筋的抗拉能力来弥补混凝土抗拉强度的不足。

一、预应力混凝土结构的基本原理[资源6.1]

预应力混凝土结构是在结构构件受外力荷载作用前,事先人为地对它施加压力,由此产生预压应力用以减小或抵消外荷载所引起的拉应力，即借助混凝土较高的抗压强度来弥补其抗拉强度的不足，达到延缓受拉区混凝土开裂的目的。

下面通过一个例子进一步说明混凝土预加应力的原理。

图6-1为一片由C25混凝土制作的素混凝土梁，跨径 $L=4\text{m}$，截面尺寸为 $200\text{mm}\times300\text{mm}$，截面模量为 $W=200\times300^2/6=3\times10^6(\text{mm}^3)$，在 $q=15\text{kN/m}$ 的均布荷载作用下，跨中弯矩为：$M=qL^2/8=15\times4^2/8=30(\text{kN}\cdot\text{m})$。跨中截面上产生的最大应力为：$\sigma=M/W=\pm30\times10^6/(3000\times10^3)=\pm10(\text{MPa})$。

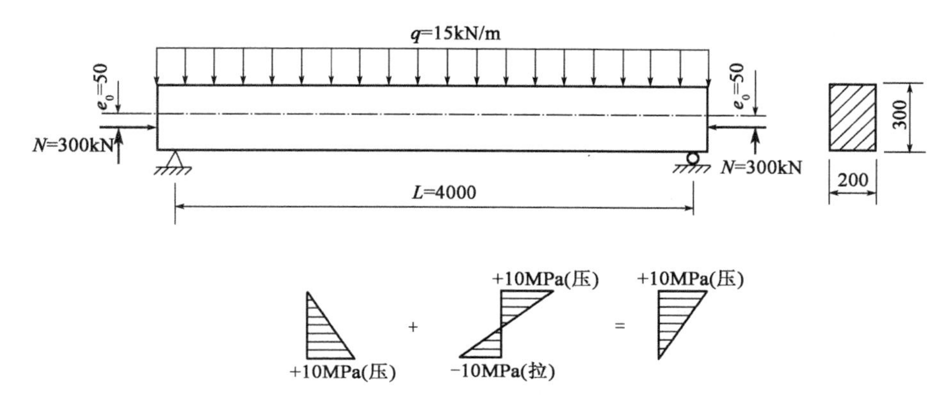

图6-1　预应力混凝土梁的受力情况（尺寸单位：mm）

对于C25混凝土来说，其抗压强度设计值 $f_{\text{cd}}=11.5\text{MPa}$，而抗拉强度设计值 $f_{\text{td}}=1.23\text{MPa}$，所以，C25混凝土承受10MPa的压应力是没有问题的，但承受10MPa的拉应力，则根本不可能。实际上，这样一片素混凝土梁在 $q=15\text{kN/m}$ 的均布荷载作用下早已断裂。

如果在梁端施加一对偏心距 $e_0=50\text{mm}$、纵向力 $N=300\text{kN}$ 的预加力，在此预加力作用下，梁跨中截面上下边缘混凝土所受到的预应力为

$$\sigma=\frac{N}{A}\mp\frac{Ne_0}{W}=\frac{300\times10^3}{200\times300}\pm\frac{300\times10^3\times50}{3000\times10^3}=\begin{matrix}0\\+10\end{matrix}\ (\text{MPa})$$

这样，即在梁的下缘预先储备了10MPa的压应力，用以抵抗外荷载作用产生的拉应力。在外加作用和预加纵向压力的共同作用下，截面上下边缘应力为

$$\sigma_{\text{min}}^{\text{max}}=\frac{N}{A}\mp\frac{Ne_0}{W}\pm\frac{M}{W}=\begin{matrix}0\\+10\end{matrix}\pm\begin{matrix}+10\\10\end{matrix}=\begin{matrix}+10\\0\end{matrix}\ (\text{MPa})$$

显然，这样的梁承受 $q=15\text{kN/m}$ 的均布荷载是没问题的，而且整个截面始终处于受压工作状态。从理论上讲，没有了拉应力，梁体也就不会出现裂缝。

二、预应力混凝土结构的特点[资源6.2]

图6-2为两片梁的作用（荷载）-挠度曲线对比图。这两片梁具有相同强度等级的混凝土、跨度、截面尺寸和配筋量，但一片已施加预应力，另一片为普通钢筋混凝土梁。由图中试验曲线可以看出，预应力梁的开裂作用（荷载）大于钢筋混凝土梁的开裂作用（荷载）。同时，在承受作用（荷载）P 时，前者并未开裂，且前者的挠度小于后者的挠度。由此可见，预应力混凝土

结构具有下列6个优点:

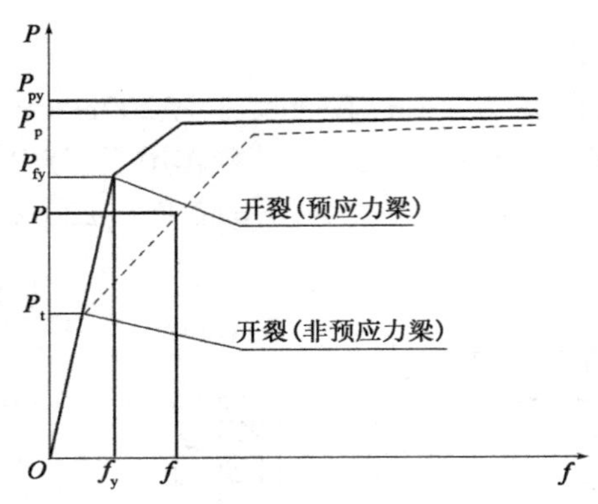

图6-2 梁的荷载(P)-挠度(f)曲线对比图

(1)提高了构件的抗裂性能和刚度。对构件施加预应力后,构件在荷载作用下可不出现裂缝,或可使裂缝大大延缓出现,有效改善了构件的使用性能,提高了构件的刚度,增加了结构的耐久性。

(2)可以节省材料,减少自重。由于预应力混凝土采用高强材料,因而可减小构件截面尺寸,节省钢材与混凝土用量,降低结构的自重。这对自重比例很大的大跨径桥梁来说,有着更显著的优势。

(3)可以减小混凝土梁的竖向剪力和主拉应力。预应力混凝土梁的曲线钢筋(束),可使梁中支座附近的竖向剪力减小;又由于混凝土截面上预压应力的存在,荷载作用下的主拉应力也相应减小,这有利于减小梁的腹板厚度,使预应力混凝土梁的自重进一步减小。

(4)结构质量安全可靠。施加预应力时,钢筋(束)与混凝土同时经受了一次强度检验。如果在张拉钢筋时构件质量表现良好,那么在使用时,也可以认为其是安全可靠的。因此有人称预应力混凝土结构是经过预先检验的结构。

(5)预应力可作为结构构件的连接手段,促进了桥梁结构新体系与施工方法的发展。

(6)预应力还可以提高结构的耐疲劳性能。因为具有强大预应力的钢筋,在使用阶段由加荷或卸荷引起的应力变化幅度相对较小,所以引起疲劳破坏的可能性也小。这对承受动荷载的桥梁结构来说是很有利的。

但是,预应力混凝土结构也存在着一些缺点:

(1)施工工艺较复杂,对施工质量要求较高,因而需要配备技术较熟练的专业队伍。

(2)需要有专门的设备,如张拉机具、灌浆设备等。先张法需要有张拉台座;后张法要耗用数量较多、质量可靠的锚具等。

(3)预应力反拱度不易控制。反拱度随混凝土徐变的增加而变大,如存梁时间过久再进行安装,就可能使反拱度过大,造成桥面不平顺。

(4)预应力混凝土结构的开工费用较高,对于跨径小、构件数量少的工程,成本较高。

以上缺点是可以设法克服的。例如对于跨径较大的结构,或跨径虽不大,但构件数量很多的结构,采用预应力混凝土结构就比较经济。总之,只要从实际出发,因地制宜地进行合理设计和妥善安排,预应力混凝土结构就能充分发挥其优越性。正因为如此,预应力混凝土结构在近几十年来得到了迅猛发展,尤其对桥梁新体系的发展起到了重要的推动作用,是一种极有发展前途的工程结构。

预应力混凝土常用于以下结构中:一是用于大跨度结构,如桥梁、体育馆、车间等大跨度建筑。二是用于对抗裂有特殊要求的结构,如压力容器、压力管道、海洋建筑等。三是用于某些高耸建筑结构,如水塔、烟囱、电视塔等。四是用于某些大量制造的预制构件,如常见的预应力空心板、预应力箱梁、预应力预制桩等。

三、预应力混凝土结构的分类[资源6.3]

国内通常将预应力混凝土结构按照预应力的大小分为全预应力混凝土、部分预应力混凝土和钢筋混凝土三种系列。

1. 预应力度的定义

《公路钢筋混凝土及预应力混凝土桥涵设计规范》(JTG 3362—2018)将预应力度(λ)定义为

$$\lambda = \frac{\sigma_{pc}}{\sigma_{st}} \tag{6-1}$$

式中:σ_{pc}——扣除全部预应力损失后的预加力在构件抗裂边缘产生的预压应力;

σ_{st}——由作用(荷载)短期效应组合产生的构件抗裂边缘的法向应力。

对于预应力混凝土受弯构件,预应力度也可定义为:由预应力大小确定的消压弯矩 M_0 与按作用(或荷载)短期效应组合计算的弯矩值 M_s的比值,即

$$\lambda = \frac{M_0}{M_s} \tag{6-2}$$

式中:M_0——消压弯矩,也就是消除构件控制截面受拉区边缘混凝土的预压应力,使其恰好为零的弯矩;

M_s——按作用(荷载)短期效应组合计算的弯矩值。

2. 预应力混凝土结构的分类

(1)全预应力混凝土:$\lambda \geqslant 1$,沿预应力筋方向的正截面不出现拉应力。

(2)部分预应力混凝土:$0 < \lambda < 1$,沿预应力筋方向的正截面出现拉应力或出现不超过规定宽度的裂缝。当对拉应力加以限制时,为部分预应力混凝土 A 类构件;当拉应力超过限值或出现不超过限值的裂缝时,为部分预应力混凝土 B 类构件。

(3)钢筋混凝土:$\lambda = 0$,无预加应力。

思考与练习

1. 什么是预应力混凝土结构?与普通钢筋混凝土结构相比,它有何特点?
2. 什么是预应力度?
3. 什么是加筋混凝土结构?我国通常按什么标准对其进行划分?可分为哪些类型?
4. 预应力混凝土能应用于哪些工程?试举例说明。

模块二 预应力钢筋的验收与制作

学习目标		
学习目标	● 知识目标	(1)能描述预应力钢筋的技术要求; (2)能阐述预应力钢筋的验收要点; (3)能归纳预应力钢筋的制作工艺
	● 能力目标	本模块要求学生能识读预应力混凝土 T 梁及箱梁的配筋图，能根据预应力钢筋的详图描述各参数的含义，能描述预应力钢筋制作与安装的质量控制要点

相关知识

公路桥涵预应力混凝土结构主要采用钢丝、钢绞线和螺纹钢筋三大类产品作为预应力钢筋,其中,预应力混凝土用螺纹钢筋也称精轧螺纹钢筋。

预应力混凝土结构中的光圆钢丝的尺寸及允许偏差应符合项目四有关要求,螺旋肋钢丝的尺寸及允许偏差应符合表 6-1 的规定,三面刻痕钢丝的尺寸及允许偏差应符合表 6-2 的规定。

螺旋肋钢丝尺寸及允许偏差 表 6-1

公称直径 d_n (mm)	螺旋肋数量(条)	基圆尺寸		外轮廓尺寸		单肋尺寸
		基圆直径 D_1 (mm)	允许偏差 (mm)	外轮廓直径 D (mm)	允许偏差 (mm)	宽度 (mm)
4.00	4	3.85		4.25		0.90~1.30
4.80	4	4.60		5.10		1.30~1.70
5.00	4	4.80		5.30	±0.05	
6.00	4	5.80		6.30		1.60~2.00
6.25	4	6.00		6.70		
7.00	4	6.73	±0.05	7.46		1.80~2.20
7.50	4	7.26		7.96		1.90~2.30
8.00	4	7.75		8.45	±0.10	2.00~2.40
9.00	4	8.75		9.45		2.10~2.70
9.50	4	9.30		10.10		2.20~2.80

续上表

公称直径 d_n (mm)	螺旋肋数量 (条)	基圆尺寸		外轮廓尺寸		单肋尺寸
		基圆直径 D_1 (mm)	允许偏差 (mm)	外轮廓直径 D (mm)	允许偏差 (mm)	宽度 (mm)
10.00	4	9.75	±0.05	10.45	±0.10	2.50～3.00
11.00	4	10.76		11.47		2.60～3.10
12.00	4	11.78		12.50		2.70～3.20

三面刻痕钢丝尺寸及允许偏差　　表6-2

公称直径 d_n (mm)	刻痕深度		刻痕长度		节距	
	公称深度 a (mm)	允许偏差 (mm)	公称长度 b (mm)	允许偏差 (mm)	公称节距 L (mm)	允许偏差 (mm)
≤5.0	0.12	±0.05	3.5	±0.5	5.5	±0.5
>5.0	0.15		5.0		8.0	

一、预应力筋验收

为保证工程中预应力材料的品质能达到相应国家标准的要求,在进场时应对其进行质量验收。预应力筋进场时应分批验收。验收时,除按合同要求对其质量说明书、包装、标志、规格等进行检查外,还须按下列规定进行检验:

(1)钢丝分批检验时每批质量应不大于60t。检验时应先从每批中抽查5%且不少于5盘,进行形状、尺寸和表面质量检查,如检查不合格,则将该批钢丝逐盘检查。在上述检查合格的钢丝中抽取5%且不少于3盘,在每盘钢丝的两端取样进行抗拉强度、弯曲和伸长率的试验。试验结果如有一项不合格,则不合格盘报废,并从同批未试验过的钢丝盘中取双倍数量的试样进行该不合格项的复验,如仍有一项不合格,则该批钢丝为不合格。

(2)钢绞线分批检验时,每批质量应不大于60t,检验时应从每批钢绞线中任取3盘,并从每盘所选的钢绞线端部正常部位截取一根试样进行表面质量、直径偏差和力学性能试验。如每批少于3盘,则应逐盘取样进行上述试验。试验结果如有一项不合格,则不合格盘报废,并再从同批未试验过的钢绞线中取双倍数量的试样进行该不合格项的复验,如仍有一项不合格,则该批钢绞线为不合格。

(3)精轧螺纹钢筋分批检验时,每批质量应不大于100t,对表面质量应逐根目视检查,外观检查合格后在每批中任选两根钢筋截取试件进行拉伸试验。试验结果如有一项不合格,则另取双倍数量的试件重做全部各项试验,如仍有一根试件不合格,则该批钢筋为不合格。

(4)预应力筋的实际强度不得低于现行国家标准的规定。预应力筋的检验试验方法应按现行国家标准的规定执行。对用作拉伸试验的试件,不得进行任何形式的加工。在对预应力筋进行拉伸试验时,应同时测定其弹性模量。

(5)对特大桥、大桥或重要桥梁工程中使用的钢丝、钢绞线和螺纹钢筋,进场时应按上述规定进行检验;对预应力材料用量较少的一般桥梁工程,其预应力钢筋的力学性能可仅检验抗拉强度,或由生产厂提供力学性能试验报告。

其中,重要桥梁工程是指高速公路和一级公路、国防公路及城市附近交通繁忙公路上的桥梁。

预应力筋应保持清洁,在存放和搬运过程中尽量避免使其产生机械损伤和被有害物质锈蚀,并应尽量缩短在工地的存放时间。一般进场后存放时间不宜超过6个月,且宜存放在干燥、防潮、通风良好、无腐蚀气体和介质的仓库内。在室外存放时,不得直接堆放于地面上,应将其支垫并遮盖,防止雨露和各种腐蚀性介质对其造成损坏。预应力材料如果无法避免在腐蚀、潮湿等特殊环境中临时存放,则应在订货时明确要求厂家采用防锈包装。

二、预应力筋制作[资源6.4]

1.预应力筋下料

(1)预应力筋的下料长度应通过计算确定,计算时应考虑结构的孔道长度或台座长度、锚夹具厚度、千斤顶长度、焊接接头或镦头预留量、冷拉伸长值、弹性回缩值、张拉伸长值、外露长度等。

(2)钢丝束两端采用镦头锚具时,同一束中各根钢丝下料长度的相对差值:当钢丝束长度小于或等于20m时,不宜大于钢丝束长度的1/3000;当钢丝束长度大于20m时,不宜大于钢丝束长度的1/5000,且不大于5mm。对于长度不大于6m的先张构件,当钢丝成组张拉时,同组钢丝下料长度的相对差值不得大于2mm。

(3)预应力筋的下料,应采用切断机或砂轮锯,严禁采用电弧切割。

2.冷拉钢筋接头

(1)冷拉钢筋的接头,如在钢筋冷拉前采用闪光对焊,对焊后尚应进行热处理,以提高焊接质量。钢筋焊接后,其轴线偏差不得大于钢筋直径的1/10,且不得大于2mm,轴线曲折的角度不得超过4°。采用后张法张拉的钢筋,焊接后尚应敲除毛刺,但不得减损钢筋截面面积。

(2)预应力筋有对焊接头时,除非设计另有规定,宜将接头设置在受力较小处。在结构受拉区及相当于预应力筋直径30倍长度的区段(不小于500mm)范围内,对焊接头的预应力筋截面面积不得超过该区段预应力筋总截面面积的25%。

(3)冷拉钢筋采用螺丝端杆锚具时,应在冷拉前焊接螺丝端杆,并应在冷拉时将螺母置于端杆端部。

3.预应力筋镦粗头

预应力筋镦头锚固时,对于高强钢丝,宜采用液压冷镦;对于冷拔低碳钢丝,可采用冷冲镦粗;对于螺纹钢筋,宜采用电热镦粗。冷拉钢筋端头的镦粗及热处理工作,应在钢筋冷拉之前进行,否则应对镦头逐个进行张拉检查,检查时的控制应力应不小于钢筋冷拉的控制应力。

4.预应力筋的冷拉

预应力筋的冷拉,可采用控制应力或控制冷拉率的方法。对不能分清炉批号的热轧钢筋,不应采取控制冷拉率的方法。

（1）当采用控制应力方法冷拉钢筋时，其冷拉控制应力下的最大冷拉率应符合表6-3的规定。冷拉时应检查钢筋的冷拉率，当超过表6-3中的规定时，应进行力学性能检验。

冷拉控制应力及最大冷拉率　　表6-3

钢筋级别	钢筋直径(mm)	冷拉控制应力(MPa)	最大冷拉率(%)
HRB500	10～28	700	4.0

（2）当采用控制冷拉率方法冷拉钢筋时，冷拉率必须由试验确定。测定同炉批钢筋冷拉率时，其试样不少于4个，并取其平均值作为该批钢筋实际采用的冷拉率。测定冷拉率时钢筋的冷拉应力应符合表6-4的规定。

测定冷拉率时钢筋的冷拉应力　　表6-4

钢筋级别	钢筋直径(mm)	冷拉控制应力(MPa)
HRB500	10～28	700

注：当钢筋平均冷拉率低于1%时，仍应按1%进行冷拉。

（3）钢筋的冷拉速度不宜过快，宜控制在5MPa/s左右。冷拉至规定的控制应力(或冷拉率)后，应停置1～2min再放松，冷拉后，有条件的宜进行时效处理。螺纹钢筋应按冷拉率大小分组堆放，以备编束时选料。冷拉钢筋时应做好记录。当采用控制应力方法冷拉钢筋时，应经常校验使用的测力计。

5. 预应力筋的冷拔

预应力筋采用冷拔低碳钢丝时，应采用6～8mm的HPB300级热轧钢筋盘条拔制。拔丝模孔直径为盘条原直径的0.85～0.90，拔制次数一般不超过3次，超过3次时应将拔丝退火处理。拉拔总压缩率应控制在60%～80%，平均拔丝速度应为50～70m/min。

6. 预应力筋编束

预应力筋由多根钢丝或钢绞线组成，当采取整束穿入孔道内时，应预先编束。编束时，应逐根理顺，绑扎牢固，防止互相缠绕，并应每隔1～1.5m捆绑一次，使其绑扎牢固、顺直。编束时梳理顺直，能防止钢丝或钢绞线在穿束、张拉时互相缠绕紊乱导致的受力不均匀现象。当受力不均匀时，有的钢丝或钢绞线达不到张拉控制应力，而有的则可能被拉断。

7. 预应力筋的张拉控制应力

预应力钢筋的张拉控制应力满足以下规定。

（1）消除应力钢丝、钢绞线

$$\sigma_{con} \leq 0.75 f_{ptk}$$

（2）中强度预应力钢丝

$$\sigma_{con} \leq 0.70 f_{ptk}$$

（3）预应力螺纹钢筋

$$\sigma_{con} \leq 0.85 f_{pyk}$$

式中：σ_{con}——预应力钢筋的张拉控制应力；

f_{ptk}——预应力筋极限强度标准值；

f_{pyk}——预应力螺纹钢筋屈服强度标准值。

消除应力钢丝、钢绞线和中强度预应力钢丝的张拉控制应力值不应小于 $0.4f_{ptk}$；预应力螺纹钢筋的张拉控制应力值不宜小于 $0.5f_{pyk}$。

思考与练习

1. 预应力钢筋有哪些类型？
2. 简述预应力钢筋下料时的技术要点。
3. 预应力钢筋的验收要点有哪些？

模块三 预加应力的设备与施加要求

<table>
<tr><td rowspan="2">学习目标</td><td>● 知识目标</td><td>(1)能归纳预加应力的设备类型;
(2)能阐述预加应力施加的技术要求</td></tr>
<tr><td>● 能力目标</td><td>某装配式 T 形梁桥上部结构是由几片 T 形截面的主梁组成的，通过设在横隔梁下方和横隔梁翼缘板处的焊接钢板连接成整体。 本模块要求学生根据背景资料试分析该预应力混凝土 T 形梁预制过程中预加应力的设备有哪些，预加应力如何施加</td></tr>
</table>

相关知识

一、预加应力的设备[资源6.5]

1. 夹具和锚具

夹具和锚具是制作预应力构件时锚固预应力钢筋的工具。构件制成后能够重复使用的称为夹具;永远锚在构件上,与构件连成一体共同受力,不再取下的称为锚具。为了简化,有时也将夹具和锚具统称为锚具。

(1)对锚具的要求。

临时夹具(在制作先张法或后张法预应力混凝土构件时,为保持预应力筋拉力的临时性锚固装置)和锚具(在制作后张法预应力混凝土构件中,为保持预应力筋的拉力并将其传递到混凝土上所用的永久性锚固装置)都是保证预应力混凝土施工安全、结构可靠的关键设备。因此,在设计、制造或选择锚具时,应注意满足下列要求:受力安全可靠;预应力损失小;构造简单、紧凑,制作方便,用钢量少;张拉锚固方便、迅速,设备简单。

(2)锚具的分类。

锚具的形式繁多,按其传力锚固的受力原理,可分为以下几种。

①依靠摩阻力锚固的锚具。如楔形锚、锥形锚、用于锚固钢绞线的 JM 锚、夹片式锚具等,都是借助张拉预应力钢筋的回缩或千斤顶反压,带动锥销或夹片将预应力钢筋楔紧于锥孔中而锚固的。

②依靠承压锚固的锚具。如镦头锚、钢筋螺纹锚等,是利用钢丝的镦粗头或钢筋螺纹承压进行锚固的。

③依靠黏结力锚固的锚具。如先张法的预应力钢筋锚固,以及后张法固定端的钢绞线压

花锚具等,都是利用预应力钢筋与混凝土之间的黏结力进行锚固的。

对于不同形式的锚具,往往需要配套使用专门的张拉设备。因此,在设计施工中,锚具与张拉设备的选择应同时考虑。

(3)目前桥梁结构中几种常用的锚具和连接器。

①锥形锚。

锥形锚(又称为弗式锚),主要用于钢丝束的锚固。它由锚圈和锚塞(又称锥销)两部分组成。

锥形锚(图6-3)是通过张拉钢束时顶压锚塞,把预应力钢丝楔紧在锚圈与锚塞之间,借助摩阻力锚固的。在锚固时,利用钢丝的回缩力带动锚塞向锚圈内滑进,使钢丝被进一步楔紧。此时,锚圈承受着很大的横向(径向)张力(一般约等于钢丝束张拉力的4倍),故对锚圈的设计、制造应足够重视。锚具的承载力可在压力机上试验确定,一般不应低于钢丝束的极限拉力,或不低于钢丝束控制张拉力的1.5倍。此外,对锚具的材质、几何尺寸、加工质量,均须做严格的检验,以保证安全。

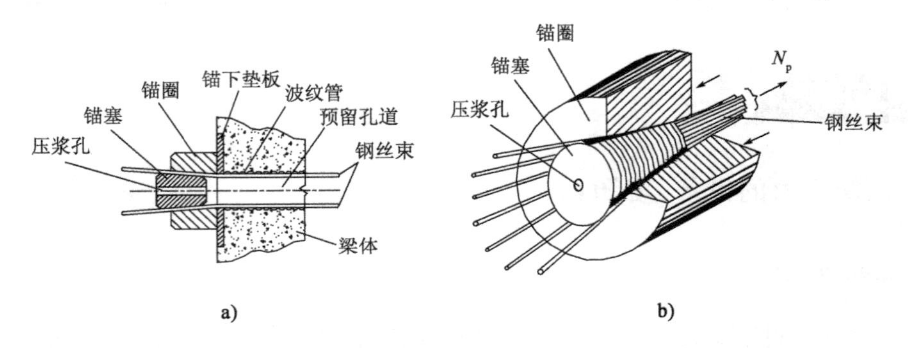

图6-3 锥形锚

a)锥形锚工作示意图;b)锥形锚剖面图

在桥梁中使用的锥形锚有锚固18ϕ^w5mm和锚固24ϕ^w5mm的钢丝束两种,并配用600kN双作用千斤顶或YZ85型三作用千斤顶张拉。锚塞用45号优质碳素结构钢经热处理制成,其硬度一般要求为洛氏硬度HRC55~58,以便顶塞后,锚塞齿纹能稍微压入钢丝表面,从而获得可靠的锚固效果。锚圈用45号钢冷作旋制而成,不作淬火处理。

锥形锚的优点是锚固方便,锚具面积小,便于在梁体上分散布置。但锚固时钢丝的回缩量较大,应力损失较其他锚具大。同时,它不能重复张拉和接长,使预应力钢筋设计长度受到千斤顶行程的限制。为防止受震松动,锥形锚还必须及时通过预留孔道进行压浆。

目前同类型的锥形锚具,已有较大改进和发展,不仅能用于锚固钢丝束,也能锚固钢绞线束,其最大锚固能力已达到10000kN。

②镦头锚。

镦头锚主要用于锚固钢丝束,也可锚固直径在14mm以下的预应力粗钢筋。钢丝的根数和锚具的尺寸依设计张拉力的大小选定。钢丝束镦头锚具于1949年由瑞士的4名工程师研制而成,并以他们名字的首字母命名为BBRV体系锚具。国内镦头锚有锚固12~133根ϕ^w5mm和12~84根ϕ^w7mm两种锚具系列,配套的镦头机有LD-10型和LD-20型两种。

镦头锚的工作原理如图6-4所示。先以钢丝逐一穿过锚杯的蜂窝眼，然后用镦头机将钢丝端头镦粗或镦成蘑菇形，借镦头直接承压将钢丝锚固于锚杯上。锚杯的外圆车有螺纹，穿束后，在固定端将锚圈(螺母)拧上，即可将钢丝束锚固于梁端。在张拉端，先将与千斤顶连接的拉杆旋入锚杯内，用千斤顶支承于梁体上进行张拉，待达到设计张拉力时，将锚圈(螺母)拧紧，再慢慢放松千斤顶，退出拉杆，于是钢丝束的回缩力就通过锚圈、垫板，传递到梁体混凝土而获得锚固。

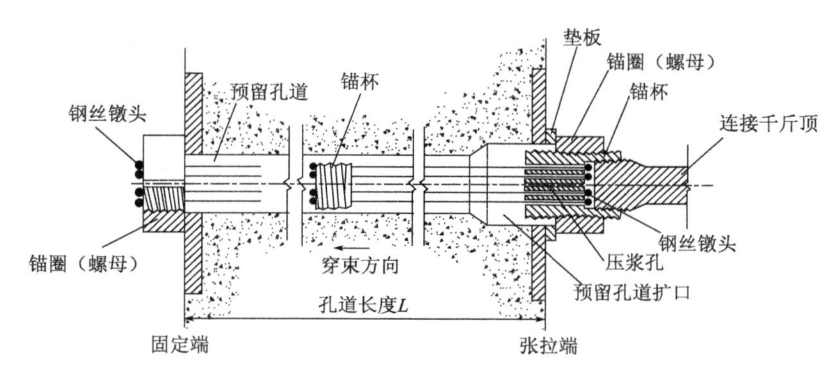

图6-4　镦头锚工作示意图

镦头锚锚固可靠，不会出现锥形锚可能出现的“滑丝”问题；锚固时的应力损失很小；镦头工艺操作简便、迅速。但预应力钢筋张拉吨位过大，钢丝数很多，施工较为复杂，故对大吨位镦头锚宜加大钢丝直径，由 $\phi^{w}5$mm 改为用 $\phi^{w}7$mm，或改用钢绞线夹片锚具。此外，镦头锚对钢丝的下料长度要求很高，误差不得超过1/300。误差过大，张拉时就可能由于受力不均匀发生断丝现象。

镦头锚适用于锚固直线式预应力钢丝束，对于较缓和的曲线预应力钢筋也可采用。目前斜拉桥中锚固斜拉索的高振幅锚具——HiAm式冷铸镦头锚，因锚杯内填入了环氧树脂、锌粉和钢球的混合料，还具有较好的抗疲劳性能。

③钢筋螺纹锚具。

当采用高强粗钢筋作为预应力钢筋时，可采用钢筋螺纹锚具固定，即借助粗钢筋两端的螺纹，在钢筋张拉后直接拧上螺母进行锚固，钢筋的回缩力由螺母经支承垫板承压传递给梁体而获得预应力(图6-5)。

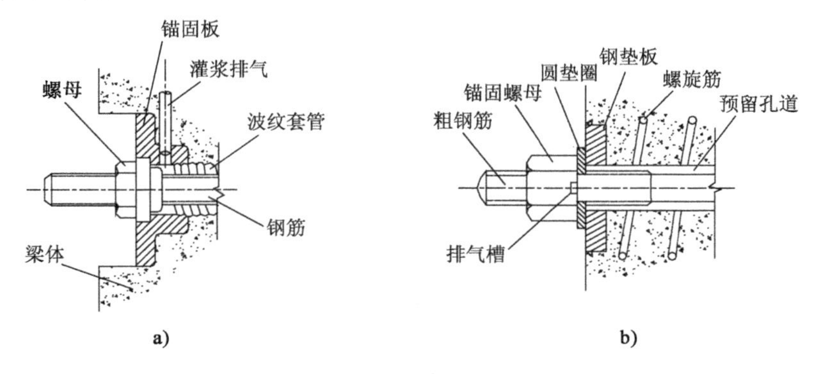

图6-5　钢筋螺纹锚具

a)轧丝锚具；b)迪维达格锚具

钢筋螺纹锚具的制造关键在于螺纹的加工。为了避免端部螺纹削弱钢筋截面,常采用特制的钢模冷轧而成,使其阴纹压入钢筋圆周之内,而阳纹则挤到钢筋原圆周之外,这样可使平均直径与原钢筋直径相差无几(约小2%),而且冷轧可以提高钢筋的强度。由于螺纹是冷轧而成,故又将这种锚具称为轧丝锚具。目前国内生产的轧丝锚具有两种规格,可分别锚固ϕ25mm和ϕ32mm两种Ⅳ级圆钢筋。

20世纪70年代以来,国内外相继采用可以直接拧上螺母和连接套筒(用于钢筋接长)的高强精轧螺纹钢筋,这种钢筋长度方向带有规则、不连续的凸形螺纹,可用螺纹套筒在任何位置进行锚固和连接,故可不必在施工时临时轧丝。国际上采用的迪维达格(Dywidag)锚具[图6-5b)],就是采用特殊的锥形螺母和钟式垫板来锚固这种钢筋的。

钢筋螺纹锚具的受力明确、锚固可靠,且构造简单、施工方便,能重复张拉、放松或拆卸,并可以简便地采用套筒接长。

④夹片锚具。

夹片锚具体系主要用于锚固钢绞线。由于钢绞线与周围接触的面积小,且强度高、硬度大,故对其锚具的锚固性能要求很高,JM锚是我国20世纪60年代研制的钢绞线夹片锚具。随着钢绞线的大量使用和钢绞线强度的大幅度提高,仅靠JM锚具已难以满足要求。80年代,研究人员除进一步改进JM锚具的设计外,还着重进行了钢绞线群锚体系的研究与试制工作。中国建筑科学研究院先后研制出了XM锚具和QM锚具系列;中交公路规划设计院研制出了YM锚具系列;柳州市建筑机械总厂与同济大学合作,在QM锚具系列的基础上又研制出了OVM锚具系列等。这些锚具体系都经过严格检测、鉴定后定型,锚固性能均达到国际预应力混凝土协会(FIP)标准,并已广泛应用于桥梁、水利、房屋等各种土建结构工程中。

a.钢绞线夹片锚。

夹片锚具的工作原理如图6-6所示。夹片锚由带锥孔的锚板和夹片组成。

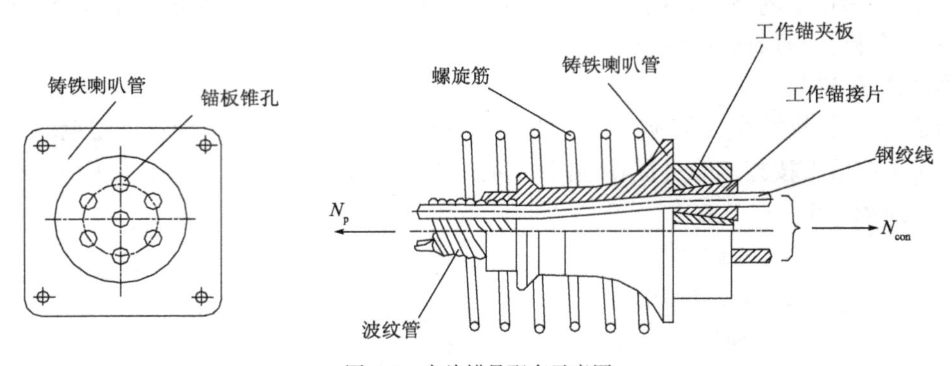

图6-6 夹片锚具配套示意图

张拉时,每个锥孔放置1根钢绞线,张拉后各自用夹片将孔中的钢绞线抱夹锚固,每个锥孔各自成为一个独立的锚固单元。每个夹片锚具一般由多个独立锚固单元组成,它能锚固由1~55根不等的ϕ^s15.2mm与ϕ^s12.7mm钢绞线组成的预应力钢束,其最大锚固吨位可达到11000kN,故夹片锚又称为大吨位钢绞线群锚体系。其特点是各根钢绞线均单独工作,即1根钢绞线锚固失效也不会影响全锚,只需对失效锥孔的钢绞线进行补拉即可。但夹片锚的预留孔端部,因布置锚板锥孔的需要,必须扩孔,故工作锚下的一段预留孔道一般需设置成喇叭形,或配套设置专门的铸铁喇叭形锚垫板。

b. 扁形夹片锚具。

扁形夹片锚具是为适应扁薄截面构件(如桥面板梁等)的预应力钢筋锚固需要而研制的,简称扁锚。其工作原理与一般夹片锚具体系相同,只是工作锚板、锚下钢垫板和喇叭管,以及形成预留孔道的波纹管等均为扁形而已。每个扁锚一般锚固 2 ~ 5 根钢绞线,单根逐一张拉,施工方便。其一般符号为 BM 锚。

⑤固定端锚具。

采用一端张拉时,其固定端锚具除可采用与张拉端相同的夹片锚具外,还可采用挤压锚具和压花锚具。

挤压锚具是利用压头机,将套在钢绞线端头上的软钢(一般为 45 号钢)套筒与钢绞线一起,强行顶压通过规定的模具孔挤压而成的(图 6-7)。为增加套筒与钢绞线间的摩阻力,挤压前,在钢绞线与套筒之间应衬置一硬钢丝螺旋圈,以便在挤压后将硬钢丝分别压入钢绞线与套筒内壁之内。

压花锚具是用压花机将钢绞线端头压制成梨形花头的一种黏结型锚具(图 6-8),张拉前预先埋入构件混凝土中。

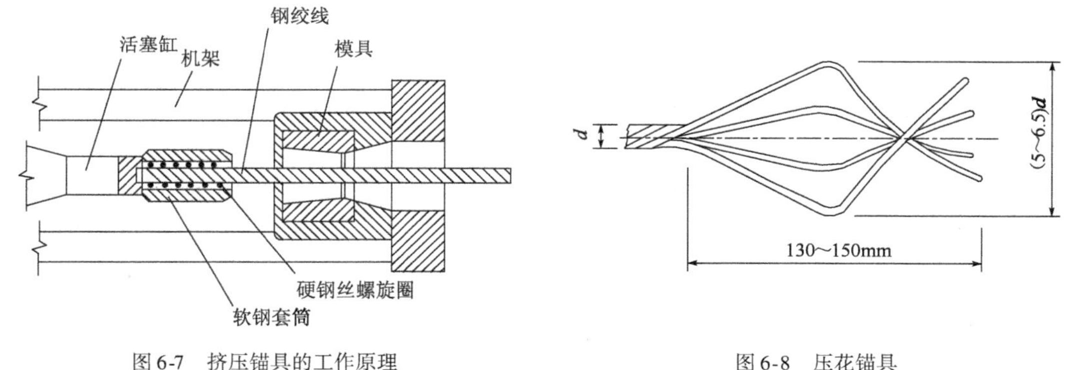

图 6-7　挤压锚具的工作原理　　图 6-8　压花锚具

⑥连接器。

连接器有两种:钢绞线束 N_1 锚固后,用来再连接钢绞线束 N_2 的连接器,叫锚头连接器[图 6-9a)];当两段未张拉的钢绞线束 N_1、N_2 需直接接长时,可采用接长连接器[图 6-9b)]。

以上锚具的设计参数和锚具、锚垫板、波纹管及螺旋筋等的配套尺寸,可参阅各生产厂家的“产品介绍”选用。

(4)锚具、夹具和连接器的性能要求。

①锚具应满足分级张拉、补张拉以及放松预应力的要求;锚固多根预应力筋的锚具除应具有整束张拉的性能外,尚应具有单根张拉的性能;用于承受低应力或动荷载的夹片式锚具应具有防松性能;锚具的锚口摩阻损失率宜不大于 6%。

②夹具应具有良好的自锚性能、松锚性能和安全的重复使用性能,主要锚固零件应具有良好的防锈性能,可重复使用的次数应不少于 300 次。需敲击才能松开的夹具,必须保证其对预应力筋的锚固没有影响,且对操作人员的安全不造成危害。

③混凝土结构或构件中的永久性预应力筋连接器,应符合锚具的性能要求;用于先张法施

工且在张拉后还需进行放张和拆卸的连接器,应符合夹具的性能要求。

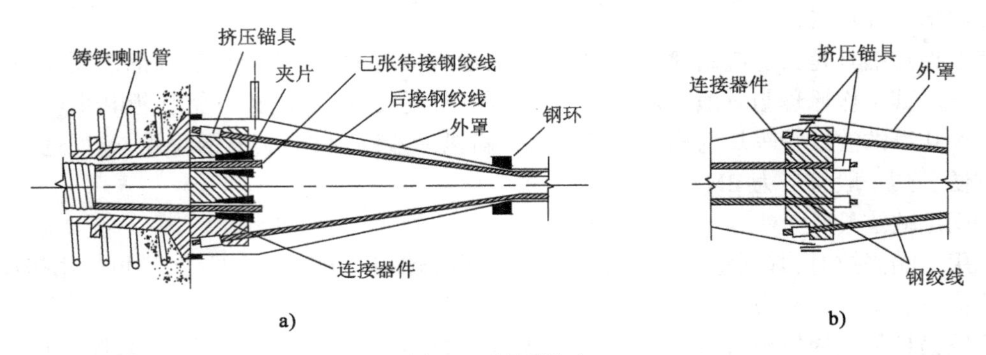

图6-9　连接器构造

a)锚头连接器;b)接长连接器

④锚垫板应具有足够的强度和刚度,且宜设置锚具对中止口以及压降孔或排气孔,压降孔内径宜不小于20mm。与后张预应力筋用锚具或连接器配套的锚垫板和局部加强钢筋,在规定的局部承压试件尺寸及混凝土强度下,应满足传力性能要求。

⑤锚具、夹具和连接器在存放、搬运以及使用期间均应妥善防护,避免锈蚀、沾污、遭受机械损伤、混淆和散失,临时性的防护措施应不影响其安装和永久性防腐的实施。

⑥预应力筋用锚具产品应配套使用,同一结构或构件中应使用同一生产厂的产品,工作锚不得作为工具锚使用。夹片锚具的限位板和工具锚宜采用与工作锚同一生产厂的配套产品。

⑦锚具、夹具和连接器进场时,应按合同核对其型号、规格和数量,以及适应的预应力筋品种、规格和强度等级,且生产厂应提供产品质保书、产品技术手册、锚固区传力性能型式检验报告,以及夹片锚具的锚口摩阻损失测试报告或参数。产品按合同核对无误后,应按下列规定进行进场检验:

a. 外观检验:应从每批产品中抽取2%且不少于10套样品,检验表面裂纹及锈蚀情况。表面不得有裂纹及锈蚀。当有1个零件不符合要求时,本批全部产品应逐件检验,符合要求者判定该零件外观合格。对配套使用的锚垫板和螺旋筋可按上述方法进行外观检验,但允许表面有轻度锈蚀。

b. 尺寸检验:应从每批产品中抽取2%且不少于10套样品,检验其外形尺寸。外形尺寸应符合产品质保书所示的尺寸范围。当有1个零件不符合要求时,应另取双倍数量的零件重新检验;如仍有1个零件不符合要求,则本批全部产品应逐件检验,符合要求者判定该零件尺寸合格。

c. 硬度检验:应从每批产品中抽取3%且不少于5套样品(对多孔夹片锚具的夹片,每套抽取6片),对其中有硬度要求的零件进行硬度检验,每个零件测试3点,其硬度应符合产品质保书的规定。当有1个零件不符合要求时,应另取双倍数量的零件重新检验;如仍有1个零件不符合要求,则本批全部产品应逐个检验,合格者方可使用或进入后续检验。

d. 静载锚固性能试验:应在外观检验和硬度检验均合格的同批产品中抽取样品,与相应规格和强度等级的预应力筋组成3个预应力筋-锚具组装件,进行静载锚固性能试验。如有1

个试件不符合要求,则应另取双倍数量的样品重做试验;如仍有 1 个试件不符合要求,则该批锚具为不合格。

e. 对特大桥、大桥和重要桥梁工程中使用的锚具产品,应进行上述 4 项检查和检验;对锚具数量较少的一般中、小桥梁工程,如生产厂能提供有效的静载锚固性能试验合格的证明文件,则可仅进行外观检验和硬度检验。

f. 进场检验时,同种材料、同一生产工艺条件下、同批进场的产品可视为同一检验批。锚具的每个验收批宜不超过 2000 套;夹具、连接器的每个验收批宜不超过 500 套;获得第三方独立认证的产品,其验收批可扩大 1 倍。检验合格的产品,若在现场的存放期超过 1 年,再用时应进行外观检验。

2. 千斤顶

各种锚具都必须配置相应的张拉设备,才能顺利地进行张拉、锚固。与夹片锚具配套的张拉设备,是一种大直径的穿心单作用千斤顶(图 6-10),它常与夹片锚具配套研制。与国产常用锚具配套的千斤顶设备如表 6-5 所示,其他各种锚具也都有各自适用的张拉千斤顶,需要时可查阅各生产厂家的产品目录。

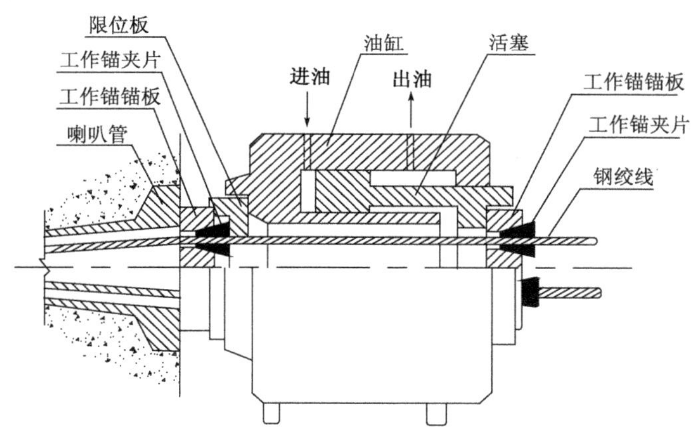

图 6-10　夹片锚具张拉千斤顶安装示意图

与国产常用锚具配套的千斤顶设备　　表 6-5

锚具型号	千斤顶型号	主要技术参数与结构特点				
		张拉力(kN)	张拉行程(mm)	穿心孔径(mm)	外形尺寸(mm × mm)	特点
LM 锚具(螺纹锚)	YC60 YC60A	600	150 200	55	ϕ195 × 765	也适用于配有专门锚具的钢丝束与钢绞线束
GZM 锚具(钢质锥形锚)	YZ85 (或 YC60A)	850	250 ~ 600	—	ϕ326 × (840 ~ 1190)	适用于 ϕ^s7mm 钢丝束;丝数不同,仅需变换卡丝盘及分丝头
DM 锚具(镦头锚)	YC60A YC100 YC200	1000 2000	200 400	65 104	ϕ243 × 830 ϕ320 × 1520	—

续上表

锚具型号	千斤顶型号	主要技术参数与结构特点				
		张拉力(kN)	张拉行程(mm)	穿心孔径(mm)	外形尺寸(mm×mm)	特点
JM 锚具	YCL120	1200	300	75	ϕ250×1250	—
BM 锚具(扁锚)或单根钢绞线张拉	QYC230 YCQ25 YC200D YCL22	238 250 255 220	150~200 150~200 200 100	18 18 31 25	ϕ160×565 ϕ110×400 ϕ116×387 ϕ100×500	属前卡式,将工具锚移至前端靠近工作锚
XM 锚具	YCD1200 YCD2000 (或 YCW、YCT)	1450 2200	180 180	128 160	ϕ315×489 ϕ398×489	前端设顶压器,夹片属顶压锚固
QM 锚具	YCQ100 YCQ200 (YCL、YCW 等)	1000 2000	150 150	90 130	ϕ258×440 ϕ398×458	前端设限位板,夹片属无顶压自锚

预应力筋的张拉宜采用穿心式双作用千斤顶,整体张拉或放张宜采用具有自锚功能的千斤顶;张拉千斤顶的额定张拉力宜为所需张拉力的1.5倍,且不得小于1.2倍。与千斤顶配套使用的压力表应选用防振型产品,其最大读数应为张拉力的1.5~2.0倍,标定精度应不低于1.0级。张拉机具设备应与锚具产品配套使用,并在使用前进行校正、检验和标定。

张拉用的千斤顶与压力表应配套标定、配套使用,标定应在经国家授权的法定计量技术机构定期进行,标定时千斤顶活塞的运行方向应与实际张拉工作状态时一致。当处于下列情况之一时,应重新进行标定:

(1)使用时间超过6个月;

(2)张拉次数超过300次;

(3)使用过程中千斤顶或压力表出现异常情况;

(4)千斤顶检修或更换配件后。

3. 预加应力的其他设备

按照施工工艺的要求,预加应力尚需以下设备或配件。

(1)制孔器。

预制后张法构件时,需预先留好待混凝土结硬后预应力钢筋穿入的孔道。目前,国内桥梁构件预留孔道所用的制孔器主要有抽拔橡胶管与螺旋金属波纹管。

①抽拔橡胶管。在钢丝网胶管内事先穿入钢筋(称芯棒),再将胶管连同芯棒一起放入模板内,待浇筑混凝土达到一定强度后,抽去芯棒,再拔出胶管,则预留孔道形成。

②螺旋金属波纹管(简称波纹管)。在浇筑混凝土之前,将波纹管按预应力钢筋设计位置绑扎在与箍筋焊连的钢筋托架上,再浇筑混凝土,结硬后即可形成穿束的孔道。使用波纹管制

孔的穿束方法，有先穿法和后穿法两种。先穿法即在浇筑混凝土之前将预应力钢筋穿入波纹管中，绑扎就位后再浇筑混凝土；后穿法即浇筑混凝土成孔之后再穿预应力钢筋。金属波纹管是用薄钢带经卷管机压波后形成的，其质量轻，纵向弯曲性能好，径向刚度较大，连接方便，与混凝土黏结良好，与预应力钢筋的摩阻系数也小，是后张法预应力混凝土构件较理想的制孔器。

目前，在一些桥梁工程中已经开始采用塑料波纹管作为制孔器，这种波纹管由聚丙烯或高密度聚乙烯制成。使用时，波纹管外表面的螺旋肋与周围的混凝土具有较高的黏结力。这种塑料波纹管具有耐腐蚀性能好、孔道摩擦损失小以及有利于提高结构抗疲劳性能的优点。

波纹管在搬运时应采用非金属绳进行捆扎，或采用专用框架装载，不得抛摔或在地面上拖拉。波纹管在存放时应远离热源及可能受各种腐蚀性气体、介质影响的地方，存放时间宜不超过 6 个月，在室外存放时不得直接置于地面，应支垫并遮盖。

(2)穿索(束)机。

在桥梁悬臂施工和尺寸较大的构件中，一般都采用后穿法穿束。对于大跨径桥梁，有的预应力钢筋很长，人工穿束十分吃力，需采用穿索(束)机。

穿索(束)机有两种类型：一是液压式；二是电动式。桥梁中多采用前者。液压式穿索机一般采用单根钢绞线穿入，穿束时应在钢绞线前端套一子弹形帽子，以减小穿束阻力。穿索机由马达带动用 4 个托轮支承的链板，钢绞线置于链板上，并用 4 个与托轮相对应的压紧轮压紧，则钢绞线就可借链板的转动向前穿入构件的预留孔中。液压式穿索机最大推力为 3kN，最大水平传送距离可达 150m。

(3)灌孔压浆机。

在后张法预应力混凝土构件中，预应力钢筋张拉锚固后，必须给预留孔道压注水泥浆，以免钢筋锈蚀，并使预应力钢筋与梁体混凝土结合为一个整体。为保证孔道内水泥浆密实，应严格控制水灰比，一般以 0.40 ~ 0.45 为宜，如加入适量的减水剂，则水灰比可减小到 0.35，水泥浆的泌水率最大不得超过 3%，拌和后 3h 泌水率宜控制在 2%，泌水应在 24h 内重新全部被水泥浆吸回。另外，可在水泥浆中掺入适量膨胀剂，使水泥浆在硬化过程中膨胀，但其自由膨胀率应小于 10%。所用水泥宜采用硅酸盐水泥或普通水泥，水泥强度等级不宜低于 42.5，水泥不得含有团块。拌和用水可采用清洁的饮用水，不应含有对预应力筋或水泥有害的成分，每升水中氯化物离子或任何一种其他有机物含量不得大于 500mg。水泥浆的强度应符合设计规定，无具体规定时应不低于 30MPa(70mm × 70mm × 70mm 立方体试件 28d 龄期抗压强度标准值)。

压浆机是孔道灌浆的主要设备。它主要由灰浆搅拌桶、贮浆桶、压送灰浆的灰浆泵以及供水系统组成。压浆机的最大工作压力约 1.50MPa(15 个大气压)，可压送的最大水平距离为 150m，最大竖直高度为 40m。

(4)张拉台座。

采用先张法生产预应力混凝土构件时，需设置用来张拉和临时锚固预应力钢筋的张拉台座。因其需要承受张拉预应力钢筋巨大的回缩力，设计时应保证其具有足够的强度、刚度和稳定性。批量生产时，有条件的尽量设计成长线式台座，以提高生产效率。为了提高产品质量，有的构件生产厂已采用预应力混凝土滑动台面,可防止在使用过程中台面开裂。

二、预加应力的施加要求

张拉设备(千斤顶、油泵和压力表等)应配套标定,以确定它们之间的关系曲线,这种关系对应于特定的一套张拉设备,故应配套使用。标定时,千斤顶活塞的运行方向应与实际张拉工作状态时一致。

在预应力混凝土结构中,预应力张拉的质量好坏、建立的预应力是否准确,关系结构是否安全,故对此应足够重视。在对预应力筋施加预应力时,应满足以下要求:

(1)安装千斤顶时,工具锚应与前端的工作锚对正,工具锚和工作锚之间的各根预应力筋不得错位、扭绞。实施张拉时,千斤顶与预应力筋、锚具的中心线应位于同一轴线上。

(2)预应力筋的张拉顺序和张拉控制应力应符合设计规定。当施工中需要对预应力筋实施超张拉或计入锚圈口预应力损失时,张拉控制应力可比设计规定提高5%,但在任何情况下均不得超过设计规定的最大值。

(3)预应力筋采用应力控制方法张拉时,应以伸长值进行校核。实际伸长值与理论伸长值的差值应符合设计规定。设计未规定时,其偏差应控制在±6%以内,否则应暂停张拉,待查明原因并采取措施予以调整后方可继续张拉。对环形筋、U形筋等曲率半径较小的预应力束,其实际伸长值与理论伸长值的偏差宜通过试验确定。

预应力筋的理论伸长值应按下式计算。

$$\Delta L_{\mathrm{L}} = \frac{P_{\mathrm{P}} L}{A_{\mathrm{P}} E_{\mathrm{P}}}$$

式中:P_{P}——预应力筋的平均张拉力,N,直线筋取张拉端的拉力,两端张拉的曲线筋,计算办法见《公路桥涵施工技术规范》(JTG/T 3650—2020)附录F;

L——预应力筋的长度,mm;

A_{P}——预应力筋的截面面积,mm^2;

E_{P}——预应力筋的弹性模量,MPa。

(4)预应力筋张拉时,应先调整到初应力,初应力宜为张拉控制应力的10%~25%,伸长值应从施加初应力时开始量测。预应力筋的实际伸长值除量测的伸长值外,尚应加上初应力以下的推算伸长值。预应力筋张拉的实际伸长值ΔL_{S}可按下式计算:

$$\Delta L_{\mathrm{S}} = \Delta L_1 + \Delta L_2$$

式中:ΔL_1——从初应力至最大张拉应力间的实测伸长值,mm;

ΔL_2——初应力以下的推算伸长值,mm,可采用相邻级的伸长值。

(5)预应力筋张拉控制应力的精度宜为±1.5%。

(6)预应力筋的锚固,应在张拉控制应力处于稳定状态下进行。锚固阶段张拉端锚具变形、预应力筋的内缩量和接缝压缩值应不大于设计规定或表6-6所列容许值。

(7)张拉锚固后,建立在锚下的实际有效预应力与设计张拉控制应力的相对偏差应不超过±5%,且同一断面中预应力束的有效预应力的不均匀度应不超过±2%。

锚具变形、预应力筋内缩量和接缝压缩值　　表 6-6

<table>
<tr><th colspan="2">锚具、接缝类型</th><th>变形形式</th><th>ΔL_R(mm)</th></tr>
<tr><td colspan="2">钢制锥形锚具</td><td>预应力筋内缩量、锚具变形</td><td>6</td></tr>
<tr><td rowspan="2">夹片式锚具</td><td>有顶压时</td><td rowspan="2">预应力筋内缩量、锚具变形</td><td>4</td></tr>
<tr><td>无顶压时</td><td>6</td></tr>
<tr><td colspan="2">镦头锚具</td><td>缝隙压密</td><td>1</td></tr>
<tr><td colspan="2">带螺帽锚具的螺帽缝隙</td><td>缝隙压密</td><td>1 ~ 3</td></tr>
<tr><td colspan="2">每块后加垫板的缝隙</td><td>缝隙压密</td><td>1</td></tr>
<tr><td colspan="2">水泥砂浆接缝</td><td>缝隙压密</td><td>2</td></tr>
<tr><td colspan="2">环氧树脂砂浆接缝</td><td>缝隙压密</td><td>1</td></tr>
</table>

注：带螺帽锚具采用一次张拉锚固时，ΔL_R 宜取 2 ~ 3mm；采用二次张拉锚固时，ΔL_R 可取 1mm。

(8)在预应力筋张拉、锚固过程中及锚固完成后，均不得大力敲击或振动锚具。预应力筋锚固后需要放松时，对夹片式锚具宜采用专门的放松装置松开；对支撑式锚具可采用张拉设备缓慢松开。

(9)预应力筋在实施张拉或放张作业时，应采取有效的安全防护措施，预应力筋两端的正面严禁站人和穿越。

(10)预应力筋张拉、锚固及放松时，均应填写施工记录。

(11)施加预应力时宜采用信息化数据处理系统对各项张拉参数进行采集，这样能保证各项数据的准确性和可靠性，有利于对施工质量进行有效控制。

思考与练习

1. 预加应力需要哪些设备？
2. 什么是锚具？什么是夹具？
3. 锚具按其传力锚固的受力原理的不同，可分为哪些类型？
4. 预应力混凝土结构对锚具有哪些要求？
5. 预加应力的要点有哪些？

模块四 先张法施工

<table>
<tr><td rowspan="2">学习目标</td><td>● 知识目标</td><td>(1)能描述先张法预应力混凝土空心板的施工流程;
(2)掌握预应力钢筋下料长度的计算方法;
(3)能归纳先张法预应力混凝土构件的施工质量控制要点</td></tr>
<tr><td>● 能力目标</td><td>本模块要求学生能识读先张法预应力混凝土空心板的构造图及配筋图;能根据工程背景资料,编制先张法预应力混凝土空心板的施工方案;能根据施工图进行空心板预制环节的质量控制</td></tr>
</table>

相关知识

一、预应力混凝土先张法施工原理[资源6.6]

先张法,即先张拉钢筋,后浇筑构件混凝土的方法,如图6-11所示。先在张拉台座上按设计规定的拉力张拉预应力钢筋,并进行临时锚固,再浇筑构件混凝土,待混凝土达到要求强度(一般不低于强度设计值的75%)后放张(即将临时锚固松开,缓慢放松张拉力),让预应力钢筋回缩,通过预应力钢筋与混凝土间的黏结作用,传递给混凝土,使混凝土获得预压应力。这种在台座上张拉预应力筋后浇筑混凝土并通过黏结力传递从而建立预应力的混凝土构件就是先张法预应力混凝土构件。

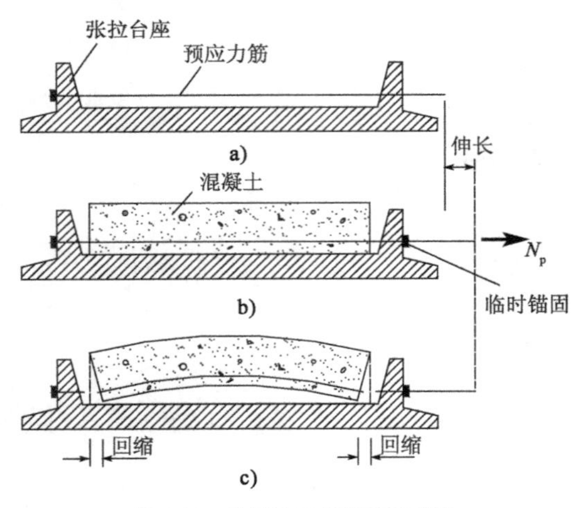

图6-11 先张法工艺流程示意图

a)预应力钢筋就位,准备张拉;b)张拉并锚固,浇筑构件混凝土;c)松锚,预应力钢筋回缩,制成预应力混凝土构件

先张法所用的预应力钢筋,一般可用高强钢丝、钢绞线等。不专设永久锚具,借助与混凝土的黏结力,来获得较好的自锚性能。

先张法施工工序简单,预应力钢筋靠黏结力自锚,临时固定所用的锚具(一般称为工具式锚具或夹具)可以重复使用,因此大批量生产先张法预应力混凝土构件比较经济,质量也比较稳定。目前,先张法在我国一般仅用于生产直线配筋的中小型构件。大型构件因需配合弯矩与剪力沿梁长度的分布而采用曲线配筋,这将使施工设备和工艺复杂化,且需配备庞大的张拉台座。

二、先张法预应力混凝土空心板施工方案

先张法预应力混凝土空心板施工流程如图 6-12 所示。[**资源 6.7、资源 6.8**]

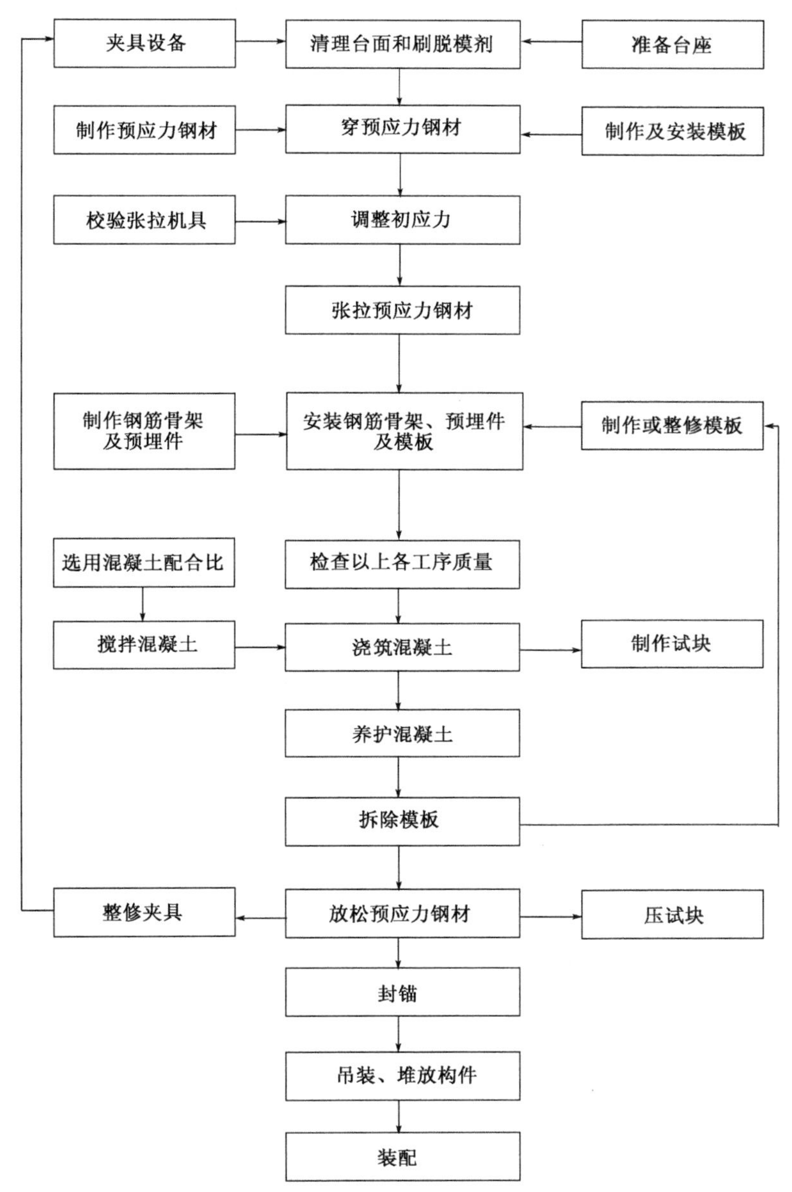

图 6-12　先张法预应力混凝土空心板施工流程

1. 制作空心板梁台座

空心板梁台座要求置于良好的地基上，地基下沉量不超过 2mm。中心间距 2.5m。台座具体做法是将地基整平压实，再在上面浇筑 20cm 厚的混凝土，台座内另布置间距为 30cm 的

ϕ8mm 箍筋和 4 根 ϕ22mm 的主钢筋,以增强台座的抗折断能力。

2. 制作空心板梁模板

外模采用加工成型的拼装式整体钢模板;内模采用气囊;底模由 5mm 厚的钢板加工而成,直接安装在制梁台座上,与预埋槽钢焊接在一起。

3. 空心板梁钢筋的制作与安装

(1)圆盘及弯曲的钢筋先冷拉调直,生锈的钢筋在使用前应及时除锈,确保钢筋在使用前无灰、无油、无锈。

(2)钢筋的下料与弯制应严格按规范及图纸要求精确加工。钢筋焊接接头应严格按规范要求进行焊接加工。

(3)空心板梁钢筋骨架直接在台座上绑扎成型。台座顶面要标出主钢筋、箍筋、模架、变截面位置及骨架长度。绑扎完并核对无误后进行点焊,点焊节点数应大于骨架总节点数的 2/3。为保证混凝土保护层厚度,在钢筋笼外侧绑扎水泥砂浆垫块。绑扎好的钢筋骨架经质检人员检查合格后,方可进入下道工序。

4. 预应力钢绞线加工及安装

预应力钢绞线应根据台座长度和预留的工作段长度下好料,并按照图纸设计的尺寸给需要套塑料管的钢绞线套上塑料管,然后安装在台座上,两端用夹片锚具固定在张拉台上。

5. 空心板梁模板拼装

空心板梁模板拼装前应先涂脱模剂,并保证钢模板的清洁。钢模板采用吊车安装就位,吊装前应先确定要预制的空心板梁型号,确保板的上、下坡方向与上、下坡钢模板对应,并确保边跨梁端头加厚处钢模板的方向与位置的正确性。拼装后及时调整钢模板尺寸与位置,使钢模板拼缝严密,钢模板直顺,尺寸与高度准确,最后用上、下两排对拉螺栓将钢模板固定,钢模板接缝处加设海绵条以防止漏浆。

6. 混凝土浇筑

(1)混凝土技术性能:严格按规范控制砂、石料质量和各项性能指标。砂用中粗砂,石料选用 5 ~ 10mm、10 ~ 20mm 的连续级配。三种料分开堆放,分三个料斗进料。为提高混凝土的和易性,混凝土拌和站搅拌时应适当延长搅拌时间。空心板梁混凝土浇筑采用混凝土输送车运送,用门式起重机吊斗送混凝土入模,在浇筑过程中应尽量提高工效,以减少坍落度损失。

(2)浇筑及振捣方式:浇筑前先把钢筋和模板上的杂物清除干净。空心板梁混凝土的灌注顺序为:先浇筑空心板梁底板,再浇腹板,最后浇筑顶板,并分别采用不同的坍落度控制。腹板内用 ϕ30mm 插入式振捣棒振捣,顶板采用 ϕ50mm 插入式振捣棒振捣,并保证振捣棒插入尚未初凝的腹板 8 ~ 10cm。振捣棒插点要均匀,每点振捣时间一般不少于 15s。在浇筑过程中,派专人检查模板及预埋件,以保持模板的稳定性。为避免预应力孔道变形,应尽量避免振捣棒接触到波纹管。

7. 混凝土养护

混凝土浇筑后应及时养护。空心板梁顶面采用覆盖洒水养护,拆模后,派专人用塑料布将空心板梁通体包裹并洒水养护,同时封住预应力孔道口,防止堵塞。冬季施工要做好保温措施,采用蒸汽养护。空心板梁养护时间不少于14d。

8. 预应力钢绞线张拉

钢绞线按设计长度下料、绑扎,穿束采用人工方式。钢绞线安装好后,预应力筋即可张拉。

(1)张拉前要保证钢绞线位置准确。

(2)安装张拉设备。依据张拉顺序,依次安装好工作锚具、工作夹片、限位板、千斤顶、工具锚、工作夹片。梁两端先同时对千斤顶主缸充油,使钢绞线受力拉紧,再同时调整锚环及千斤顶位置,使孔道、锚具和千斤顶三者之轴线互相吻合,注意使每根钢绞线受力均匀,当钢绞线达到初应力时做伸长量标记,并借以观察有无滑丝情况发生。

(3)张拉。两端同时逐级加压,两端千斤顶的升压速度应接近,张拉力达到超张拉,持荷5min,然后放松至σ_{con},两端缓缓回油,千斤顶油缸回程,自锚式锚夹片自动跟进锚固。

(4)校核。钢绞线张拉时采用双控措施,即在低松弛高强钢绞线张拉过程中,除满足设计张拉力要求外,还应实测钢束两端总的伸长量,控制其与理论伸长值之间的误差在6%范围内,否则应暂停张拉,待查明原因并采取措施予以调整后,方可继续张拉。

(5)低松弛钢绞线张拉程序。

$$0 \rightarrow (0.1 \sim 0.2)\sigma_{con}(\text{初始应力}) \rightarrow 100\%\sigma_{con} \rightarrow \text{持续 2min 锚固}$$

9. 封锚

端跨空心板梁需进行封锚,梁端面放张后应及时对梁端部混凝土结合面进行清理凿毛,绑扎钢筋,浇筑封锚混凝土。

10. 现浇段处理

现浇连续段处的预制空心板梁,其纵向钢筋应保证搭接长度和焊接质量,与相邻跨连续的预制空心板梁端部连接面必须清除浮浆、油污并凿毛,以保证新旧混凝土接合牢固。

11. 移梁、存梁

第一阶段预制梁张拉完毕后且孔道内水泥浆强度达到20MPa时方可移梁。移梁时采用横向移梁方式将梁移至存梁场,梁两端支垫须离地20cm。存梁顺序须考虑架梁及移梁的顺序。

三、先张法预应力混凝土结构施工要点[资源6.9]

(1)先张法预应力混凝土结构宜采用钢绞线、螺旋肋钢丝作为预应力钢筋。当采用光面钢丝作为预应力钢筋时,应采取适当措施,以保证钢丝在混凝土中可靠锚固。

(2)在先张法预应力混凝土结构中,预应力钢绞线之间的净距不应小于公称直径的1.5

倍,对于1×7钢绞线不应小于25mm;预应力钢丝间净距不应小于15mm。

(3)在先张法预应力混凝土结构中,对于单根预应力钢筋,其端部应设置长度不小于150mm的螺旋筋;对于多根预应力钢筋,在构件端部10倍预应力钢筋直径范围内,应设置3~5片钢筋网。

(4)先张法预应力混凝土结构中预应力钢筋的保护层厚度取钢筋外缘至混凝土表面的距离,不应小于钢筋公称直径。

(5)预应力筋的安装宜自下而上进行,并应采取措施防止其被台座上涂刷的隔离剂污染。预应力筋与锚固横梁间的连接,宜采用张拉螺栓。

(6)先张法预应力钢筋的张拉应符合下列规定:

①张拉前,应对台座、锚固横梁及各项张拉设备进行详细检查,符合要求后方可进行操作。

②同时张拉多根预应力筋时,应预先调整其单根预应力筋的初应力,使相互之间的应力一致,再整体张拉。张拉过程中,应使活动横梁与固定横梁始终保持平行,并应检查预应力筋的预应力值,其偏差的绝对值不得超过一个构件全部预应力筋预应力总值的5%。

③先张法预应力筋的张拉程序应符合设计规定,设计未规定时,可按表6-7规定的张拉程序进行。

先张法预应力筋张拉程序 表6-7

预应力筋种类		张拉程序
钢丝、钢绞线	夹片锚具等具有自锚性能的锚具	低松弛预应力筋:0→初应力→σ_{con}(持荷5min锚固)
	其他锚具	0→初应力→1.05σ_{con}(持荷5min)→0→σ_{con}(锚固)
螺纹锚具		0→初应力→1.05σ_{con}(持荷5min)→0.9σ_{con}→σ_{con}(锚固)

注:表中σ_{con}为张拉时的控制应力值,包括预应力损失值;超张拉数值超过规定的最大超张拉应力限值时,应按本规定的限制张拉应力进行张拉;张拉螺纹钢筋时,应超张拉并持荷5min后放张至0.9σ_{con}再安装模板、普通钢筋及预埋件等。

④张拉时,对于钢丝、钢绞线而言,同一构件内断丝数不得超过钢丝总数的1%;对于螺纹钢筋而言,不允许断筋。

⑤预应力钢筋张拉完毕后,其位置与设计位置的偏差应不大于5mm,同时应不大于构件最短边长的4%,且宜在4h内浇筑混凝土。

(7)先张法预应力钢筋放张时应符合下列规定:

①预应力筋放张时构件混凝土的强度和弹性模量(或龄期)应符合设计规定;设计未规定时,混凝土的强度应不低于设计强度等级值的80%;弹性模量应不低于混凝土28d弹性模量的80%,当采用混凝土龄期代替弹性模量控制时应不少于5d。

②在预应力筋放张之前,应将限制位移的侧模、翼缘模板或内模拆除。

③预应力筋的放张顺序应符合设计规定;设计未规定时,应分阶段、均匀、对称、相互交错地放张。

④多根整批预应力钢筋的放张,采用砂箱放张时,放张速度应均匀一致;采用千斤顶放张时,放张宜分数次完成;单根钢筋采用拧松螺母的方法放张时,宜先两侧后中间,并不得一次将一根预应力筋松完。

⑤放张后,预应力筋在构件端部的内缩量宜不大于1.0mm。

⑥预应力筋放张后，对钢丝和钢绞线，应采用机械切割的方式进行切断；对螺纹钢筋，可采用乙炔-氧气切割，但应采用必要措施以防止高温对其产生不利影响。

思考与练习

1. 绘制先张法施工流程图。
2. 空心板施工时如何进行预应力钢绞线张拉？

模块五 后张法施工

学习目标		
	● 知识目标	(1)能阐述后张法施工的原理; (2)能说出后张法施工流程及质量控制要点; (3)能归纳真空压浆的要求及质量控制要点
	● 能力目标	本模块要求学生能识读后张法预应力混凝土构件的构造图及配筋图；能根据工程背景资料，编制后张法预应力混凝土构件的施工方案；能根据施工图进行后张法构件预制环节的质量控制

相关知识

一、后张法施工原理[资源6.10]

后张法是先浇筑构件混凝土,待混凝土结硬后,再张拉预应力钢筋并锚固的预应力混凝土结构施工方法,如图6-13所示。先浇筑构件混凝土,并在其中预留孔道(或设套管),待混凝土达到要求强度后,将预应力钢筋穿入预留孔道内,将千斤顶支承于混凝土构件端部,张拉预应力钢筋,使构件也同时受到反力压缩。待张拉到控制拉力后,即用特制的锚具将预应力钢筋锚固于混凝土构件上,使混凝土获得并保持其预压应力。最后,在预留孔道内压注水泥浆,以保护预应力钢筋不致锈蚀,并使预应力钢筋与混凝土黏结成整体。这种在混凝土硬结后通过张拉预应力筋并锚固从而建立预应力的构件称为后张法预应力混凝土构件。

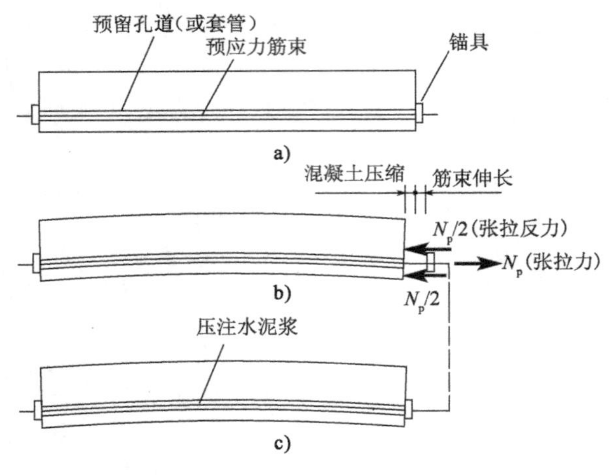

图6-13 后张法工艺流程示意图

a)浇筑构件混凝土,预留孔道,穿入预应力钢筋;b)千斤顶支于混凝土构件上,张拉预应力钢筋;c)用锚具将预应力钢筋锚固后进行孔道压浆

由上可知,后张法与先张法施工工艺不同,建立预应力的方法也不同。后张法是靠工作锚具来传递和保持预应力的;先张法则是靠黏结力来传递并保持预应力的。

二、后张法施工工艺流程[资源 6.11]

后张法预应力混凝土箱梁施工流程如图 6-14 所示。

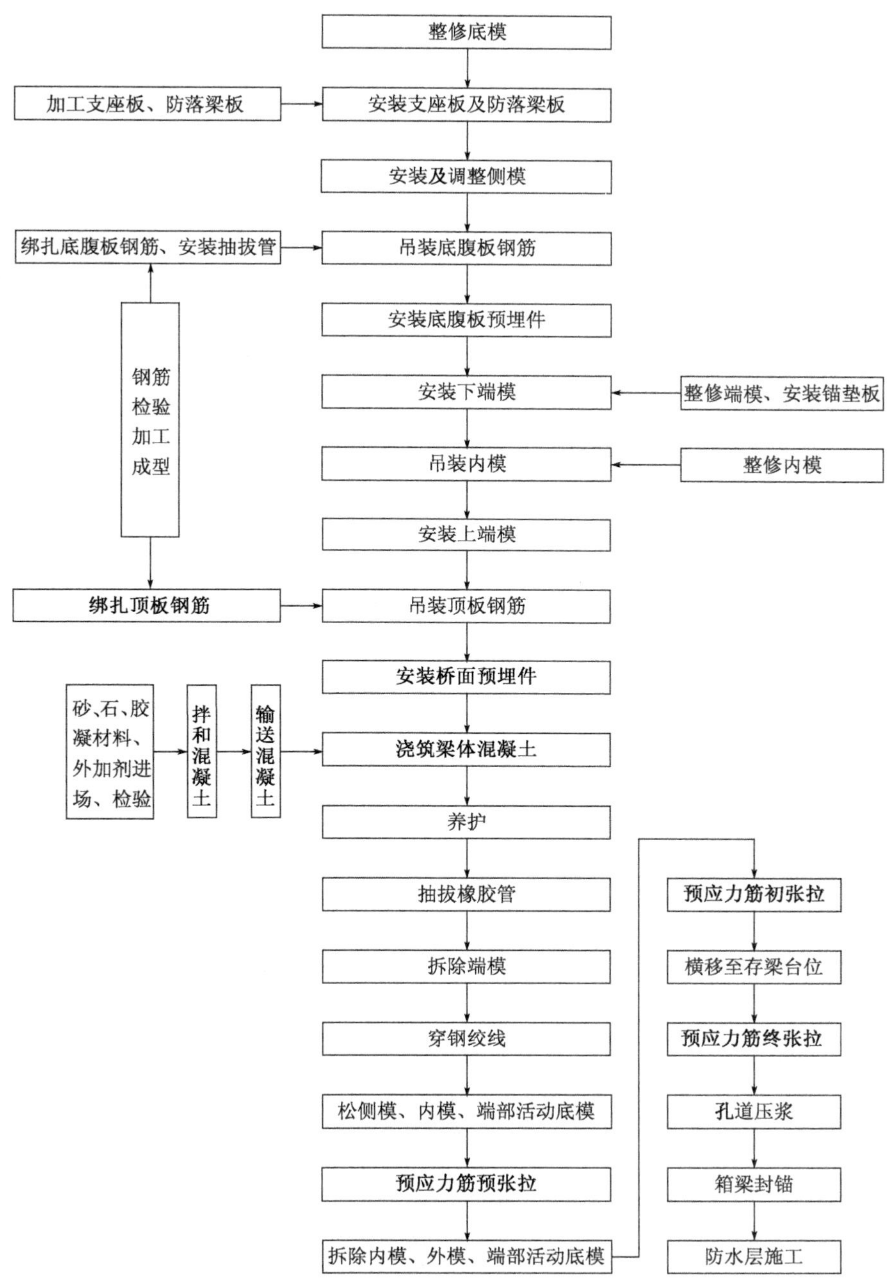

图 6-14 后张法预应力混凝土箱梁施工流程

[资源 6.12]

1. 钢筋工程

(1)工艺流程:进场复检—钢筋下料—弯制成型—绑扎骨架—吊装就位—预留孔道成型—隐蔽工程检查—模板施工。

(2)钢筋加工。采用钢筋调直机、闪光对焊机、钢筋切断机以及钢筋弯曲机等机械设备进行钢筋半成品加工。

(3)预应力管道定位。预应力管道定位网采用 ϕ12mm HPB300 的钢筋制作而成,并在特殊设计的胎具上进行焊接加工。

(4)钢筋接长。钢筋接长采用闪光对焊,焊接前先选定焊接工艺和参数,根据实际施工条件进行试焊,在试焊质量合格和焊接工艺(参数)确定后,方可成批焊接。焊接接头的质量检验按规定取每 200 个接头为一个验收批次。

(5)冷拉调直。HPB300 钢筋的冷拉率不大于 2%;HRB335 钢筋的冷拉率不大于 1%。调直后的钢筋保证平直,无局部弯折,表面无削弱钢筋截面的伤痕,且洁净,无损伤、油渍等。

(6)钢筋绑扎。箱梁钢筋分底板钢筋、腹板钢筋和顶板钢筋三部分,钢筋按照设计图纸的规格加工好后,分别在底板、腹板、顶板钢筋绑扎胎具上绑扎成型。绑扎顶板钢筋时,特别注意吊点部位钢筋需要进行点焊加固,对应腹板处的顶板钢筋纵向拉筋暂时不要进行绑扎,待吊装就位后才能进行该部位的连接加固工作(图 6-15)。

a)

b)

c)

图 6-15 箱梁钢筋图

a)底腹板胎具;b)底腹板钢筋;c)顶板钢筋

(7)钢筋骨架吊装。钢筋骨架绑扎完毕后,采用生产区两台40t门式起重机进行吊装,吊装前应加强钢筋骨架以保证骨架刚度和骨架吊装的尺寸。

2.模板工程

(1)模板分底模、侧模、端模和内模四部分。

(2)箱梁预制模板内、外模均采用整体定型钢模板,模板应具有足够的强度、刚度和稳定性。底模板采用分块连接拼装而成,块与块之间采用螺栓连接,并进行加固处理。严格按照设计预留反拱值,底模板长度方向预留压缩量。在调整完成后,将底模固定在预制台座上,每完成一片梁的施工,将底模清扫干净,重新复核位置、高程及平整度,修整并打磨刷油。安装模板时,先端模,再侧模,然后内模,如图6-16所示。首先将波纹管逐根放入端模孔位内,保证端部波纹管线形顺直,安装好预应力锚下螺旋筋,上好端模与底模、端模与侧模的连接螺栓。

a)

b)

图6-16 箱梁模板

a)端模安装就位、侧模处于滑移状态;b)箱梁内模拼装

(3)拆模时,首先拆除顶板泄水孔、吊装孔预埋件,其次拆除通风孔等内模与侧模连接件及端模,然后拆除内模、侧模顶面连接平台(灌注混凝土时的操作平台),最后拆除侧模。

(4)梁体混凝土强度达到设计强度的60%,梁体混凝土芯部与表层、箱内与箱外、表层与环境温差均不大于15℃,且能保证棱角完整时,方可拆除模具。气温急剧变化时不宜拆模。

(5)侧模采用整体滑移式模具,通过滑模轨道,利用5t卷扬机牵引侧模至所安装台座,然后利用滑模的斜向撑杆对模板进行水平和竖直两个方向的调整,完成模板的安装和拆除工作。

3.混凝土工程

(1)配制混凝土拌合物时,水、水泥、掺合料、外加剂的称量应准确到±1%,粗集料、细集料的称量应准确到±2%(均以质量计)。混凝土拌合物配料采用自动计量装置,粗集料、细集料的含水率应及时测定,并按实际测定值调整用水量、粗集料用量、细集料用量;禁止拌合物出机后加水。

(2)混凝土灌注总的原则为:先底板,再腹板,最后顶板,从一端向另一端灌注。采用两台布料机分别在制梁台座两侧对称布料、连续灌注,以水平分层(灌注厚度不大于300mm)、斜向分段(工艺斜度为1:5~1:4)的施工工艺左右对称灌注。

(3)箱梁混凝土灌注采用附着式振捣器和插入式振捣器组合振捣工艺。侧模上安装高频振捣器,灌注梁体时,以插入式振捣器振捣;梁体端部依靠插入式振捣器和侧振振实,高频振捣器提浆;梁体翼板用插入式振捣器振实。梁体浇筑顺序如图6-17所示。

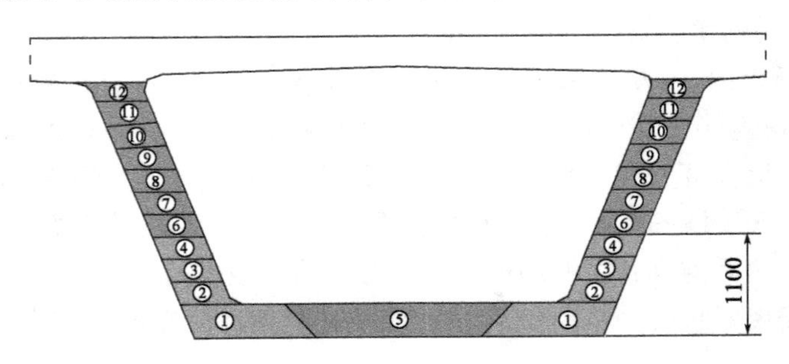

图6-17 梁体浇筑顺序(尺寸单位:mm)

(4)混凝土养护采用保湿、保温养护,分为蒸汽养护和自然养护。梁体混凝土蒸汽养护分静停、升温、恒温、降温四个阶段,各阶段温度控制具体要求如表6-8所示。

各阶段温度控制要求 表6-8

序 号	阶 段	说 明
1	静停	养护罩内温度保持5℃以上
2	升温	梁体混凝土在灌注完成4h后开始通蒸汽升温,升温速度控制在5~10℃/h。升温速度应视环境温度而定,当环境温度低于15℃时,每小时升温5℃;当环境温度高于15℃时,每小时升温8~10℃
3	恒温	恒温约24h,养护温度不超过45℃,梁体芯部混凝土温度应控制在60℃以内
4	降温	降温速度控制在8~10℃/h,在升温、恒温、降温过程中,梁体混凝土芯部、表层、环境温度差异均不超过15℃

蒸汽养护结束后,即进行自然养护。箱梁表面覆盖土工布(混凝土面收光后即覆盖),采用自动喷水系统喷雾养护,喷水次数以混凝土面充分湿润为度,一般白天1~2h一次,晚上4h一次。当环境相对湿度小于60%时,自然养护28d以上;当环境相对湿度在60%以上时,自然养护14d以上。

拆模后,应迅速采取切实有效的措施对混凝土进行后期养护,减少混凝土的暴露时间,防止表面水分蒸发。去除混凝土表面的覆盖物或拆模后,应对混凝土采取储水、浇水或覆盖洒水等措施进行潮湿养护。混凝土养护期间,应对混凝土的养护过程做详细记录。

4.预应力工程

(1)预应力施工采用ZB4-500油泵供油,用YCW350B型千斤顶进行纵向张拉。油表采用耐震型,精度不低于1.0级。千斤顶标定有效期不超过一个月。出现异常现象时应重新校验。千斤顶在张拉作业前必须与油表配套校正,其校正系数不大于1.05。

(2)预应力的施加分预张拉、初张拉、终张拉三个阶段进行。张拉前,应清除管道内杂物和积水。

①预制梁带模预张拉时，模板应松开，不应对梁体压缩造成障碍。此时混凝土应达到设计强度50%以上，并应清理孔道，人工穿入钢绞线束，进行预张拉。

②混凝土达到设计强度80%以上，且拆除模板后，进行初张拉。初张拉后，通过移梁台车将梁横向移到存梁台位。

③终张拉在存梁台座上进行，当梁体混凝土达到设计强度、弹性模量达到要求且龄期不少于10d时，即可进行终张拉。

(3)预加应力采用两端同步张拉，张拉数量、张拉力、张拉顺序应符合设计要求，预加应力过程中应保持两端的伸长量基本一致。

5.孔道压浆

后张法预应力孔道压浆的目的，主要是防止预应力筋锈蚀，并通过凝结后的浆体将预应力传递至混凝土结构中。对防锈蚀而言，孔道压浆越早越好，同时也能防止预应力筋的松弛，使构件尽快安装。

(1)终张拉完毕后，必须在48h之内进行孔道压浆作业。结构或构件混凝土的温度及环境温度不得低于5℃，否则应采取保温措施，并应按冬期施工的要求处理，浆体中可掺适量引气剂，但不得掺防冻剂。当环境温度高于35℃时，压浆宜在夜间进行。

(2)张拉施工完成后，安装两端锚垫板上压浆孔、连接管和连接阀，进行封锚、抽真空。压浆前，孔道真空度稳定在-0.10～-0.06MPa之间；浆体注满孔道后，在0.50～0.60MPa下持压2min；压浆最大压力不超过0.60MPa。

(3)浆体搅拌操作顺序为：首先在搅拌机中加入实际拌合水的80%～90%，开动搅拌机，均匀加入全部压浆剂，边加入边搅拌，然后均匀加入全部水泥。全部粉料加入后，搅拌2min；然后加入剩下的10%～20%的拌合水，继续搅拌2min。搅拌时间一般不宜超过4min。浆液拌制完成至压入孔道的延续时间宜不超过40min，且在使用前和压注过程中应连续搅拌，对延迟使用导致流动度降低的水泥浆，不得通过额外加水增加其流动度。

(4)搅拌均匀后，检验搅拌罐内浆体流动度，其流动度在规定范围内即可通过过滤网进入储料罐。浆体在储料罐中继续搅拌，以保证其流动性。压浆料由搅拌机进入储料罐时，须经过过滤网，过滤网空格不得大于2mm×2mm。

(5)压浆顺序：压浆时，对曲线孔道和竖向孔道应从最低点的压浆孔压入；对水平直线孔道可从任意一端的压浆孔压入；对结构或构件中上、下分层设置的孔道，应按先下层后上层的顺序进行压浆。同一孔道的压浆应连续进行，一次完成。压浆应缓慢、均匀，不得中断，并应将所有最高点的排气孔依次打开和关闭，使孔道内排气通畅。

为保证后张法预应力孔道压浆的质量和耐久性，所用压浆浆液需要具备以下性能：①具有高流动度；②不泌水，不离析，无沉降；③适宜的凝结时间；④在塑性阶段具有良好的补偿收缩能力，且硬化后产生微膨胀；⑤具有一定的强度。

6.封锚

(1)封端混凝土应采用无收缩混凝土，抗压强度不应低于设计要求。

(2)封端前应用聚氨酯防水涂料对锚具、锚垫板表面及外露钢绞线进行防水处理。

(3)绑扎封锚钢筋之前,先将锚垫板表面黏浆和锚环上的封锚砂浆铲除干净,完成凿毛、清理工作之后,在锚具的四周及钢绞线端部涂以聚氨酯防水涂料进行防水处理。

图6-18 封锚后梁端

(4)封锚混凝土要加强捣固,要求混凝土密实,无蜂窝、麻面,与梁端面平齐,封端混凝土各处与梁体混凝土的错台不超过2mm(图6-18)。

三、后张法预应力结构施工要点

(1)后张法预应力混凝土结构的端部锚固区,在锚具下面应采用带喇叭管的锚垫板。锚垫板下应设间接钢筋,其体积配筋率不应小于0.5%。

(2)后张法预应力混凝土梁(包括连续梁和连续钢构边跨现浇段)的部分预应力钢筋,应在靠近端支座区段横桥向成对弯起,宜沿梁端面均匀布置。

(3)后张法预应力混凝土构件的曲线形预应力钢筋的曲线半径应符合以下规定:

①钢丝束、钢绞线束的钢丝直径小于或等于5mm时,不宜小于4m;钢丝直径大于5mm时,不宜小于6m。

②预应力螺纹钢筋的直径小于或等于25mm时,不宜小于12m;直径大于25mm时,不宜小于15m。

(4)后张法预应力混凝土构件中预应力钢筋的保护层厚度取预应力管道外缘至混凝土表面的距离,不应小于其管道直径的1/2。

(5)采用金属或塑料管道构成后张法预应力混凝土结构或构件的孔道时,应符合以下规定:

①管道的规格、尺寸符合设计规定,且其内横截面积应不小于预应力筋净截面积的2倍;对长度大于60m的管道,宜通过试验确定其面积比是否可以进行正常的压浆作业。

②管道按设计规定的坐标位置进行安装,并应采取定位钢筋固定,使其能牢固地置于模板内的设计位置,且在混凝土浇筑期间不产生位移。管道与普通钢筋重叠时,应移动普通钢筋,不得改变管道的设计坐标位置。固定各种成孔管道用的定位钢筋的间距,对钢管宜不大于1.0m,波纹管宜不大于0.8m;位于曲线上的管道和扁平波纹管道应适当加密。定位后的管道应平顺,其端部的中心线应与锚垫板垂直。

③管道接头处的连接管宜采用大一级直径的同类管道,其长度宜为被连接管道内径的5~7倍。连接时不应使接头处产生角度变化且在混凝土浇筑期间不应发生管道的转动或移位,并应缠裹紧密,防止水泥浆的渗入。

④所有管道均应在每个顶点设排气孔,需要时还应在每个低点设排水孔,在每个顶点和两端设检查孔。压浆管、排气管和排水管应是最小内径为20mm的标准管或适宜的塑性管,与管道之间的连接应采用金属或塑料结构扣件,长度应足以从管道引出结构物以外。

⑤管道安装完毕后,其端口应采取可靠措施临时封堵,防止水或其他杂物进入。

(6)采用胶管抽芯法制孔时,胶管内应插入芯棒或充以压力水增加刚度;采用钢管抽芯法制孔时,钢管表面应光滑,焊接接头应平顺。抽芯时间应通过试验确定,以混凝土抗压强度达到0.4~0.8MPa时为宜,抽拔时不得损伤结构混凝土。抽芯后,应采用通孔器或压气、压水等方法对孔道进行检查,如发现孔道堵塞、有残留物或与邻孔有串通,应及时处理。

(7)预应力钢筋安装应符合以下规定:

①预应力筋可在浇筑混凝土之前或之后穿入孔道,穿束前应检查锚垫板和孔道,锚垫板的位置应准确。孔道内应畅通,无水和其他杂物。

②宜将一根钢束中的全部预应力筋编束后整体穿入孔道中,整体穿束时,束的前端宜设置穿束网套或特制的牵引头,应保持预应力筋顺直,且仅应前后拖动,不得扭转。对钢绞线,可采用穿束机逐根将其穿入孔道内,且应保证其在孔道内不发生相互缠绕。

③预应力筋安装在孔道中后,应将孔道端部开口密封防止湿气进入。采用蒸汽养护混凝土时,在养护完成之前不应安装预应力筋。

④在任何情况下,当在安装有预应力筋的结构或构件附近进行电焊作业时,均应对全部预应力筋、孔道和附属构件进行保护,防止溅上焊渣或造成其他损失。

⑤对在混凝土浇筑之前穿束的孔道,预应力筋安装完成后,应进行全面检查,查出可能被损坏的孔道。在混凝土浇筑之前,应将孔道上所有非有意留的孔、开口或损坏之处修复,并应在浇筑混凝土过程中随时检查预应力筋能否在孔道内自由移动。

(8)锚具、夹具和连接器在安装前,应擦拭干净,安装位置准确,且与孔道对中。锚垫板上设置有对中止口时,应防止锚具偏出止口。安装夹片时,应使夹片的外露长度基本一致。采用螺母锚固的支撑式锚具,安装时应逐个检查螺纹的配合情况,保证在张拉和锚固过程中能顺利旋合拧紧。

(9)对长度较小的竖向或横向预应力钢束,可采用低回缩锚具。低回缩锚具的张拉和锚固施工要求宜符合相应产品标准的规定。

(10)后张法预应力筋的张拉和锚固应符合以下规定:

①预应力筋张拉之前,宜对不同类型的孔道进行至少一个孔道的摩阻测试,对长度大于60m的孔道适当增加摩阻测试的数量。

②张拉时,结构或构件混凝土的强度、弹性模量(或龄期)应符合设计规定;设计未规定时,混凝土的强度应不低于设计强度等级值的80%,弹性模量应不低于混凝土28d弹性模量的80%,当采用混凝土龄期代替弹性模量控制时应不少于5d。

③预应力筋的张拉顺序应符合设计规定;当设计未规定时,宜采用分批、分阶段的方式对称张拉。

④预应力筋应整束张拉锚固。对扁平孔道中平行排放的预应力钢绞线束,在保证各根钢绞线不会叠压时,可采用小型千斤顶逐根张拉,但应考虑逐根张拉时预应力损失对控制应力的影响。

⑤预应力筋张拉时应注意,对钢束长度小于20m的直线预应力筋可在一端张拉,对曲线预应力筋或钢束长度大于或等于20m的直线预应力筋,应采用两端张拉。当同一截面中有多束一端张拉的预应力筋时,张拉端宜分别交错设置在结构或构件的两端。预应力筋采用两端张拉时,宜两端同时张拉,或先在一端张拉锚固后,再在另一端补足预应力值进行锚固。

⑥两端张拉时,各千斤顶之间同步张拉力的允许误差宜为±2%。

⑦后张法预应力筋的张拉程序应符合设计规定;设计未规定时,按表6-9的规定进行。

后张法预应力筋张拉程序 表6-9

锚具和预应力筋类别		张拉程序
夹片锚具等具有自锚性能的锚具	钢绞线束、钢丝束	低松弛预应力筋:0→初应力→σ_{con}(持荷5min锚固)
其他锚具	钢绞线束	0→初应力→1.05σ_{con}(持荷5min)→σ_{con}(锚固)
	钢丝束	0→初应力→1.05σ_{con}(持荷5min)→0→σ_{con}(锚固)
螺母锚固锚具	螺纹钢筋	0→初应力→σ_{con}(持荷5min)→0→σ_{con}(锚固)

注:表中σ_{con}为张拉时的控制应力值,包括预应力损失值;两端同时张拉时,两端千斤顶升降压、画线、测伸长等工作应基本一致;超张拉数值超过最大超张拉应力限值时,应按规定的限制进行张拉。

⑧预应力筋在张拉控制应力达到稳定后方可锚固。对夹片锚具,锚固后夹片顶面应平齐,其相互间的错位宜不大于2mm,且露出锚具外的高度应不大于4mm。锚固完毕并经检验确认合格后方可切割端头多出的预应力筋,切割时应采用砂轮锯,严禁采用电弧,同时不得损伤锚具。

⑨切割后预应力筋的外露长度应不小于30mm,且应不小于1.5倍预应力筋直径。锚具应采用封端混凝土保护,当需长期外露时,应采取防止锈蚀的措施。

(11)预应力筋张拉锚固后,孔道应尽早压浆,且应在48h内完成,否则应采取避免预应力筋锈蚀的措施。压浆时应采用专用压浆料或专用压浆剂配制的浆液进行压浆。压浆时,对曲线孔道和竖向孔道应从最低点的压浆孔压入;对水平直线孔道可从任意一端的压浆孔压入;对结构或构件中上、下分层设置的孔道,应按"先下层,后上层"的顺序进行压浆。同一孔道的压浆应连续进行,一次完成。压浆应缓慢、均匀,不得中断,并应将所有最高点的排气孔依次打开和关闭,使孔道内排气畅通。

(12)对于水平或曲线孔道,压浆的压力宜为0.5~0.7MPa;对超长孔道,最大压力宜不超过1.0MPa,当超过时可采用分段的方式进行压浆;对竖向孔道,压浆的压力宜为0.3~0.4MPa。压浆的充盈度应达到孔道另一端饱满且排气孔排出与规定流动度相同的水泥浆为止。关闭出浆口后,宜保持一个不小于0.5MPa的稳压期,该稳压期的保持时间宜为3~5min。

(13)采用真空压浆工艺时,在压浆前应对孔道进行抽真空,真空度宜稳定在-0.10~-0.06MPa范围内。真空度稳定后,应立即开启孔道压浆端的阀门,同时开启压浆泵进行连续压浆。压浆过程中及压浆后48h内,结构或构件混凝土的温度及环境温度不得低于5℃,否则应采取保温措施,并应按冬季施工的要求处理,浆体中可适量掺引气剂,但不得掺防冻剂。当环境温度高于35℃时,压浆宜在夜间进行。

(14)压浆完成后,应及时对锚固端按设计要求进行封闭保护或防腐处理,需要封锚的锚具,应在压浆完成后对梁端混凝土凿毛并将其周围冲洗干净,设置钢筋网浇筑封锚混凝土;封锚应采用与结构或构件同强度的混凝土并应严格控制封锚后的梁体长度。长期外露的锚具,应采取防锈措施。

(15)孔道压浆宜采用信息化数据处理系统采集相关参数,并填写施工记录,记录的项目宜包括压浆材料、配合比、压浆日期、搅拌时间、出机初始流动度、浆液温度、环境温度、压浆量、稳压压力及时间;采用真空辅助压浆工艺时应包括真空度。

回 知识拓展

(一)预应力智能张拉工艺

1. 传统张拉工艺存在的问题

(1)张拉力控制误差过大,可达 ±15%;
(2)钢绞线伸长值测量不及时、不准确,未能实现张拉力和伸长值的双重同步控制;
(3)张拉过程不规范,预应力损失大;
(4)两端对称张拉不同步,结构受力不均;
(5)人工记录数据,质量隐患被掩盖。

由此可见,传统预应力张拉工艺由于人为操作误差大、张拉过程不规范,难以掌握和控制张拉质量。要解决这些问题,达到新规范质量验收要求,必须采用新的技术手段。充分利用现代科技成果,特别是信息技术,改进传统预应力张拉工艺是目前预应力混凝土施工中迫切需要解决的问题。由此,智能张拉应运而生,其控制示意图如图 6-19 所示。

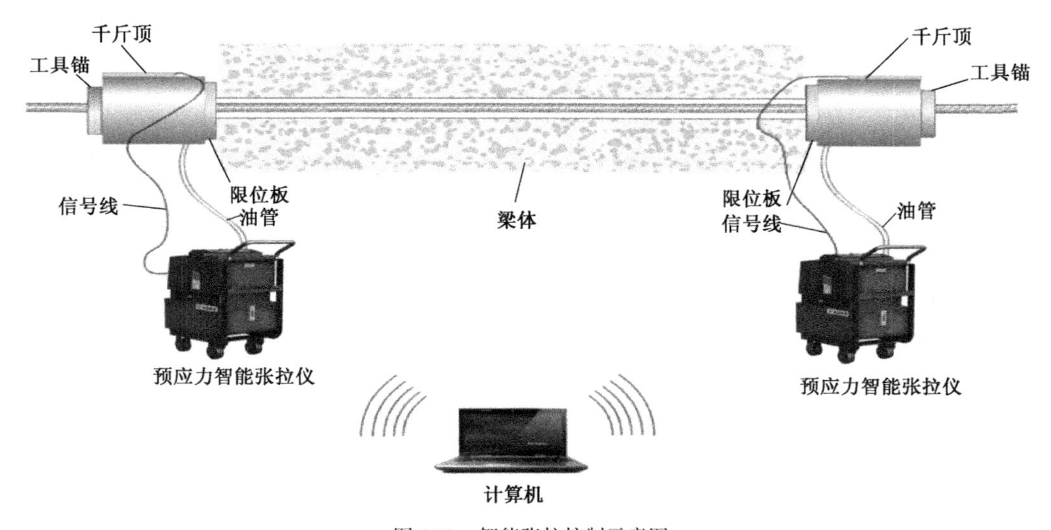

图 6-19　智能张拉控制示意图

2. 智能张拉控制特点

(1)张拉控制应力精度控制。

系统能精确控制施加的预应力值,将误差范围由传统张拉的 ±2% 缩小到 ±1%。《公路桥涵施工技术规范》(JTG/T 3650—2020)7.8.5 第 6 款规定:张拉力控制应力的精度宜为 ±2.0%。

(2)钢绞线伸长值控制。

智能系统可实时采集钢绞线伸长值,自动计算伸长值,及时校核实际伸长值与理论伸长值

的偏差是否在 ±6% 范围内,实现应力与伸长值同步"双控"。

(3)对称同步张拉控制。

一台计算机控制两台或多台千斤顶同时、同步对称张拉,实现"多顶同步张拉"工艺。

(4)预应力损失控制。

张拉程序智能控制,不受人为、环境因素影响;停顿点、加载和卸载速率、持荷时间等张拉过程要素完全符合桥梁设计和施工技术规范要求(规范规定持荷时间为 5min)。最大限度减少张拉过程的预应力损失。

(5)质量管理和远程监控功能。

可实现质量远程监控,张拉过程真实记录,真实掌握质量状况,质量责任永久追溯。

(二)预应力智能压浆工艺

预应力智能张拉技术有力地保证了预应力张拉施工质量,然而,再好的张拉技术也必须在管道压浆密实的条件下才能保证结构的耐久性,预应力智能压浆工艺应运而生。

1. 循环压浆工艺

循环压浆工艺的原理是将管道内浆液从出浆口导流至储浆桶,再从进浆口泵入管道,形成大循环回路,浆液在管道内持续循环,通过调整压力和流量,将管道内空气通过出浆口和钢绞线间的空隙完全排出,还可带出管道内残留杂质。压浆示意图如图 6-20、图 6-21 所示。

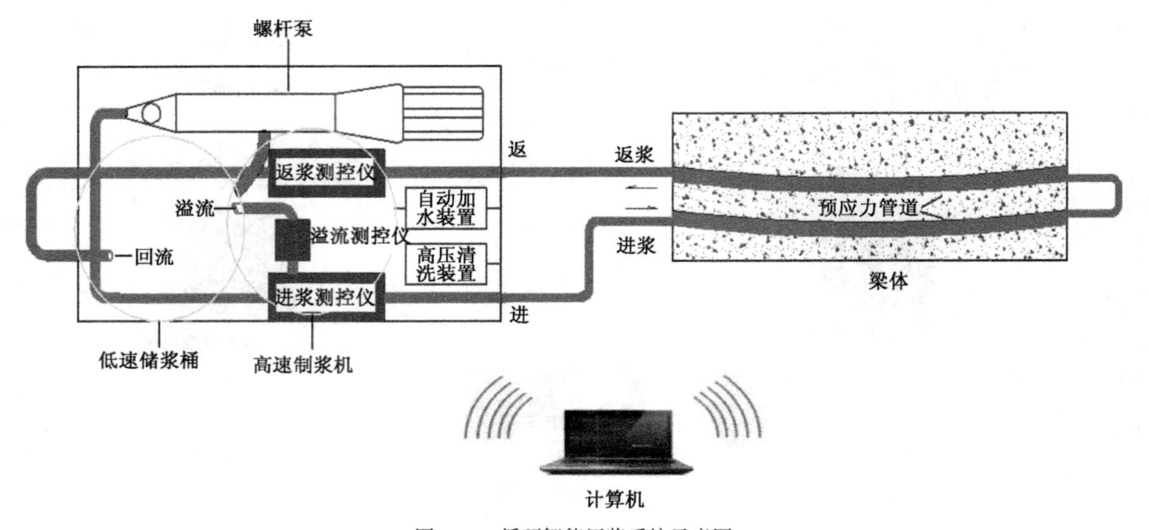

图 6-20 循环智能压浆系统示意图

对于跨径 50m 内的预制梁,单孔跨径小于 55m 的预应力管道均可双孔同时压浆,从位置较低的一孔压入,从位置较高的一孔压出回流至储浆桶,可节约劳动力,提高 1 倍的工效。

2. 压浆压力和流量控制

(1)精确调节和保持灌浆压力。

预应力智能压浆工艺可自动实测管道压力损失,使出浆口压力值满足规范要求。关闭出浆口后长时间保持不低于0.5MPa的压力。《公路桥涵施工技术规范》(JTG/T 3650—2020)第7.9.8条规定：对水平或曲线管道，压浆的压力宜为0.5～0.7MPa，关闭出浆口后宜保持一个不小于0.5MPa的稳压期，该稳压期的保持时间宜为3～5min。

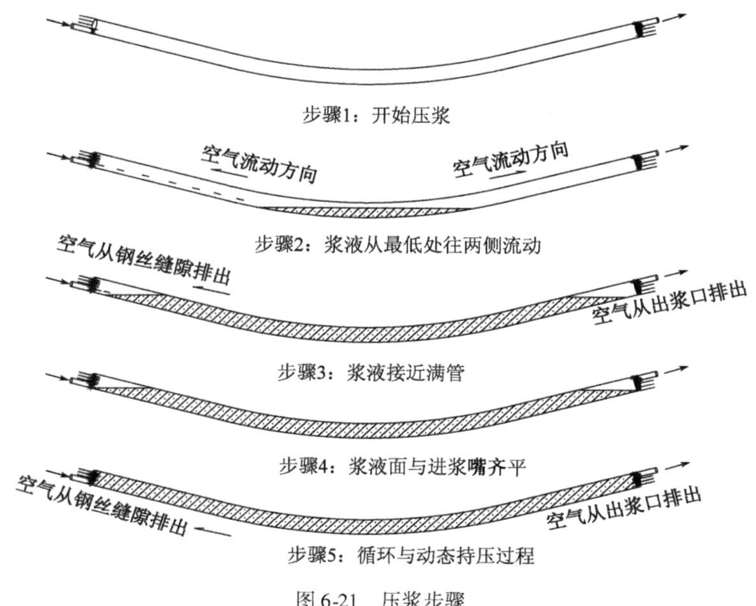

图6-21　压浆步骤

(2)预应力智能压浆工艺可在进、出浆口压力差保持稳定后，判定管道充盈。

(3)预应力智能压浆工艺通过进、出口调节阀对流量和压力进行调整。

(4)预应力智能压浆工艺灌浆过程由计算机程序控制，不受人为因素影响，准确计量加水量，实时监测灌浆压力、稳压时间、浆液温度、环境温度，自动记录，打印报表，并通过无线传输将数据实时反馈至相关部门，实现预应力管道压浆的远程监控。

思考与练习

1. 绘制后张法施工流程图。
2. 后张法预应力混凝土箱梁施工的模板类型有哪些?
3. 预应力混凝土结构对预应力筋有何要求? 工程中常用的预应力钢筋有哪些?
4. 后张法预应力如何施加? 分几个阶段进行?
5. 分析预应力智能张拉工艺与传统张拉工艺有何不同。
6. 简述预应力智能压浆工艺施工要点。

模块六 其他预应力混凝土工程

学习目标		
学习目标	● 知识目标	(1)掌握无黏结预应力结构的施工要求; (2)掌握体外预应力结构施工要求
	● 能力目标	本模块要求学生通过学习无黏结预应力结构和体外预应力结构施工相关知识,掌握无黏结预应力结构施工要求、体外预应力结构施工要点

相关知识

一、无黏结预应力结构[资源6.13]

无黏结预应力混凝土梁,是指配置的主钢筋为无黏结预应力钢筋的后张法预应力混凝土梁。无黏结预应力钢筋,是指由单根或多根高强钢丝、钢绞线或粗钢筋,沿其全长涂有专用防腐油脂涂料层和外包层,使之与周围混凝土不建立黏结力,张拉时可沿着纵向发生相对滑动的预应力钢筋。

无黏结预应力钢筋的一般制作方法是沿预应力钢筋全长的外表面涂刷沥青、油脂等润滑防锈材料,然后用纸带或塑料带包裹或套以塑料管。在施工时,跟普通钢筋一样,可以直接放入模板中,然后浇筑混凝土。待混凝土达到强度要求后,即可利用混凝土构件本身作为支承件张拉钢筋。待张拉到控制应力之后,用锚具将无黏结预应力钢筋锚固于混凝土构件上构成无黏结预应力混凝土构件。

无黏结预应力混凝土构件也存在不足之处,即能承受的开裂作用(荷载)相对较小,而且在承受作用(荷载)开裂时,将仅出现一条或几条主裂缝,随着作用(荷载)的少量增加,裂缝的宽度与深度将迅速扩展,使构件很快破坏。为此,需要设置一定数量的普通力钢筋以改善构件的抗裂性能。

无黏结预应力混凝土受弯构件的受力性能与有黏结预应力混凝土受弯构件的受力性能是有区别的。无黏结预应力混凝土受弯构件的破坏随着裂缝的迅速展开,截面中性轴上升,混凝土受压应变增加很快,挠度增加亦较快,但预应力筋的应变增加较慢,最后无黏结预应力混凝土受弯构件的破坏形式类似带拉杆的扁拱。

1. 无黏结预应力钢筋

无黏结预应力钢筋适用于后张法预应力混凝土结构。这种预应力筋是采用专用防腐润滑油脂和塑料涂包的单根预应力钢绞线。无黏结预应力筋的护套应采用挤塑型高密度聚乙烯管,护套表面应光滑,无裂缝、凹陷、可见钢绞线轮廓、气孔及机械损伤等缺陷。

无黏结预应力筋与锚具组装件应通过抗疲劳性能试验,试验应力上限取预应力筋抗拉强度标准值的65%,疲劳应力幅度取80N/mm,循环次数为200万次以上。当用于地震区时,锚具组装件应通过预应力钢材抗拉强度标准值上限的80%、下限的40%,循环50次的周期荷载试验。

无黏结预应力筋应按规格、品种成盘或顺直地分开堆放在通风干燥、防潮、防晒、防雨的地方。

2. 无黏结预应力结构的特点

无黏结预应力混凝土构件最显著的特点是施工简便。在施工时,可将无黏结预应力钢筋像普通钢筋那样埋设在混凝土中,待混凝土达到规定强度后,进行预应力钢筋的张拉和锚固。省去后张法有黏结预应力混凝土构件的预埋管道、穿束、压浆等工艺,节省了施工设备,缩短了工期,因而综合经济性较好。

无黏结预应力混凝土构件的另一个特点是,由于钢筋和混凝土之间有涂层和外包层隔离,两者之间能产生相对滑移,因而预应力钢筋中的应力沿全长基本是均匀的。外荷载在任一截面处产生的应变将分布在预应力筋的整个长度上,因此,无黏结预应力筋中的应力比有黏结预应力筋的应力要小。

在无黏结预应力混凝土构件中,预应力筋完全依靠锚具来锚固,一旦锚具失效,整个构件将会发生严重破坏。因此,无黏结预应力混凝土构件对锚具的要求较高。

3. 无黏结预应力结构的施工要求

(1)无黏结预应力筋应按工程所需的长度和锚固形式进行下料和组装;下料长度应经计算确定;下料宜采用砂轮锯、冷水冷却法成束切割或采用先粗后精、略大于计算长度的二次下料法;组装应按规定进行,安装时要防止防腐油脂沾污非预应力筋。

(2)无黏结预应力筋在专业化工厂加工后,在包装、运输、保管环节中应采取措施,严防无黏结预应力筋的任何损伤。

(3)无黏结预应力筋应检查其规格、数量、有无破损,并逐根确认其端部组装配件可靠无误后,方可铺放。无黏结预应力筋的位置宜保持顺直。

(4)在集束配置多根无黏结预应力筋时,应保持平行走向,防止相互扭绞。

(5)在进行无黏结预应力混凝土施工时,混凝土中氯离子总含量不得超过水泥用量的0.06%。混凝土浇筑前应对无黏结预应力筋、锚具等预埋件的数量、安装情况、各控制点的位置、端头外露长度、保护套是否完好等进行检查,并按隐蔽工程进行验收。混凝土浇筑时,严禁碰撞预应力筋及其附属配件。张拉、固定端的混凝土必须振捣密实。

(6)无黏结预应力筋的张拉。

①对无黏结预应力筋施加预应力之前,应对构件进行检验,外观和尺寸应符合质量标准要求。张拉时,构件的混凝土性能应符合设计要求;设计未规定时,不应低于设计强度等级值的75%。

②张拉前应对张拉设备等进行检验,确认符合要求后方可张拉。

③实际伸长值宜在初应力为张拉控制应力 10% 左右时开始量测,分级记录。

④当无黏结预应力筋长度超过 30m 时,宜采用两端张拉;无黏结预应力筋长度超过 60m 时,宜采取分段张拉与锚固。

⑤无黏结预应力筋张拉过程中应避免预应力钢筋滑脱或断裂。当发生滑脱与断裂时,滑脱或断裂的数量应不超过结构同一截面无黏结预应力筋总量的 3%,且每一束只允许滑脱与断裂 1 根。

⑥无黏结预应力筋张拉锚固后还应满足实际预应力与设计应力值相对允许误差在 ±5% 以内,否则,应暂停张拉,待查明原因并采取措施予以调整后,方可继续张拉。

⑦无黏结预应力筋张拉完毕后应及时按有关要求对锚固区进行保护处理,并应采用防腐油脂通过灌注孔将张拉形成的空腔全部灌注密实。将多余的预应力筋切割后,应先在锚具部位套上内涂防腐油脂的塑料封端罩,再采用细石混凝土或微膨胀砂浆进行封堵。对不能使用细石混凝土或微膨胀砂浆封堵的部位,应将锚具全部涂以与无黏结预应力筋涂料层相同的防腐油脂,并采用具有可靠防腐和防火性能的保护罩将锚具全部密封。

二、体外预应力结构[资源 6.14]

体外预应力结构是后张预应力体系的重要分支之一。体外预应力混凝土有很多优点:预应力筋套管布置简单,调整容易,简化了后张法的操作程序,大大缩短了施工时间;预应力筋布置在腹板外面,使得浇筑混凝土较为方便;减少了施工过程中的摩擦损失且更换预应力筋方便易行。但体外预应力混凝土也有其缺点:体外预应力筋易遭火灾,并因为承受着振动,所以要限制其自由长度(防止自身振动导致疲劳程度的增加);转向块和锚固区因承受着巨大的纵、横向力而特别笨重;对于体外预应力筋,锚头失效则意味着预应力的丧失,所以锚头应严防被腐蚀;极限状态下,体外预应力筋的抗弯能力小于体内有黏结预应力钢筋的抗弯能力,在开裂荷载和极限荷载的作用下,应力不能仅按最不利截面来估算;体外预应力结构在极限状态下可能因延性不足而产生没有预兆的失效。

体外预应力结构与体内预应力结构在构造上的根本区别是体外预应力结构的预应力筋位于混凝土结构的外部,仅在锚固体系及转向装置处可能与结构相连,因此,体外预应力钢束的应力是由结构的整体变形决定的;而在体内有黏结的预应力结构中,预应力筋位于混凝土结构的内部,与结构完全黏结,在任意截面处都与结构变形协调。因此,预应力筋的应力与对应的混凝土截面应力是息息相关的。

体外预应力束一般由钢绞线和外护套、防腐材料、转向装置及锚固体系组成,可分为直线、双折线、多折线布置。其中钢绞线可分为普通钢绞线、镀锌钢绞线、环氧钢绞线和无黏结钢绞线;外护套主要起防腐作用,可分为高密度聚乙烯管和钢管等。体外预应力束的钢绞线与外护套之间通常采用灌浆材料。体外预应力束的转向装置是使体外预应力结构满足受力要求的必要构件。

外护套的安装应连接平滑且完全密封,在安装过程中应防止外护套受到机械损伤。

体外预应力束的锚固体系和转向装置应与主体结构同时施工,预埋的锚固件及管道的位置和方向应符合设计规定。

体外预应力束的端部应垂直于承压板，曲线段的地点至张拉锚固点的直线长度不宜小于600mm。穿束时应采取保护措施，严禁在混凝土面上拖曳预应力筋，防止损坏其保护层而减弱防腐能力。

体外预应力束的张拉应严格按设计规定的顺序进行，张拉时应保证结构或构件对称均匀受力，避免发生侧向弯曲或失稳。

体外预应力束张拉完成后，应对其锚具设置全密封防护罩，并在防护罩内灌注油脂或其他可清洗的防腐蚀材料。

思考与练习

1. 什么是无黏结预应力混凝土构件？
2. 体外预应力结构如何施工？
3. 体外预应力混凝土构件有何特点？

附录

附录 1 沉降监测

支架基础沉降监测宜按附表 1-1 进行记录。

附表 1-1

支架基础沉降监测表

日期：　　年　　月　　日

单位：mm

测点	加载前	加载后												卸载 6h 后		非弹性变形量
	高程	0h		24h		48h		72h		96h		120h		高程	弹性变形量	
		高程	沉降量	高程	沉降量	高程	沉降量	高程	沉降量	高程	沉降量	高程	沉降量			

注：1. 表中沉降量均指相邻两次监测标高之差。

2. 若支架基础预压监测 120h 不能满足《钢管满堂支架预压技术规程》(JGJ/T 194—2009)第 4.1.6 条的规定，可根据实际情况延长预压时间或采取其他处理方法。

监测：　　　　计算：　　　　施工技术负责人：　　　　监理：

支架沉降监测宜按附表 1-2 进行记录。

支架沉降监测表——顶部(底部)测点

附表 1-2

日期：　　年　　月　　日

单位：mm

测点	加载前	加载中																加载后								卸载 6h 后		非弹性变形量
	高程	60%								80%								100%								高程	弹性变形量	
		0h		12h		24h		36h		0h		12h		24h		36h		0h		24h		48h		72h				
		高程	沉降量	高程	沉降量	高程	沉降量	高程	沉降量	高程	沉降量	高程	沉降量	高程	沉降量	高程	沉降量	高程	沉降量	高程	沉降量	高程	沉降量	高程	沉降量			

注：1. 表中沉降量均指相邻两次监测标高之差。

2. 加载过程中，若支架预压监测 36h 不能满足《钢管满堂支架预压技术规程》(JGJ/T 194—2009)第 5.3.5 条的规定，应重新对支架进行验算与安全检验，可根据实际情况延长预压时间或采取其他处理方法。

监测：　　　　计算：　　　　施工技术负责人：　　　　监理：

附录2 钢管满堂支架预压验收表

钢管满堂支架预压验收表 附表2-1

<table>
<tr><td colspan="2">工程名称</td><td colspan="3"></td></tr>
<tr><td colspan="2">单位工程名称</td><td colspan="3"></td></tr>
<tr><td colspan="2">分部工程名称</td><td colspan="3"></td></tr>
<tr><td colspan="2">工序名称</td><td></td><td>检查项目</td><td></td></tr>
<tr><td colspan="2">验收日期</td><td></td><td>验收范围</td><td></td></tr>
<tr><td rowspan="4">验收意见</td><td>施工单位</td><td colspan="3">项目技术负责人：　　　　年　月　日
项目经理：　　　　（施工项目部章）</td></tr>
<tr><td>监理单位</td><td colspan="3">年　月　日
总监理工程师：　　　　（监理项目部章）</td></tr>
<tr><td>设计单位</td><td colspan="3">年　月　日
设计项目负责人：　　　　（设计部门章）</td></tr>
<tr><td>建设单位</td><td colspan="3">年　月　日
项目负责人：　　　　（建设项目部章）</td></tr>
</table>

参考文献

[1] 中华人民共和国住房和城乡建设部. 工程结构可靠性设计统一标准:GB 50153—2008[S]. 北京:中国建筑工业出版社,2008.

[2] 中华人民共和国交通运输部. 公路桥涵设计通用规范:JTG D60—2015[S]. 北京:人民交通出版社股份有限公司,2015.

[3] 中华人民共和国交通运输部. 公路钢筋混凝土及预应力混凝土桥涵设计规范:JTG 3362—2018[S]. 北京:人民交通出版社股份有限公司,2018.

[4] 国家铁路局. 铁路桥涵混凝土结构设计规范:TB 10092—2017[S]. 北京:中国铁道出版社,2017.

[5] 中华人民共和国交通运输部. 公路桥涵施工技术规范:JTG/T 3650—2020[S]. 北京:人民交通出版社股份有限公司,2020.

[6] 中华人民共和国住房和城乡建设部. 普通混凝土配合比设计规程:JGJ 55—2011[S]. 北京:中国建筑工业出版社,2011.

[7] 田克平.《公路桥涵施工技术规范》实施手册[M]. 北京:人民交通出版社股份有限公司,2020.

[8] 杨霞林,林丽霞. 混凝土结构设计原理[M]. 2 版. 北京:人民交通出版社股份有限公司,2016.

[9] 刘松雪,姚青梅. 道路工程制图[M]. 3 版. 北京:人民交通出版社,2012.